本书编辑委员会

主 编： 赵 谨　　施本植

云南省交通运输厅工程造价管理局参编人员：

张晓波　瞿国旭　晋 敏　史琼仙　陈晓华　肖达勇
高红梅　金 珠　董玉佩　邹 喻　李 燕　陈 红
吴哲峰　张效红　熊江东

云南大学经济学院课题组成员：

朱睿倩　刘 阳　龙海雯　汤海滨　程 敏　邱志珊
姚书杰　李经路　李燕美　毕 冶　冯志勇　李亚红

公路建设投融资及造价管理

——基于云南的实践

云南省交通运输厅工程造价管理局
云南大学经济学院
编

云南大学出版社
Yunnan University Press

图书在版编目（CIP）数据

公路建设投融资及造价管理：基于云南的实践 / 云南省交通运输厅工程造价管理局，云南大学经济学院编. -- 昆明：云南大学出版社，2015
ISBN 978-7-5482-2317-7

Ⅰ. ①公… Ⅱ. ①云… ②云… Ⅲ. ①道路工程—基本建设投资—研究—云南省②道路工程—融资—研究—云南省③道路工程—造价管理—研究—云南省 Ⅳ. ①U415.13

中国版本图书馆CIP数据核字(2015)第107434号

公路建设投融资及造价管理
——基于云南的实践

云南省交通运输厅工程造价管理局
云南大学经济学院　编

责任编辑：熊晓霞
封面设计：王婳一
出版发行：云南大学出版社
印　　装：昆明市五华区教育委员会印刷厂
开　　本：787mm×1092mm　1/16
印　　张：15.25
字　　数：275千
版　　次：2015年7月第1版
印　　次：2015年7月第1次印刷
书　　号：ISBN　978-7-5482-2317-7
定　　价：42.00元

社　　址：昆明市翠湖北路2号云南大学英华园内
邮　　编：650091
电　　话：（0871）65031071　65033244
网　　址：http://www.ynup.com
E — mail：market@ynup.com

前　言

交通运输是国民经济发展的动脉，交通运输业是国民经济发展的基础性产业之一。交通运输业的发展对于降低生产和经营成本，转变经济发展方式和促进国民经济持续健康发展具有极其重要的意义。

云南省是一个山区半山区占国土面积94%以上的边疆省份，由于地理位置的特殊性，使公路运输在云南省综合交通运输体系中具有极其重要的地位，云南的交通以公路交通为主，至今全省客货运输的90%以上依赖公路运输。云南公路建设与管理的特殊性还在于，由于特殊的地形地貌特征，使云南公路在建设及运营过程中，呈现成本高、效益低的显著特点。目前云南的公路里程总数在全国各省（自治区、直辖市）中名列第一，但云南低等级公路的数量也很大。

云南公路建设任务重、难度大。多年来，云南结合省情特点，不断攻坚克难，公路网建设取得了显著成效。但是，云南省的公路建设与经济社会发展的需要尚有较大的差距，云南省的公路建设任重而道远。需要进一步解放思想，抢抓机遇，直面困难，通过改革创新，进一步推动云南公路建设，更好地为云南省科学发展、和谐发展和跨越发展服务。

目前，云南公路建设和管理运营中的主要矛盾是资金不足的问题。这已成为业界的共识。云南公路建设资金瓶颈形成的主要原因：一是由于云南的国土面积排全国第8位，面积属较大，但山区半山区比例高，特殊的地形地貌特征使得公路建设过程中涉及的路基、隧道、桥梁以及防护工程复杂，沙石等施工原料运输量大，施工技术要求高、施工周期长，呈现建设难度高、桥隧比高、建设成本高等显著特点。以云南在建的麻昭高速公路为例，项目全长105.76公里，概算总投资145.38亿元，沿线山势陡峭、地形地质复杂，全线桥隧比为50.79%，其中大关县境内桥隧比高达85.47%，施工难度极大，单位建设成本高达1.37亿元/公里，是我国中部地区高速公路建设成本的2～3倍。二是由于云南为边疆经济欠发达省份，经济发展相对落后（2013年云南省GDP总量位居全国第24位，人均GDP位居全国第29位），公路建设资金自筹能力弱。三是中央给云南公路建设的补助标准偏低。云南未能享受到如西藏、贵州等同为欠发达地区的政策待遇，公路建设中央补助金不到17%。四是由于公路主要为公益性道路，可收费的高速公路较少，目前除昆明周边少数几段高速公路外，大多数高速公路收费不能还贷，仅能还利息，公路建设贷款融资困难。大多数路段不具备靠市场BOT等方式来运作融资的条件。现在云南各州、市之间及省道等以二级路为主，均已取消收费，国家无法清欠，债务问题难以解决。这些公路使用运营中的管理、维修等开支负担较重。五是云南地处全国公路网系统末梢，交通流量小，特别是高速公路交通流量不足全国平均水平的一半，2011年云南日交通量为8 217辆，仅为全国平均交通量19 432辆的42.31%。六是云南的地理、地质、气候等呈立体型多样性特点，海拔高度从60多米变化到6 400多米；气候差异从亚热带、温带再到寒带；降雨量也从热带雨林的降水量到干旱地带的降雨量。总体上地质灾害较多，工程上的技术处理费用和管养成本高。

总之，一方面，云南省公路交通运输成本和物流成本居高不下，制约着云南省国民经济与社会的可持续发展和跨越式发展，迫切需要加快云南公路建设步伐。另一方面，由于山高坡陡，地形地貌复杂，云南省公路建设的难度大、成本高，资金瓶颈难以破解。

加快云南公路建设步伐，必须首先破解资金不足的难题，需要认真探寻适宜云南省公路建设发展的投融资模式、造价管理及相应的风险控制策略。科学选择成本较低、风险较小的投融资方式，有利于集中资金，提高资金使用效率，加快公路工程建设。公路投融资模式与公路造价管理和风险控制密切相关，因为不同的投融资模式对公路工程造价有不同的影响，不同投融资模式产生的风险也不同；科学合理的造价管理和风险控制反过来也影响投融资模式选择及其绩效。因此，在公路建设实践中需要将投融资模式选择、造价管理和风险控制三者有机结合起来。

本书在《不同投融资模式下公路造价管理及风险控制研究》课题相关研究成果基础上整理而成。该课题通过对基础设施建设不同投融资模式、造价管理及其风险控制相关理论的研究及文献的梳理，在总结和借鉴国内外基础设施建设投融资模式选择、造价管理及其风险控制相关经验的基础上，结合云南省情和云南公路建设实际，总结并探索与云南省公路建设发展目标相适应的投融资模式、造价管理及风险管控措施，为云南省公路建设投融资模式选择、造价管理及风险控制提供有效的借鉴，目的是进一步加强和完善云南公路建设中的投融资、造价和风险管理，促进云南省公路建设实践中投融资、造价和风险管理三者良性互动，进而推动云南省经济社会持续健康发展。

目　录

第一章　公路建设与管理概论

第一节　公路及其基本属性

公路是综合运输体系的重要组成部分，是社会经济发展的重要基础设施。作为一种运输服务，公路运输提供的产品是“位移”（马克思语），通过物流和人流成本的降低提供空间效应，可以消除或减轻制约消费者需要满足程度的空间因素的影响。

公路行业是指以公路为资产，向社会提供高效、便捷、舒适、经济、安全通行和“位移”服务的系列活动，总体上包括建设、经营和养护三大环节，各环节又包括许多经济活动。因此，广义的公路建设是公路建、管、养的有机统一，三者不可偏废。

公路具有一系列特征，这些特征主要是以下几个方面：

（1）自然垄断性。自然垄断性指由于存在资源稀缺性和规模经济性，使提供单一产品或服务的企业形成独家垄断或寡头垄断的现象。公路的自然垄断性具体表现在连接两地的主要公路往往只能有一条而不是多条，政府要对此作规划和监管。如果完全竞争的市场化建设，会导致公路线路的重复建设，造成社会资源的浪费。

（2）准公共产品性。公共产品与私人产品的区别在于，前者在消费上具有非排他性，后者在消费上具有排他性。准公共产品是介于纯公共产品和私人产品之间的社会产品，具有不完全的非竞争性，或不完全的非排他性。与其他的服务行业相比，公路作为一种特殊的不可交易、不可分割的固定资产存在和开放于整个社会，它具有自身固有的、明确的社会公益目的。

（3）外部性。外部性是指某一单位的经济活动影响到他人的福利。公路除了给行车人带来直接收益外，还可以间接地带动相关行业或区域的经济社会发展，这是正的外部性。公路建设也可能给某些区域的生态环境造成破坏，公路营运会出现交通事故等，这是负的外部性。

（4）资金密集性。公路建设特别是高速公路建设涉及面广、建设周期长、工程量大、相关工程造价高，属资金密集型行业。公路建设资金密集，但公路投资回报期长。公路投资往往还具有规模收益递增特性。

（5）建设的永续性。公路是人类社会发展到一定阶段的产物，并具有永久发展的特点，公路随着人类的发展而发展，只要人类社会存在和不断进步，公路也将永无止境地发展下去。公路建设往往还是一个重复使用、持续投入、连续管养的永续的过程，当然，公路建设和管养的具体方式随着时间、条件的变化而变化。

（6）发展的网络性。公路随着社会经济的发展不断形成网络，各类公路不断拓展延伸，相互连接、相互补充、相互支撑，形成遍布各地的网络化发展格局。在公路建设实践中，这种网络化的程度会直接影响公路功能的有效发挥。

第二节　公路的类型及等级标准

一、公路的类型

按使用性质公路可分为：国家公路、省公路、县公路和乡公路（简称为国、省、乡道），以及专用公路五个行政等级。一般把国道和省道称为干线，县道和乡道称为支线。

国道，是指具有全国性政治、经济意义的主要干线公路，包括重要的国际公路、国防公路；连接首都与各省、自治区、直辖市首府的公路；连接各大经济中心、港站枢纽、商品生产基地和战略要地的公路。国道中跨省的高速公路由交通部批准的专门机构负责修建、养护和管理。

省道，是指具有全省（自治区、直辖市）政治、经济意义，并由省（自治区、直辖市）公路主管部门负责修建、养护和管理的公路干线。

县道，是指具有全县（县级市）政治、经济意义，连接县城和县内主要乡（镇）、主要商品生产和集散地的公路，以及不属于国道、省道的县际间公路。县道由县、市及以上公路主管部门负责修建、养护和管理。

乡道，是指主要为乡（镇）村经济、行政服务的公路，以及不属于县道以上公路的乡与乡之间及乡与外部联络的公路。乡道由县、乡人民政府负责修建、养护和管理。

专用公路，是指专供或主要供厂矿、林区、农场、电站、旅游区、军事要地等与外部联系的公路。专用公路由专用单位负责修建、养护和管理。也可委托当地公路部门修建、养护和管理。

二、公路的等级标准

根据使用任务、功能和适应的交通量，可把公路分为高速公路、一级公路、二级公路、三级公路、四级公路五个等级（达不到四级的叫等外级）。

高速公路为专供汽车分向、分车道行驶并应全部控制出入的多车道干线公路。四车道高速公路一般能适应按各种汽车折合成小客车的远景设计年限年平均昼夜交通量为25 000 ~ 55 000 辆的水平；六车道高速公路一般能适应按各种汽车折合小客车的远景设计年限年平均昼夜交通量为45 000 ~ 80 000 辆的水平；八车道高速公路一般能适应按各种汽车折合成小客车的远景设计年限年平均昼夜交通量为60 000 ~ 100 000 辆的水平。

其他公路为除高速公路以外的干线公路、集散公路、地方公路，分四个等级。一级公路为供汽车分向、分车道行驶并可根据需要控制出入的多车道公路。四车道一级公路应能适应将各种汽车折合成小客车的远景设计年限年平均昼夜交通量为15 000 ~ 30 000 辆的水平。六车道一级公路应能适应将各种汽车折合成小客车的远景设计年限年平均昼夜交通量为25 000 ~ 55 000 辆的水平。二级公路为供汽车行驶的双车道公路，一般能适应按各种车辆折合成中型载重汽车的远景设计年限年平均昼夜交通量为3 000 ~ 7 500 辆的水平。三级公路为主要供汽车行驶的双车道公路，一般能适应按各种车辆折合成中型载重汽车的远景设计年限年平均昼夜交通量为1 000 ~ 4 000 辆的水平。四级公路为主要供汽车行驶的双车道或单车道公路，一般能适应按各种车辆折合成中型载重汽车的远景设计年限年平均昼夜交通量为：双车道1 500 辆以下、单车道200 辆以下的水平。

公路等级应根据公路网的规划，从全局出发，按照公路的使用任务、功能和远景交通量综合确定。一条公路，可根据交通量等情况分段采用不同的车道数或不同的公路等级。各级公路远景设计年限：高速公路和一级公路为20 年、二级公路为15 年、三级公路为10 年、四级公路一般为10 年，也可根据实际情况适当调整。对于不符合本标准规定的已有公路，为等外级公路。

第三节　公路工程建设的主要内容及特点

一、公路基本建设的概念

公路基本建设，是指公路建筑业新增固定资产的一项综合性的经济活动，是有关固定资产的建筑、购置、安装及与其相关的其他工作，是公路交通运输业为了扩大再生产（即提高运输能力）而进行的增加固定资产的建设工作。

具体来讲，即把一定的建筑材料、半成品、设备等，通过购置、建造和安装等活动，转化为固定资产的活动。如一条公路、一座桥梁的建设。

二、公路基本建设的内容

（一）公路建筑安装工程

公路建筑安装工程，指兴工动料的施工活动，是投资额最高的一部分，也是基本建设中最复杂的一部分。它包括建筑工程和设备安装活动。

建筑工程包括：路基、路面、桥涵、隧道、防护工程及沿线设施等。

设备安装活动包括：高速公路、特大桥梁所需各种机械、设备、仪器的安装测试等。

（二）公路设备及工具、器具购置

公路设备及工具、器具购置，指为公路营运、服务管理、养护等需要所购买的设备、工具、器具，以及为保证新建、改建公路初期正常生产、使用和管理所需办公和生活家具的采购或自制。

（三）公路其他基本建设工作

公路其他基本建设工作，指不属上述各项的基本建设工作，它包括公路筹建阶段和建设阶段的管理工作、勘察设计、科研试验、征用土地、拆迁补偿等。

三、公路基本建设的环节

公路工程建设的环节主要包括项目决策阶段（规划—开工）、项目实施阶段（开工—竣工验收）、运营阶段（竣工—工程使用年限结束）。

（一）项目决策阶段（规划—开工）

1. 规　划

规划，即国家根据国民经济长远规划进行公路网的建设规划。

2. 工程可行性研究报告

工程可行性研究报告一般由交通运输主管部门根据国家及地方公路网规划和近期建设计划，委托具有工程咨询资质的单位编制，报所在地省级发展改革委员会审查，通过后报国家发展改革委员会审批。工程可行性研究报告主要论证项目建设的必要性、工程方案可行性、经济评价，通过论证后，确定工程建设标准、规模和投资估算。

3. 工程可行性研究

工程可行性研究（以下简称工可）阶段主要包括城镇发展规划意见、水土保持方案论证、环境影响评价、用地预审、压覆重要矿产资源评估、地质灾害危险性评估、文物调查、洪水影响评价、地震安全性评价。

（1）城镇发展规划意见。公路路线经过城镇时，工可报告编制单位要书面征求城镇规划部门的意见，结合城镇发展规划确定路线合理走向。

（2）水土保持方案论证。2011 年 3 月 1 日实施的《中华人民共和国水土保持法》第二十五条规定："在山区、丘陵区、风沙区以及水土保持规划确定的容易发生水土流失的其他区域开办可能造成水土流失的生产建设项目，生产建设单位应当编制水土保持方案，报县级以上人民政府水行政主管部门审批，并按照经批准的水土保持方案，采取水土流失预防和治理措施。没有能力编制水土保持方案的，应当委托具备相应技术条件的机构编制。"目前具体的做法：国家立项的建设项目，由水利部审批，省（自治区、直辖市）发改委和省（自治区、直辖市）直属部门批准的项目由省（自治区、直辖市）水利厅审批，其他项目由市、县水务局审批。

（3）环境影响评价。《中华人民共和国环境保护法》第十三条规定："建设项目的环境影响报告书，必须对建设项目产生的污染和对环境的影响作出评价，规定防治措施，经项目主管部门预审并依照规定的程序报环境保护行政主管部门批准。环境影响报告书经批准后，计划部门方可批准建设项目设计书。"

（4）用地预审。《建设项目用地预审管理办法》（国土资源部令 2008 年第 42 号）第四条规定了审批权限："建设项目用地实行分级预审。"即由有审批、核准、备案权限的政府机关的同级国土资源管理部门预审。一般由具有相应资质的单位编制用地报告，由省（自治区、直辖市）交通厅报省（自治区、直辖市）国土资源厅审查。

（5）压覆重要矿产资源评估。2010 年国土资源部《关于进一步做好建设项目压覆重要矿产资源审批管理工作的通知》（以下简称《通知》）中明确："重要矿产资源是指《矿产资源开采登记管理办法》附录所列 34 个矿种和省级国土资源行政主管部门确定的本行政区优势矿产、紧缺矿产。炼焦用煤、富铁矿、铬铁矿、富铜矿、钨、锡、锑、稀土、钼、铌钽、钾盐、金刚石矿产资源储量规模在中型以上的矿区原则上不得压覆，但国务院批准的或国务院组成部门按照国家产业政策批准的国家重大建设项目除外。"

《通知》规定，建设项目压覆重要矿产资源由省级以上国土资源行政主管部门审批。压覆石油、天然气、放射性矿产，或压覆《矿产资源开采登记管理办法》附录所列矿种（石油、天然气、放射性矿产除外）累计查明资源储量达大型矿区规模以上的，或矿区查明资源储量规模达到大型并且压覆占1/3以上的，由国土资源部负责审批。

（6）地质灾害危险性评估。2004年3月1日实施的国务院《地质灾害防治条例》第二十一条规定："在地质灾害易发区内进行工程建设应当在可行性研究阶段进行地质灾害危险性评估，并将评估结果作为可行性研究报告的组成部分；可行性研究报告未包含地质灾害危险性评估结果的，不得批准其可行性研究报告。"（地质灾害易发区在各级政府公布的"地质灾害防治规划"中明确）

（7）文物调查。由具有相应资质的单位编制文物调查报告，由省（自治区、直辖市）交通厅报当地文物管理委员会审查。

（8）洪水影响评价。《中华人民共和国防洪法》第二十七条规定："建设跨河、穿河、穿堤、临河的桥梁、码头道路、渡口、管道、缆线、取水、排水等工程设施，应当符合防洪标准、岸线规划、航运要求和其他技术要求，不得危害堤防安全，影响河势稳定、妨碍行洪畅通；其可行性研究报告按照国家规定的基本建设程序报请批准前，其中的工程建设方案应当经有关水行政主管部门根据前述防洪要求审查同意。"

前款工程设施需要占用河道、湖泊管理范围内土地，跨越河道、湖泊空间或者穿越河床的，建设单位应当经有关水域行政主管部门对该工程设施建设的位置和界限审查批准后，方可依法办理开工手续；安排施工时，应当按照水行政主管部门审查批准的位置和界限进行。

（9）地震安全性评价。《中华人民共和国防震减灾法》第十七条规定："新建、扩建、改建建设工程，必须达到抗震设防要求。"

4. 成立项目法人

工可（核准）一经批复，项目完成立项，投资主体应及时依法确立项目法人。

5. 初步设计

初步设计主要是研究论证工程技术方案。原则上省（自治区、直辖市）发改委立项的项目，由省交通运输厅审批初步设计。对技术复杂项目，实行"双院制"审查，其他项目实行专家评审制。基本步骤为：依法选择勘察设计单位—组织设计单位勘察及设计—初步设计文件（送审稿）报厅审查—厅委托咨询审查单位审查—咨询审查单位提交审查意见—厅组织初步设计预评审—厅印发预审意见—修编后的初设文件报厅—厅上报部审批—部组织审查外业现场考察和室内审查—部批复初步设计文件。

6. 施工图设计审批

基本程序为：依据批复的初步设计文件，业主组织编制施工图设计文件报厅审查—厅委托咨询审查单位审查—咨询审查单位提交审查意见—厅组织召开施工图设计审查会议—厅印发审查意见—修编施工图设计文件并报厅审批—委托造价站审查预算文件—造价站审查意见报厅—厅批复施工图设计文件。

7. 征用土地报批

初步设计文件的用地红线图提供后，即可开展建设项目林用地报批工作。林地手续由地方政府（地方林业主管部门）报省（自治区、直辖市）政府（林业厅），初审后由省（自治区、直辖市）政府（林业厅）报国务院（国家林业局）审批。

8. 征用林地报批

用地手续由地方政府（地方国土部门）报省（自治区、直辖市）政府（国土资源厅）预审，预审后省（自治区、直辖市）政府（国土资源厅）上报国务院（国土资源部）审批，用地获得批复后，即可组织开展征地拆迁工作。报批时需注意两点：一是建设项目原则上应纳入土地利用总体规划，否则国土资源部门不予受理用地申请，所以要高度重视区域路网建设规划工作；二是尽量采用施工图设计征用土地，避免出现二次征地。

9. 施工、监理和其他服务商招标

开展施工、监理和其他服务商的招投标工作，确定施工、监理和其他服务商。

10. 征地拆迁

选择单位进行埋桩放线，在征地范围沿线进行宣传动员，组织现场丈量、清点、造册，对结果进行张榜公布，在没有异议的前提下进行用地补偿。

11. 办理质量监督手续

按交通运输部相关规定，国道、省道建设项目要到省公路工程质量监督站或其委托的市级公路工程质量监督站办理。

12. 施工许可

《公路建设市场管理办法》中规定了施工许可的办理程序和条件要求。原则上国家交通运输部审批初步设计的项目，施工许可由其审批，省厅批初步设计的项目，由省厅审批施工许可。主要条件是建设资金已落实、征地拆迁已基本完成、施工图设计已批复、施工及监理招标已结束、质量监督手续已办理等。

（二）项目实施阶段（开工—竣工验收）

1. 开工建设

施工获得许可后，即可按设计要求开工建设。

2. 交工验收

《公路工程竣（交）工验收办法》（交通部令2004年第3号）和《公路工程竣（交）工验收办法实施细则》（交公路发〔2010〕65号）规定，交工验收由建设单位组织，设计、施工、监理和接养单位参加。交工验收的前提条件是，施工单位已完成全部合同约定内容；工程质量自检合格；临时用地已恢复并经当地国土资源部门验收合格；标段施工总结已完成；内业资料和档案已按规定整理完毕。

各标段均通过交工验收后，建设单位应报请质量监督机构进行工程质量检验，并出具检验意见。同时，针对各标段的交工验收情况，编写项目交工验收报告，连同质量检验意见一并报交通主管部门核备，申请通车试运营。项目通车试运营前，必须明确接收管养单位，做好项目和固定资产移交。

3. 环保、水保、档案等专项验收

根据《建设项目竣工环境保护验收管理办法》《中华人民共和国水保法》等进行验收（收费站、服务区等房建工程还要进行消防专项验收）。

4. 决算审计

国家和省（自治区、直辖市）发改委批准立项的，一般由省（自治区、直辖市）审计厅或其委托地方审计部门、审计事务所审计，审计结论需由审计厅认定。

5. 竣工验收

竣工验收将综合评价工程建设成果，对工程质量、参建单位和建设项目进行综合评价。缺陷责任期满后，建设单位应申请质量监督部门进行质量鉴定，鉴定合格和优良的工程，可向初步设计审批部门申请竣工验收。具体要求和条件在《公路工程竣（交）工验收办法》（交通部令2004年第3号）和《公路工程竣（交）工验收办法实施细则》中都做出了明确规定。对于规模较小、等级较低的小型项目，交工验收和竣工验收可合并进行；高速公路一般是通车试运营两年后方可进行竣工验收。

（三）运营阶段（竣工—工程使用年限结束）

1. 竣　工

通过竣工验收的项目可以正式交付使用。

2. 项目后评价

项目建成投产运营一段时间之后，由交通运输主管部门委托咨询单位针对工程可行性研究报告的结论，开展项目后评价工作。

四、公路基本建设的特点

公路的上述基本属性决定了公路基本建设也具有不同于其他建设的特点。

（一）公路建筑产品的特点

公路建筑产品的特点主要包括：(1) 固定性（公路工程构造物一经建成，其地点固定不变，不能移动）；(2) 多样性（公路具体使用目的、技术标准、技术等级、自然条件、结构形式、主体功能不同，公路的组成部分、形体构造也千差万别和复杂多样）；(3) 产品形体的庞大性（公路工程是线性构造物，其组成部分的形体庞大，占用土地及空间多）；(4) 产品部分结构的易损性（公路工程由于受行车荷载的作用和自然因素的影响，所以经常损坏，尤其是暴露于大自然的部分以及直接受行车作用的部分）。

（二）公路基本建设的特点

公路基本建设的特点主要包括：(1) 规划先行（由于公路的自然垄断性和永续性特征，公路建设首先要做好科学规划，避免平衡的公路重复建设）；(2) 多元投资（由于公路的准公共产品和资金密集特征，公路建设中政府主导、支持公路建设的同时，还要广泛吸收社会资金投入。许多国家形成了“谁出资多谁获益更多”的公路投融资原则）；(3) 点多、线长、面广、不可控因素多（公路工程建设规模一般都较大，从几十公里到上百公里甚至上千公里的路线，往往跨地区甚至跨国，施工范围广。因此，工程建设期长，工程质量要求高，受气候、地质水文条件、社会经济环境影响大）。

第四节　公路建设营运的主要影响因素

一、经济社会发展水平

公路建设与营运和国家与地区的经济社会发展水平正相关。一个国家和地区的经济社会发展水平，决定了一个国家和地区公路运输市场容量的大小；一个国家和地区的经济社会发展的结构，决定了一个国家和地区公路运输发展的结构模式。总体而言，经济发展水平越高，市场规模越大，需求就越旺盛，对公路建设的推动力就越大，公路营运的效益就越高。相反，经济基础薄弱、物流和客流不活跃，会直接影响公路建设和运营。

二、自然地理条件

自然地理条件及其组合的地域时空分布和变化规律，对公路建设产生不同的影响，包括对公路路网规划、公路设计、施工、养护、运营管理等。一个国家和地区的自然地理条件，包括地形、地貌、地质状况、气候条件等会直接影响公路建设和营运的成本。比如山区比重大，公路建设中桥隧及结构物量也就大，修建及管养公路的成本也就高。

三、产品替代性

公路运输只是综合运输体系中的一种运输方式。就运输功能而言，公路、铁路、水运、航空等运输业及方式之间既互补又竞争，客观上存在一定的替代性。在综合运输体系中，公路、铁路、水运、民航等运输各有优劣，在一定的时空中各展所长，展开的竞争日趋激烈，表现为各种运输方式的运输市场份额此消彼长。

四、营运管理水平

公路建设线路和建设工期长、投资大、牵涉面广、环节多，往往还涉及不同地区、不同行业，甚至诸多建设企业，因此营运管理难度大。从规划建设到营运管理及其养护，需要各相关主体的通力合作，各地区的密切配合。还要不断创新，积极引用现代营运理念和先进实用的科学技术成果，才能确保公路建设质量和运营效率。

五、政策因素

公路建设营运受政策因素影响大，不同时期和不同地区，相关的产业政策会有不同程度的调整，会影响公路建设和营运，目前影响公路建设和营运较大、较直接的主要是土地政策、环境保护政策、公路收费政策等。

第五节　综合运输体系建设中的公路建设

一、现代综合交通运输体系的界定及实施意义

（一）现代综合交通运输体系的界定

综合交通运输体系概念的首次提出是在美国的《1940 年的运输条例》中，条

例中提出运输体系具有多种方式的性质，水运、公路、铁路以及其他运输方式的协作构成了国家运输体系，该体系的目标是满足商业、邮政和国防的需求。国家应对各种运输方式实行公平待遇，承认和保护各种运输方式的内在优势，防止运输方式之间过度的竞争，最终形成统一的国家运输体系。随后，美国运输学研究专家G. 穆勒（1995年）及国内相关学者高家驹（1993年）、沈志云（《交通运输工程学（第二版）》）、杨洪年（1994年）、王庆云（2004年）、罗仁坚（2009年）均对综合交通运输体系作了自己的阐述。综合国内外学者的观点，综合交通运输体系的概念和界定有几个相同点：一是综合交通运输体系包括各种运输方式，一般为五种现代运输方式，即铁路、公路、航空、水运、管道；二是应充分发挥各种运输方式的现代技术经济特征，使其合理分工、优势互补，形成一个有机的整体；三是综合交通运输体系要以先进技术为基础，借助信息化构建安全、快捷、方便、运行高效的交通体系；四是综合交通运输体系应服务人类社会发展，满足社会经济发展需要。在此基础上，交通运输部规划研究院于2010年在《推进综合运输体系建设总体思路研究》中指出，综合运输体系是指各种运输方式在社会化的运输过程中，按照各自的技术经济特征和比较优势共同构建形成的布局完善、分工合理、衔接顺畅、技术先进、服务高效，能够更好满足现代经济社会发展需要和资源节约、环境友好要求的有机整体。2011年交通运输部在《关于推进综合运输体系建设的指导意见》中指出，综合运输体系建设的总体要求是，到2020年，在各种运输方式充分发展的基础上，发挥各种运输方式的比较优势和组成效率，在布局优化、相互衔接、一体服务、信息共享等方面取得突破性进展，加快形成网络设施配套衔接、技术装备先进适用、运输服务安全高效的综合运输体系，适应国民经济和社会发展的需要。

与传统的交通运输体系界定不同的是，从经济学研究的角度出发，结合现代社会发展的趋势，在综合国内外学者研究成果及交通运输部对综合运输体系的定义的基础上，可将现代综合交通运输体系定义为：在资源环境和经济成本约束下，依托现代化的信息技术、科学化的规划布局和智能化的设施装备，实现资源合理化配置，使各种运输方式相互关联、高效衔接、紧密融合，最终成为满足经济社会发展需要的便捷、通畅、高效、安全的交通运输有机整体。

（二）现代综合交通运输体系的实施意义

交通运输是国民经济和社会发展的重要基础，其发展的高级阶段是综合交通运输体系。综合交通运输体系强调交通运输资源的合理配置，注重交通运输的效率提升和服务质量的改善，是我国交通运输发展的目标和方向。具体到我国实际的情况，建设现代综合交通运输体系有以下三个意义。

1. 优化资源配置，实现资源、环境可持续发展

交通运输业是大量消耗资源和能耗的行业，在给人类社会带来便利、克服空间距离阻碍的同时占用了大量的资源，给环境带来诸多负面影响。但是，我国人口众多，人均资源、环境容量有限，远低于发达国家水平，无法承载各种交通运输方式粗放式的规模扩张和重复性建设。现代综合交通运输体系的建设强调的是有效的、合理的资源配置，不是以各种运输方式规模上的简单叠加为目标，通过科学的规划和布局，充分发挥各种运输方式的优点，优势互补、互相衔接。因此，在可承担起的资源和成本消耗下，现代综合交通运输体系能够突破资源、环境的约束，有效地实现资源与环境的可持续发展。

2. 降低运输成本，充分发挥交通运输综合功能

现代综合交通运输体系综合利用了铁路、公路、航空、水运、管道五种不同运输方式的技术经济特征，使其合理分工、优势互补，在客运、货运运输过程中充分发挥了每种运输方式的优点，在经济成本尽可能降低的情况下完成运输任务，降低了运输成本；同时，现代综合交通运输体系还通过统一规划、统一建设、统一管理等方式提高了运输系统整体运行的效率，使交通运输的综合功能得以最大化的实现和呈现。

3. 促进经济发展，实现区域产业结构优化升级

交通运输业是经济体系中的基础性和先导性产业，对经济发展具有支撑性和基础性的作用，交通运输和经济发展高度关联，相互促进，协调发展。交通运输业作为服务业的重要部门，与区域内其他产业具有紧密的前后向联系，为其他产业提供配套和服务，促进其他产业发展，并影响其他产业的发展水平。综合交通运输体系能够通过提升交通运输能力、完善交通运输结构、转变交通运输发展方式对经济发展起促进作用的同时，调整区域内产业结构，推动区域内产业结构的优化升级，实现经济又好又快发展。

二、云南省现代综合交通运输体系的发展现状①

综合交通运输体系包括五种运输方式，分别是铁路、公路、航空、水运和管道，不同运输方式有其本身固有的技术经济特征，而技术经济特征是决定其比较优势的基础；此外，不同区域的经济地理情况决定着不同运输方式在当地的比较

① 由于管道运输具有较强的专用性，本文暂时未将其纳入研究范围内。

优势，因经济社会状况和地理地貌的不同而有所差异。

（一）各种运输方式的技术经济特征

不同运输方式的技术经济特征包括多个方面，有运输能力、运输成本、运输速度、占地面积、建设成本、安全性、舒适性、环境污染等。针对多个不同的衡量指标，可以将其归纳为三个方面，一是运输能力，包括线路的通过能力、运输速度、连续性、灵活性和安全性；二是建设成本，包括建设投资、占地面积、环境影响；三是运行成本指标，包括运输成本、能耗污染、养护成本。

以下从这三方面来评价各种运输方式的技术经济特征，以及运用不同衡量指标对四种运输方式进行排序。

表 1－1　各种运输方式的经济技术特征描述

运输方式	衡量指标	具体描述
铁路运输	运输能力	灵活性不足（发车时间、车次、装卸等限制）、运输速度快（技术领先，目前最高速铁路能达到 350 公里/小时）、通过能力较强（单位运输工具载重量较大）、连续性强（长距离运输优势明显）、安全性强（专有路权、事故极少）
	建设成本	建设投资较高（投资规模大、建设周期长）、占地面积适中（需要征用部分土地）、环境影响较小
	运行成本	运输成本低（运量大、单位运输成本较低）、能耗污染较少（阻力小、能耗低）、养护成本较低
公路运输	运输能力	高度的灵活性（能够最大程度接近目的地）、较高的运输速度（适中的速度，能够单独提供完整的运输服务）、通过能力较低（单位运输工具载重量较低）、连续性适中（长距离运输劣势明显）、安全性较差（交通事故最多）
	建设成本	建设投资较低（基础设施投资相对较低，车辆等配套设施投入少）、占地面积大（需要征用大面积土地）、环境影响较大
	运行成本	运输成本较高（单位运距的人力、能源消耗）、能耗污染较为严重（汽车尾气、噪音等）、养护成本高（路面管护管理频繁、路面使用年限低）
航空运输	运输能力	灵活性不足（起飞时间、班次等限制，难以实现短途运输）、运输速度极快（是铁路运输的数倍）、通过能力适中、连续性较差、安全性强（不受地形限制、严格的技术和管理流程）

续 表

运输方式	衡量指标	具体描述
航空运输	建设成本	建设投资高（航空载具、站点、导航设施都需大规模投资）、占地面积大（基础设施占用土地面积较大）、环境影响适中
	运行成本	运输成本高（运量小、单位运输成本高）、能耗污染严重（航空运输燃料消耗大）、养护成本高（航空设施日常维护成本高）
水运运输	运输能力	灵活性不足（气候、港口条件、装卸等限制）、运输速度低（技术速度较低）、通过能力强（单位载运能力大、航道通过力强）、连续性强（可携带大量燃料、粮食、完善的生活设施）、安全性强
	建设成本	建设投资较高（主要为港口建设和船舶购置）、占地面积较少（仅为港口建设用地，航道大部分为天然形成）、环境影响适中
	运行成本	运输成本低（运量大、单位运输成本极低）、能耗污染小、养护成本较低

表 1－2　各运输方式依据不同衡量指标排序情况

衡量指标	细分指标	不同运输方式排序（“>”表示为“优于”）
运输能力	通过能力	水运运输 > 铁路运输 > 公路运输 > 航空运输
	运输速度	航空运输 > 铁路运输 > 公路运输 > 水运运输
	连续性	铁路运输 > 水运运输 > 公路运输 > 航空运输
	灵活性	公路运输 > 航空运输 > 铁路运输 > 水运运输
	安全性	航空运输 > 铁路运输 > 水运运输 > 公路运输
建设成本	建设投资	公路运输 > 水运运输 > 铁路运输 > 航空运输
	占地面积	水运运输 > 铁路运输 > 航空运输 > 公路运输
	环境影响	铁运运输 > 水运运输 > 公路运输 > 航空运输
运行成本	运输成本	水运运输 > 铁路运输 > 公路运输 > 航空运输
	能耗污染	水运运输 > 铁路运输 > 公路运输 > 航空运输
	养护成本	水运运输 > 铁路运输 > 公路运输 > 航空运输

注：上表仅代表一般情况下的排序，不同的地理区域和经济发展排序有所差异。

（二）云南省不同运输方式的比较优势对比

特定运输方式在区域的选择和适用受多种因素的影响，其中区域自然地理状况、产业结构和产业空间分布等因素起决定作用。云南独特的地理经济状况对不同运输方式的比较优势有着重要的影响。

云南属青藏高原南延部分，地形以元江谷地和云岭山脉南段宽谷为界分为东西两部，高原波状起伏，相对平缓的山区只占总面积的10%，大面积土地为高原地形，高低纵横。云南的这种地形地貌特征使公路运输更具建设成本上的比较优势，因而成为云南外部联系和提供客货运输服务的主要方式，但高等级公路比例仍然偏低；铁路建设由于成本较高，发展相对滞后，铁路通车里程数和铁路复线率均低于全国平均水平。但是，公路（特别是高速公路）和铁路建设的相对不足以及航空运输不受地形的限制的特点，催生了云南民航运输的快速发展，截止到目前云南全省民航运输机场总数12个，位列全国第二，机场密度和开通航线数均远高于全国平均水平。

云南江河纵横、湖泊棋布，水系交织，拥有大小河流600多条，分属伊洛瓦底江、怒江、澜沧江、元江、金沙江和南盘江六大水系，其中伊洛瓦底江、怒江、澜沧江、元江为国际河流。这些河流分别注入南中国海和印度洋，多数具有落差大、水流急的特点，水能资源极其丰富。由于历史原因（建设资金投入不足、水运市场竞争力弱），云南省水运运输方式一直没有得到大力度开发，长期处在公路、铁路、航空、水运四种运输方式的发展末端。

云南地处我国西南边陲，东部与广西和贵州相连，北部与四川为邻，西北部紧倚西藏，同老挝、越南、缅甸接壤，国境线长4 061公里，是我国毗邻周边国家最多、边境线最长的省（自治区、直辖市）之一，同时也是我国沟通东南亚、南亚地区主要的陆路通道。随着中国面向西南开放重要桥头堡战略的实施，云南应扩大对外开放水平，全力建成连接两洋、沟通内外的快速便捷的云南国际大通道和综合交通主骨架，通过高速公路、国际铁路、昆明门户枢纽机场及国际航线的建设和开通更好地实现云南同其他省份，东南亚、南亚国家的沟通和联系。

从云南的产业结构现状及演变趋势来看，云南省产业结构为“二、三、一”，三次产业结构由2012年的16.0∶42.9∶41.1调整为2013年16.2∶42.0∶41.8，虽然第三产业快速发展并逐渐有超越第二产业的态势，但第二产业仍然是云南省经济社会发展的主要组成部分和增长引擎。其中，磷化工、有色金属、电力、烟草等均具有资源性、初级产品加工的行业属性，决定了需要大运量、低成本的运输方式来匹配其生产运营，提升产业竞争力。此外，云南省产业结构的空间布局呈现出过度集中的态势，GDP前五位的州（市）分别是昆明、曲靖、玉溪、红河和大理，仅排名前三位的昆明、曲靖和玉溪的经济总量就占到全省经济总量的一半以上。产业的空间集聚带来的是区域内的货物和人员大量相互流动，主要经济中心彼此需要有较强通过能力、较快运输速度的运输方式，而以此为中心辐射周边地区的运输方式各项需要则较低。因此，以昆明、曲靖、红河、大理、文山为交通枢纽，构建以昆明为中心，铁路、高速公路为连接的 1 ~ 2 小时交通圈，并以此辐射滇中、滇东北、滇南、滇西、滇东南区域，符合云南的产业结构和其空间布局，具备合理性和科学性。

本文依据不同运输方式的技术经济特征，结合云南的经济地理状况，从运输能力、建设成本、运营成本三个方面来综合判断各种运输方式在云南的比较优势。运用综合评分方法对各种运输方式在云南的比较优势进行分析。每项指标按四种运输方式的相对优势划分为四个等级，得分越高代表其相对优势越大，运输能力、建设成本和运营成本三个方面所占权重各为1/3，各二级指标也采用平均赋权。

表 1－3　各种运输方式在云南的比较优势分析

运输方式	运输能力					建设成本			运营成本			综合
	通过能力	运输速度	连续性	灵活性	安全性	建设投资	占地面积	环境影响	运输成本	能耗污染	养护成本	
铁路	3	3	4	2	3	1	2	3	3	3	3	2. 67
公路	2	2	1	4	1	2	1	1	2	2	2	1. 78
航空	1	4	2	3	4	3	3	2	1	1	1	2. 15
水运	4	1	3	1	2	4	4	4	4	4	4	3. 40

表 1－4　各种运输方式在云南的比较优势分析（删除安全性、环境影响、能耗污染、养护成本）

运输方式	运输能力				建设成本		运营成本	综合
	通过能力	运输速度	连续性	灵活性	建设投资	占地面积	运输成本	
铁路	3	3	4	2	1	2	3	2. 50
公路	2	2	1	4	2	1	2	1. 92
航空	1	4	2	3	3	3	1	2. 17
水运	4	1	3	1	4	4	4	3. 42

从综合评价结果来看，水运最具比较优势，铁路和航空次之，公路最不具比较优势。得出这种结果主要是因为将占地面积、环境影响、能耗污染等因素纳入到建设成本和运营成本指标体系中，而水运在建设成本和运营成本指标方面相比

于其他三种运输方式具备明显的比较优势，因而综合评分最高。若删除掉安全性、环境影响、能耗污染、养护成本等技术特征指标，单纯考虑不同运输方式的实用性和经济效益，采用相同的综合评分方法计算得出的各运输方式综合评价结果与二级指标删除前基本相同，具体见表1-4。

综合以上评价分析结果，结合云南省特殊的地理位置，综合交通运输的发展重点及交通运输的分担结构，可以得出：第一，在交通运输方式选择上，云南应更加重视水运的比较优势，加强水运资金投入，强化其在综合交通运输体系中的地位和作用。第二，在铁路、公路和航空三种运输方式选择上，充分发挥各种运输方式的比较优势，根据不同运输需求予以区分，客货运量大的线路优先选择铁路，发挥其通过能力、运输速度、占地面积和运输成本方面的比较优势；客货运量和运输距离适中的线路优先选择公路，发挥其灵活性、建设投资方面的比较优势；在客货运量较小且运输距离较长的线路优先选择航空，发挥其运输速度的比较优势；第三，针对不同线路的客货运输需求，应根据各自运输方式比较优势的合理搭配，构建公路、铁路、航空、水运其中两种及两种以上的综合运输体系，提高整体的运行效率。

（三）云南省现代综合交通运输体系建设成效

近些年，云南省现代综合交通运输体系不断完善，基础设施建设投资额逐年增加，保持快速的增长态势，特别是“十二五”以来云南综合交通基础设施建设发展更为迅猛，取得了显著的成效。

1. 铁路通车里程不断增加，“八出省、四出境”的骨架网正加快形成

截至2012年，云南铁路营运里程达2 619公里，其中电气化铁路1 527公里，电气化率达58.3%，2013年全省在建铁路里程1 403.7公里。“八出省”通道中，贵昆铁路已实现复线化，成昆铁路扩能加快实施，滇藏铁路已延伸至丽江，云桂铁路、沪昆客专正抓紧建设，南昆铁路、内昆铁路已建成，南昆铁路扩能改造、新建渝昆铁路已纳入国家规划。“四出境”通道中，中越通道随着蒙自到河口铁路通车将实现国内段贯通；中缅通道大理—瑞丽铁路大理至保山段加紧建设，保山至瑞丽段已开工建设；中老通道玉溪至磨憨铁路项目建议书已获得国家发改委批复；中缅孟印通道保山（芒市）至腾冲至猴桥铁路已列入国家中长期铁路网规划。

2. 公路路网结构逐步优化，“七出省、四出境”大通道建设不断完善

截至2013年，云南公路通车里程达22.29万公里，高速公路3 200公里。其中，锁龙寺至蒙自、昆明至武定、大理至丽江和昆明绕城西北段等5条高速公路

建成通车，新增高速公路里程500公里；南北大通道、龙陵至瑞丽、普立至宣威高速公路等在建工程加快推进；镇雄至毕节、富宁至那坡等高速公路已开工建设。农村公路方面，2011—2013年共争取国家补助资金149亿元，带动全省累计投入317亿元，新建改建农村公路4.9万公里。截至2013年年底全省乡镇、建制村通畅率分别达96%和61%，乡镇、建制村通班车率分别达99.9%和83.9%。

3. 机场航线布局基本形成，“连全国、通国际”的网络体系日趋成熟

截至2013年，云南民航运输机场12个，位居全国第二。西双版纳机场扩建工程投入使用，昆明长水国际机场配套工程、泸沽湖机场、沧源机场、蒙自军民合用机场正加快推进；新开工澜沧机场、腾冲机场改扩建。全省共开通航线319条，通航国内外城市118个。其中国内航线275条，通航城市89个；国际航线38条，通航城市26个（东南亚15个、南亚5个、东亚3个、西亚3个）；地区航线6条，通航城市3个（香港、台北、高雄）。目前，云南已基本形成以昆明为中心、辐射国内各大中城市和东南亚、东亚国家及地区的航空运输网络。

4. 水运建设投资实现突破，“两出省、三出境”大通道建设快速推进

截至2013年，云南内河航道通航里程达3 768公里。共有内河运输船舶920艘、111 572载重吨、17 482客位、78 105千瓦功率，拥有内河港口12个，分28个港区、192个泊位，其中生产性泊位190个（300吨级以上泊位48个、300吨级以下泊位142个），非生产性泊位2个。全省共有19个在建的水运基本建设项目实施；加快发展库区航运，澜沧江—湄公河航道二期整治工程，糯扎渡库区、小湾库区、漫湾库区航运项目建设正加快推进；正加快构建“北进长江，东入珠江，连接长三角、珠三角，南下湄公河、红河，西进伊洛瓦底江，沟通太平洋、印度洋”的“两出省、三出境”水运大通道。

总体来看，云南省现代综合交通运输体系取得了显著成绩，基础设施投入逐年提高，交通里程大幅度提高，客货运输能力明显增强，运输服务水平不断完善，铁路、公路、水运“出省出境”骨架交通网已显雏形，干、支线机场省内布局、航线网络基本形成，为云南省经济社会的持续、健康发展提供了有力的支撑。

三、进一步加快云南现代综合交通运输体系建设的建议

现代综合交通运输体系与区域经济发展具有内在统一性，现代综合交通运输体系既是区域经济向更高水平发展的前提和条件，又是区域经济发展到一定阶段的产物，两者交互作用、相互促进、共同发展。云南发展现代综合交通运输体系

应严格遵照国家“十二五”综合交通运输体系规划的发展要求、目标及主要任务，结合云南省实际的地形地貌、地理区位、经济发展水平、产业结构，在资源环境和投入有限的条件下制定符合省情，具有科学性、前瞻性的发展规划，通过具体、可行的政策措施予以实施。

（一）政府加大投入，积极拓宽融资渠道，创新融资方式，加大招商引资力度，多方位筹集建设资金，破解融资难题

云南省应充分发挥交通基础设施建设过程中政府的主导作用，加大资金投入力度。自2013年起，云南省级财政将连续3年每年安排20亿元资金作为高速公路、铁路建设资本金，对每个新建支线机场统筹安排1亿元补助。同时，从土地出让总收入中计提高速公路、铁路建设专项资金，每年省级统筹安排计提资金用于高速公路、铁路建设分别不低于10亿元，2013—2015年省级政府将拿出180亿元用于高速公路、铁路建设。在建设资金分摊比例方面，执行“省级担大头、州（市）出小头”的政策。除招商引资建设的高速公路项目和昆明市与原铁道部合资合作铁路项目外，高速公路、铁路建设资金省级、州（市）的出资承担比例分别为83:17、76:24，州（市）政府负责的出资主要是征地拆迁补偿费用，远高于部分邻近省（自治区、直辖市）约60:40的出资比例。

交通基础设施建设资金除了依靠国家和地方配套部分资金外，还需要依靠大量外部融资予以解决。一般情况下，政府主要通过银政合作、银企合作，争取金融机构加大对交通基础设施建设的信贷投放，但在国家规范地方政府债务、地方融资平台债务高筑的背景下，创新融资新方式就显得尤为重要。可以通过资本化的运作手段，如发行交通专项债券、企业债券、中期票据、资产收益证券等筹措资金，通过上述途径获取的资金期限长、利率低，在有效降低资金使用成本的同时提高交通基础设施建设的综合效率。

优化投融资环境，加大招商引资力度，创新合作方式，鼓励以合资、合作、合股、独资等形式，采取BOT（建设—经营—转让）、BT（建设—移交）、TOT（移交—经营—移交）、PPP（公私合作模式）等方式吸引社会资本参与到交通基础设施建设中来，在弥补政府资金不足的基础上提高项目建设、运营效率。如到目前，云南交通发展史上最大的招商引资项目，蒙（自）文（山）砚（山）宣（威）曲（靖）、新昆嵩高速公路的建设，是云南与中国交通建设股份有限公司合作建设，3条高速公路总投资330亿余元。双方创新合作模式，“整体打包”原则，采用“BOT + EPC + 地方政府补贴”共同投资模式开展建设，极大地助推了项目的实施。

基于建设资金筹集的实际情况以及遇到的种种困难，云南针对性地提出“地方预算要一点，部门预算挤一点，地方债券发一点，国家补助多一点，费率提高切一点”的交通运输建设筹融资思路，对缓解建设资金压力，实现建设目标和任务奠定了坚实的基础。

（二）明晰工作主次，明确重点建设任务、建设项目，推进综合交通枢纽建设及升级，实现综合交通体系紧密衔接

云南省在综合交通网络总体水平大幅低于全国平均水平的现实状况下，除了实施综合交通基础设施建设3年攻坚战，加速提高各种交通运输方式的通行里程以外，还应注重投入产出比，将有限的资源投入到效益相对较高的建设领域，提升现代综合交通运输体系的质量水平，以此缩小同全国平均水平，同综合交通运输发达省（自治区、直辖市）的差距。

在上述原则下，推进综合交通枢纽的建设及升级，实现各种交通运输方式间的高效、紧密衔接是今后现代综合交通运输体系建设的重中之重。首先，完善综合交通枢纽规划工作，做好与城乡规划、城市总体规划、土地利用总体规划等的衔接与协调。统筹综合交通枢纽与产业布局、城市功能布局的关系，以综合交通枢纽为核心协调枢纽与通道的发展。其次，加强铁路、公路客运站和民用机场等为主的综合客运枢纽建设，完善客运枢纽布局和功能。依托客运枢纽，加强干线铁路、城际轨道、干线公路、民用机场等与城市轨道交通、地面公共交通等的有机衔接。加强以铁路和公路货运场站、主要港口和民用机场等为主的综合货运枢纽建设，完善货运枢纽布局和功能。依托货运枢纽，加强各种运输方式的有机衔接，建立和完善能力匹配的铁路、公路等集疏运系统与邮政、城市配送系统，实现货物运输的无缝化衔接。再次，强化综合交通枢纽配套设施建设，促进枢纽与干线协调发展，形成城市内外和不同方式之间便捷、安全、顺畅换乘，提高综合客运枢纽的一体化水平和集散效率，加大铁路对货物集散运输的比重，减少公路集疏运对城市交通的影响，推进集装箱中转站建设，提升多式联运水平。

（三）强调科技创新，鼓励和引导运用新科技、新技术，通过建立智能交通系统搭建高效的现代综合交通运输体系

智能交通系统是利用先进的电子技术、信息技术、传感器技术和系统工程技术对传统的运输系统进行改造而形成的一种信息化、智能化、社会化的新型系统，是交通管理发展的最新阶段。智能交通系统包含五大核心技术，分别是交通管理系统、交通信息系统、车辆控制系统、公共交通系统和电子收费系统。

围绕智能交通系统核心技术搭建的现代综合交通运输体系可以有效改善出行

者对出行路径的选择，在避免拥挤路线的同时提高出行者的出行效率，及时发现非预期事件，从总体上提升综合交通运输体系的智能化、信息化、安全性和高效性。具体来讲，可以通过以下措施逐步推进，引领云南省综合交通运输的发展和转型：(1) 推进综合交通运输公共信息平台建设，建立各种运输方式之间的信息采集、交换和共享机制；(2) 推动客货运输票务、单证的联程联网系统建设；(3) 推进条码、射频、全球定位系统、行包和邮件自动分拣系统等先进技术的研发及应用；(4) 推行高速公路全程视频监控、公路联网和不停车收费系统；(5) 加大技术装备的更新换代，提高现代化、自动化装备的应用比例等。

2013 年云南省投入交通领域的科教经费共计 2 495 万元，“智慧交通”领域建设交通运输部、云南省共补助资金 4 000 余万元。在今后的发展过程中，云南省应不断加大投入，通过设立引导资金、奖励资金等专项资金推动交通运输领域的技术升级，同时积极借鉴和引进交通运输先进省份的先进技术，以更加开放的姿态加快建设智能交通系统。

(四) 转变政府职能，提升交通公共服务水平，加强交通运输体系规划，整体上大幅提高交通运输管理水平和服务质量

加强社会管理和公共服务是政府的重要职责，在交通运输领域应充分发挥市场和社会的作用，大力引入社会资本，满足多样化需求。对此，政府应转变职能，强化管理水平，加大政府对公共运输服务的供给力度，满足社会和经济发展需要；同时，加强交通运输体系规划，特别是项目建设要经过充分、科学的事前规划和论证，系统性、前瞻性的统筹规划各种运输方式，避免重复建设和投资浪费，使各种运输方式真正实现协调发展、共同发展，形成有机的整体。

提升政府交通运输管理水平和服务质量需要一系列具体的措施去实施和推进，包括：(1) 运用经济、法律手段和必要的行政手段，加强政府对运输市场的监管，促进公平竞争；(2) 建设信息服务平台，推动各种运输方式信息系统的互联互通，为社会和公众提供全方位、立体化的出行服务、信息平台；(3) 加大公共财政对城市公共交通、农村客运、支线航空服务和邮政普遍服务的扶持力度，逐步推进基本公共运输服务均等化；(4) 加强各种运输服务之间的无缝衔接与合作，提高客货运输服务效率，降低社会物流成本；(5) 鼓励运输企业开展一体化运输服务，加强运输服务中的线路、能力、运营时间、票制、管理的衔接；(6) 优化运输组织，创新服务方式，推进客票一体联程、货物多式联运，大力发展现代物流服务、快递等先进一体化运输服务方式以及汽车租赁等交通服务业，有效延伸运输服务链；(7) 依托综合交通运输体系，完善邮政和快递服务网络，提升传递速度，积极发展农村邮政，实现普遍服务覆盖城乡；（8）加快发展电子商务配送等新兴业务，推进航空快件等绿色通道建设。

（五）依托国家实力，加强沟通协调，争取国家间及区域性的行动统一，匹配产业发展政策，建设真正的云南国际大通道

云南省扩大对外开放水平，建设第三亚欧桥印度洋国际大通道，中越、中老泰、中缅国际通道，需要国家层面的政策、资金的全力支持和推进，需要通道建设毗邻国家思想上和行动上的高度统一。特别是云南省邻近国家受经济实力薄弱的制约，交通基础设施的落后和建设进度的滞后给云南省国际大通道建设带来阻力。

对此，云南省应从三个方面加快推进国际大通道的建设。第一，争取将印度洋国际大通道建设纳入国家级规划范畴，提升为国家战略，以此获得国家在政策、项目审批、资金信贷方面的支持。第二，成立国家层面的沟通联络领导小组，加强与相关国家的高层磋商，加快推进项目的落地与实施，同时匹配国家间的资金援助或信贷支持，保障项目建设资金，实现区域内的国家和地区思想和行动的一致，同步完成交通基础设施的建设工作。第三，结合“走出去”战略的实施，加大对外投资，通过旅游、矿产、果蔬、替代种植等产业的融合，以产业发展促进交通基础设施建设，以交通运输业促进相关产业的发展，形成交通运输建设与相关产业相互促进、共同发展的模式。

四、云南省现代综合交通运输体系建设需处理好的几个关系

云南省发展现代综合交通运输体系除了严格遵照国家“十二五”综合交通运输体系规划的发展要求、目标及主要任务外，要因地制宜，结合云南省实际的地形地貌、地理区位、经济发展水平、产业结构，在资源环境和投入有限的条件下制定符合省情，具有科学性、前瞻性的发展规划，通过实施具体可行的政策措施，特别是在发展过程中妥善处理好如下几个关系：现代综合交通运输体系与经济社会发展间的相互促进关系；不同运输方式间的竞争、互补关系；线路建设与站场建设间的同步发展关系；硬件与软件建设的均衡发展关系。

（一）充分发挥综合交通与经济社会发展的相互促进关系，实现共同发展

现代综合交通运输体系与区域经济发展具有内在统一性，现代综合交通运输体系既是区域经济向更高水平发展的前提和条件，又是区域经济发展到一定阶段的产物，两者交互作用、相互促进、共同发展。综合交通基础设施建设可以直接促进区域经济增长，还可以间接带动上下游相关产业的发展，上游对建筑材料、

机械制造等行业产生推动作用，下游对物流，汽车、飞机、轮船制造，旅游等产业产生拉动作用；同时，现代综合交通运输体系建设对区域经济发展发挥着长期、持续性的基础作用，可以通过提高交通的便利性优化社会合理分工、改善公众出行体验、降低交通运输成本、改善区域投资环境、促进产业结构调整，创造巨大的经济效益和社会价值；此外，综合交通运输体系建设需要消耗能源、土地等资源，产生污染物对环境产生影响，受到区域资源环境的约束。

具体到西部地区的云南省，建设现代综合交通运输体系具有更大的理论价值和现实意义：第一，据世界银行专题研究报告显示，从道路交通投资对缓解贫困所产生的净经济影响分析，中国西部省（自治区、直辖市）的投资活动所产生的经济影响比东部省区高出约 10 倍，因此云南省现代综合交通运输体系的建设具有更高的投入产出比和经济社会效益。第二，云南省“二、三、一”产业结构代表工业仍然是区域经济社会发展的主要组成部分和增长引擎，决定了需要大运量、低成本的运输方式匹配生产运营和提升产业竞争力，综合交通运输体系的建设能够解决支柱产业发展的需要。第三，云南省第三产业特别是旅游、服务业的发展，产业结构的优化、空间布局的合理、发展质量的提高，都需要综合交通运输体系的发展予以逐步解决，最终形成以昆明、曲靖、红河、大理、文山为交通枢纽，辐射滇中、滇东北、滇南、滇西、滇东南，符合区域产业结构、空间协调发展的综合交通运输体系。第四，综合交通运输体系的建设要以保护云南省自然生态环境为前提和基础，实现规划的科学性和前瞻性，减少重复建设和土地资源浪费。

（二）妥善处理不同运输方式间的竞争、互补关系，实现交通运输体系均衡发展

综合交通运输体系包括铁路、公路、航空、水运等运输方式，不同运输方式有其固有的技术经济特征，包括运输能力、运输成本、运输速度、占地面积、建设成本、安全性、舒适性、环境污染等多个方面。针对不同的衡量指标，可将其归纳为三个方面：一是运输能力，包括线路的通过能力、运输速度、连续性、灵活性和安全性；二是建设成本，包括建设投资、占地面积、环境影响；三是运行成本指标，包括运输成本、能耗污染、养护成本。依据不同运输方式的技术经济特征，结合云南的经济地理状况，运用综合评分方法对各种运输方式在云南的比较优势进行分析。

从综合评价结果来看，水运最具比较优势，铁路和航空次之，公路最不具比较优势。结合云南省特殊的地理位置，综合交通运输的发展重点及交通运输的分

担结构，可以得出：第一，在强化公路交通为云南省主导交通运输方式的基础上，在交通运输方式选择上应更加重视水运的比较优势，加强水运资金投入，加强其在综合交通运输体系中的地位和作用。第二，在铁路、公路和航空三种运输方式选择上，充分发挥各种运输方式的比较优势，根据不同运输需求予以区分，客货运量大的线路优先选择铁路，发挥通过能力、运输速度、占地面积和运输成本方面的比较优势；客货运量和运输距离适中的线路优先选择公路，发挥其灵活性、建设投资方面的比较优势；在客货运量较小且运输距离较长的线路优先选择航空，发挥其运输速度的比较优势。第三，针对不同线路的客货运输需求，应根据各自运输方式比较优势的合理搭配，构建公路、铁路、航空、水运其中两种及两种以上的综合运输体系，提高整体的运行效率。

（三）同步加快线路建设与站场建设，实现交通运输体系无缝对接

随着经济社会的发展，客货运输需求呈现多样化、多层次的特征，大宗货物运输需求稳步增长，小批量、高价值、多频次货物需求快速增长，对运输的安全、便捷、舒适和时效性都提出了更高的标准和要求，这正是综合交通运输体系的核心理念。但铁路、公路、航空、水运枢纽站场大多按照各自运输生产要求规划，分别建设、自成体系、布局分散，未能实现高效衔接和有效衔接，造成客货不必要的倒转、换乘、换装等，严重制约交通运输的一体化和高效化。此外，交通运输基本公共服务能力薄弱、站场建设滞后，如服务区设施及环境不达标、服务水平不能满足客货运输的需求。线路建设与站场建设之间的不同步、不协调，一定程度上阻碍了综合交通运输体系间的相互对接。

因此，推进综合交通枢纽的建设及升级，特别是交通线路快速建设背景下的站场建设，是实现各种交通运输方式高效、紧密衔接，建设现代综合交通运输体系的重中之重。第一，要完善交通站场工作，匹配城乡规划、城市总体规划、土地利用总体规划，统筹与产业布局、城市功能布局的关系，以综合交通枢纽为核心协调线路与站场的发展。第二，加强铁路、公路客运站和民用机场等为主的综合客运枢纽、站场建设，完善布局和功能，加强各种运输方式的有机衔接，建立和完善能力匹配的铁路、公路等集疏运系统与邮政、城市配送系统，实现货物运输的无缝化衔接，提升多式联运水平。第三，强化综合交通枢纽配套设施建设，促进枢纽与干线协调发展，形成城市内外和不同方式之间便捷、安全、顺畅换乘，提高综合客运枢纽的一体化水平和集散效率。

（四）均衡推进硬件建设与软件建设，实现交通运输体系高效运行

虽然，近些年云南现代综合交通运输体系取得一定的成绩，铁路、公路和民

用机场等建造技术已达国际先进水平，但受资金投入、规划等方面的限制，云南省交通运输装备和整体技术与国内发达地区仍有一定差距，先进的现代化交通通行技术运用缓慢（如高速公路联网电子不停车收费 ETC、智能化全程视频监控系统等）、推广力度不足、普及率不高，智慧交通（交通运输综合公共信息平台建设）在城市公共交通运用程度较高，在其他运输方式中运用有限，规划、设计、施工、运营、养护和管理未注重生态环境保护、绿色低碳循环发展等。

在现代综合交通运输体系建设的过程中，除了加大技术装备更新换代，提高现代化、自动化装备的应用比例等硬件建设外，要着重软件建设，弥补软件建设的不足，实现软、硬件建设均衡发展。第一，强调科技创新，鼓励和引导运用新科技、新技术，通过建立智能交通系统搭建高效的现代综合交通运输体系，具体包括客货运输票务、单证的联程联网系统建设；条码、射频、全球定位系统、行包和邮件自动分拣系统等先进技术的研发及应用；高速公路全程视频监控、公路联网和不停车收费系统等。第二，建设信息服务平台，推动各种运输方式信息系统的互联互通，为社会和公众提供全方位、立体化的出行服务、信息服务。第三，加强各种运输服务间的无缝衔接与合作，提升运输服务中的线路、能力、营运时间、票制、管理的衔接，提高客货运输服务效率，降低社会物流成本。第四，大力发展现代物流服务、快递等先进一体化运输服务方式，加快发展电子商务配送等新兴业务。

第六节　现代公路建设与管理理念创新

交通运输是国民经济发展的基础，对保障国民经济持续健康快速发展、改善人民生活具有十分重要的作用，而公路基础设施的建设又是发展交通运输的基础。经济学奠基人亚当·斯密在《国富论》中做出过一个著名的论断："一个地方经济的繁荣，全赖有良好的道路、港口、码头和桥梁。"公路的发展，可以缩短区域间的时空距离，加快区域间人员、商品、技术、信息交流速度，有效降低生产运输成本，在更大空间上实现资源的有效配置，对于拓展市场空间，提高企业竞争力、促进国民经济发展和社会进步具有重要的作用。同时，也不断改变着人们的时空观念和生活方式。

改革开放 30 多年，我国的公路建设得到空前的发展，公路管理水平也不断提高，从投融资体制改革到项目法人责任制、招标投标制、合同管理制、建设监理制等，一系列改革或制度的推行，都促进了公路工程建设与管理事业的发展。

但是，传统的理念已不能适应公路建设与管理的快速发展。因此，应与时俱进，积极创新公路建设与管理理念。

一、人本化理念

交通运输部提出，在当前和今后一段时期，公路建设管理工作要大力实施“五化”，发展理念人本化是“五化”内容之一，人本化管理是公路行业未来的发展趋势。传统的公路建设项目侧重考察技术指标，主要强调公路的运输能力和服务效益。公路建设施工过程中，人们往往只是追求公路的数量，而忽视了施工前的征迁工作中各方利益冲突问题、施工过程中施工人员的人身安全和权益保障问题、施工后造成的生态破坏和环境污染问题等。所以，只有实施以人为本的公路建设理念，改变以往的建设模式，将保护周边生态环境、和谐周边民众关系纳入高速公路建设评价指标中，才能实现公路交通建设的可持续、和谐发展。

（一）公路建设与管理人本化理念的内涵

人是社会生产力中最活跃、最革命的因素。在公路建设与管理活动中，人的因素是建设和营运业绩的决定性因素，人的思维决定着建设与管理的理念，成功的人本管理，公路建设与管理就可以在更高水平、更科学手段应用中展开，更有利于改善公路建设与管理的绩效。海尔总裁张瑞敏说：“启动企业要先从启动人开始，启动人要从启动精神开始。”人本管理的成败决定了公路建设与管理创新的绩效。

1. 人本化理念的核心思想

“路畅人和”是公路建设与管理人本化的重要目标。人本化的理念贯穿于公路现代工程管理的各个施工和管理环节。工程设计阶段的以人为本，要充分结合社会整体发展要求和环境保护目标，注重公路建设与自然生态环境的和谐统一；工程施工阶段的以人为本，要高度重视安全生产施工问题，并保障劳动者的合法权益；公路运营阶段的以人为本，需要拓宽公路的服务领域，丰富其服务内涵，创造一个安全、便捷、舒适的公路出行条件。

2. 人本化理念的理论基础

人本化新理念与科学发展观一脉相承，强调公路建设与管理以人为本。管理理念着重三个转变：

（1）转变工程发展观念，从技术、公众、社会利益、生态环境的视角全面审视工程建设的影响。

（2）转变工程发展方式，应符合经济转型期的主流发展趋势，以科技进步为支撑，以创新管理为平台，以节约资源和保护环境为目标。

（3）转变工程指导思想，建立科学的考核制度推动工程管理决策，并建立科学的后评价监督体系。

（二）公路建设与管理理念人本化的意义

遵循科学发展观与和谐社会的理论思想，人本化新理念运用到公路建设管理中的意义主要表现为以下四个方面。

1. 寻求环境与发展的平衡

改革开放以来，我国经济快速发展付出了沉重的生态环境代价，如果不能得到扭转，将成为我国经济发展道路上的瓶颈。科学发展观强调的是经济发展和环境保护之间的平衡，工程建设必须走低污染的发展道路，以科技为基础，通过合理规划，打造环保工程，实现公路行业的“循环”“低碳”“绿色化发展”。

2. 体现“以人为本”的要求

科学发展观的核心是“以人为本”，人是发展的根本目的，也是发展的根本动力。基于“以人为本”的工程管理指导思想，需要全面、系统地把握工程建设中最活跃的因素——“人”，营造人与人、人与组织、人与自然环境的和谐关系。此外，要体现工程建设为人民服务的根本目的，围绕此宗旨来开展工程建设，人民群众日益增长的工程需求是工程建设的基本导向。

3. 大力提高工程管理水平

工程管理最基本的任务是提高工程的管理效能和效率。一方面，工程管理属于投资、进度、安全、质量的多目标管理，需要处理多目标之间的矛盾，要达到资源消耗、能源消耗、资金投入最低；进度最快、安全平稳、质量最优；总体经济效益、社会效益、生态效益最高。另一方面，工程管理优化有利于管理创新，因为，提升工程管理水平需要依靠创新工程管理理念、组织和制度。

4. 推动科技进步与创新

在现代公路建设和管理过程中，科学技术的作用力至关重要，增加公路建设与管理中的高科技含量，可以更好地满足人们对公路的功能需求，确保公路建设与管理的科技研发、科技成果向生产力的转化，使科技成为保障和推动公路建设的强大动力。

（三）体现人本化理念的公路建设与管理创新

根据公路建设与管理的实践与摸索，实现公路建设与管理创新的以人为本，要强调以下几个方面的工作。

1. 以科学的思想引导人

“理念—管理—行为—绩效”是公路建设与管理过程中正确的思想理念的作用过程。随着社会对交通公路事业提出越来越高的要求，要在市场竞争中立于不败之地，必须不断解放思想，更新理念。只有正确科学的思想才能引导正确的行动，观念更新、理念超前是人本管理的前提，也是提高公路建设和管理绩效的前提和基础。

树立正确的发展理念，就是要坚持“思路决定出路，理念决定一切，市场引导一切，制度管理一切，效率高于一切，质量重于一切，成绩说明一切”的发展理念。使这些思想理念逐步发展成为核心企业精神，真正做到以人为本、质量第一、精细管理、团结务实、开拓创新。

2. 用制度管理规范人

制度建设是人本管理的有益补充。在进行人本管理的同时，应加强制度建设与管理，使得二者相辅相成，良性互动。制度建设是一切管理的基础，其最大意义在于法治取代人治，是现代管理的大势所趋和必然选择。

公路系统应不断在各方面完善规范制度，确立“养护工作科学化、征费管理文明化、路政管理法制化、设备管理规范化、内部管理军事化”的要求，建立一系列行之有效的管理规章制度，以制度管理人，并切实做到将各项管理制度执行到实处，做到制度面前人人平等，制度执行有章可循，有章必循，确保公路建设和管理取得良好成效。

3. 用分配改革激励人

人们对物质生活的需求是最基本的需求，因而对一般职工来说，利益驱动仍是最重要的激励因素。目前在云南省公路行业内部，仍存在着一定的平均主义倾向；在行业外部，社会上的分配不公和畸形现象，也必然影响到职工的积极性。为了凝心聚力，提高公路行业职工的积极性，一定要探索建立有效的收入分配和利益激励机制。

4. 用先进文化陶冶人

公路建设与管理离不开文化建设，文化建设包括物质文化、制度文化与精神文明建设与管理。在文化建设方面，最重要的是树立正确的价值观，增强事业心、责任感、职业道德以及良好的风气等，形成渗透在职工心里的文化力量，也就是公路精神。应当围绕着这一目标，开展一系列主题鲜明、形式多样的活动，使精神文明建设工作更加生动活泼且富有成效。

总之，“为将之道，当先治心”。坚持效益为先，以人为本，使公路职工的积极性和创造性充分发挥出来，才能形成强大的凝聚力和创造力，形成“千斤重担千人担，千人集体千人管”的公路建设与管理格局。让广大职工与公路建设与营运共生共长，能够分享公路建设与运营的成果，真正形成命运共同体，在共同创造的繁荣中共同获得幸福，才能形成共同推动公路事业又好又快发展的生动局面。

二、文化建设与创新理念

公路文化是公路最重要的无形资产，是推动公路持续发展的强大精神力量，没有公路文化的创新，再高明的管理手段也难以成功，公路文化建设与创新是公路建设与管理的重要基础。

（一）公路文化建设与创新理念的内涵

公路文化是广大公路管理者和广大干部职工在工作实践中创造的独具特色的精神财富，主要分为公路物质文化、制度文化、行为文化、团队文化和精神文明，其核心是精神文明。对公路文化建设进行研究和探讨，是当前公路管理发展的新趋势，是文化与管理新的融合点。

公路文化建设与创新理念的核心是“以人为本”，就是要在公路建设与管理各项工作中坚持以人为中心的管理。

（二）打造公路文化，构建和谐交通

1. 团结奉献，奋发向上，建设公路精神文明

精神文明是公路干部职工在长期生产实践中形成的一种精神成果和文化观念，包括公路职业道德、价值观念、精神风貌等内容。长期以来，公路系统的干部职工通过抓精神文明建设，营造了团结友爱、积极向上、自觉奉献的浓郁氛围，形成了强大的凝聚力和战斗力。

（1）始终不渝地弘扬一种精神——公路精神。尽管各公路的地域位置不同、管理模式不同，但公路精神大多以“敬业、高效、规范、廉洁”为主要内容，是公路干部职工和广大筑路者在公路建设与管理过程中共同创造的，是在广大公路干部职工中形成共鸣的内心态度、意志状态和思想境界，是公路文化的基石。

（2）坚定不移地贯彻一条思路——“以政治引导人，以事业激励人，以制度管理人，以感情温暖人，以环境留住人”。

（3）牢固树立一个观念——大局观念。公路建设与管理要为经济和社会发展服务。全体干部职工一定要讲政治、讲大局，要在思想上、政治上、行动上与党中央保持高度一致，与上级党组织保持高度一致，把公路建设和管理工作当作政治任务来完成，不管遇到任何困难和问题都要想办法克服，确保各项政治任务的

完成和大局的稳定，为当地的经济建设做出贡献。

2. 与时俱进，求实高效，构造高速物质文化

公路物质文化包括公路各种物质设施、建筑、站容站貌以及职工的生活娱乐设施等。

（1）实施“科技兴路”战略，实现“高起点、高标准、高速度、高质量、高效益、高水平”目标。公路作为时代发展的产物，其管理、服务工作也必须适应当今时代发展的要求。各公路坚持立足高起点、明确高标准、实现高速度、创造高质量、实现高效益、达到高水平，以创造优良的经济效益和社会效益。

（2）抓好环境建设，建设花园式收费站。环境的优劣，直接影响职工的工作效率和情绪。优化劳动环境，为职工提供良好的劳动氛围是公路“以人为本”，激励职工工作积极性的重要手段。

3. 活泼文明，载体实在，加强公路行为文化建设

公路行为文化，是指公路干部职工在生产经营、学习娱乐中产生的活动文化，包括经营管理、教育宣传、人际关系活动、文娱体育活动中产生的文化现象。

（1）以活泼为主题，拓展高速文化体育活动的内容。根据公路青年职工人数多且思想活跃、表现欲强的特点，必须不断探索适合的活动载体，深入开展创建青年文明号、文明单位、巾帼文明示范岗等活动，创办报纸和高速网站，丰富职工的业余文化生活，拓展文化的内涵。同时，组织基层单位开展丰富多彩的文化体育活动，丰富职工的业余文化生活，陶冶职工的情操，增强职工的集体荣誉感，塑造公路人朝气蓬勃、奋发有为、团结拼搏的形象，创造生动活泼的工作、学习和生活环境。

（2）以服务为宗旨，树立公路的良好形象。始终按照服务质量标准化、服务过程程序化、服务管理规范化的“窗口”工作要求，进一步完善各窗口的服务标准、行为准则、工作守则和道德规范；细化标准，强化管理，以管理促服务，以服务求效益，树立公路“三大窗口”的形象，以取得良好的经济效益和社会效益。

（3）以文明为目标，开展丰富多彩的精神文明创建活动。坚持按照典型示范、整体推进的步骤，大力推进文明行业创建活动，树立一批先进典型，有力地促进公路文明创建活动的蓬勃开展。

4. 规范有序，严谨守纪，建设公路制度文化

公路制度文化是为实践自身目标而对职工的行为给予一定限制的文化，是一

种来自员工自身以外的，带有强制性的约束，它规范着每一个人的言行。根据公路的特点，注重从抓好制度建设入手，实行军事化管理，坚持“养护工作科学化、征费管理文明化、路政管理法制化、设备管理规范化、内部管理军事化”的方向，建立一系列行之有效的管理规章制度，形成独具特色的公路制度文化，有效地增强职工素质，规范全局工作，形成严明的纪律和顽强的作风，确保公路建设和营运目标的实现。

5. 同心同德，凝聚力量，构建公路团队文化

公路团队文化，是指长期以来经过全体工作人员努力形成的良好的习惯、心态和现象的集合，是通过学习、教育、工作、社交而形成的群体生活的一种沉淀，具有极大的建设性和指导性。

团队文化对外是一面旗帜，对内是一种向导，是实现长远目标的策略和途径。作为社会先进文化的重要组成部分，团队文化的培育和建设有利于克难攻坚。为达此目的，要把打造学习型公路、创造学习型团队、加快人力资源的开发与培养作为工作重心，大规模地开展员工教育培训工作，不断提高干部和员工队伍的整体素质，提高公路系统的工作质量和管理水平，还要通过共同的奋斗目标真正把大家的力量凝聚起来，从而增强整个公路系统的团队文化精神。

三、生态化理念

公路建设与管理生态化的核心是在公路建设管理中，适应经济社会可持续发展的要求，节约资源、保护和改善环境，实现公路建设与自然环境和社会环境的高度和谐。因此是贯彻落实“建设资源节约型、环境友好型社会”，实现公路建设科学可持续发展的需要与必然。

（一）生态化理念指导下公路建设管理的内涵

生态化管理是企业按照可持续发展思想和环境保护的要求，形成的一种经营理念及其所实施的一系列管理活动，它是以“生态人”（能与自然环境相协调，合理利用资源的自然人与法人）假设为管理原点，生态价值观为导向，生态技术创新为动力，企业生态组织为保证，经济效益和生态效益相统一为目标的一种全过程管理，以期获得包括经济效益、社会效益和生态效益在内的生态经济综合效益。

生态化理念指导下的公路建设管理就是以可循环、低碳和绿色化发展为目标，在公路建设管理过程中，切实贯彻“安全、环保、舒适、和谐、节约、耐久”的公路建设新理念，通过科技创新与和谐管理，实现公路、自然环境与社会

环境的高度和谐，从而实现经济效益、社会效益和生态效益的统一和公路建设的可持续发展。

（二）生态理念指导下公路建设管理的实现途径

1. 贯彻可持续发展理念，提高设计水平

在“安全、环保、舒适、和谐、节约、耐久”的公路建设新理念的指导下，在设计过程中做到“六个坚持、六个树立”：即坚持以人为本，树立安全至上的理念；坚持人与自然相和谐，树立尊重自然、保护环境的理念；坚持可持续发展，树立节约资源的理念；坚持质量第一，树立让公众满意的理念；坚持合理选用标准，树立设计创作的理念；坚持系统论的思想，树立全寿命周期成本的理念。

2. 加强施工管理，保护沿线生态

加强施工管理，保护沿线生态，主要包括以下内容：

（1）提前制定施工环保措施。

（2）做好植被恢复和边坡防护，减少建设对环境的影响。

（3）采用生态防护，体现人文关怀。

（4）路地共建，植树造林，构建和谐社会。

3. 落实质量管理，确保工程质量

落实质量管理，确保工程质量，主要包括以下内容：

（1）建立健全质量保证体系。根据公路产品质量的产生、形成和实现的运行规律，突出预防为主的管理理念，尽量减少质量通病。

（2）引进地质勘探监理制度，加强设计详测阶段外业跟踪。

（3）引进国内外先进设备，坚持施工综合超前预报工作。

（4）建立业主实验室，建立第三方质量检测制度。

（5）开展样板工程评比，开发应用质量管理系统等。

4. 注重资源保护，力争和谐征迁

资源是人类生存发展的物质基础，也是可持续发展的重要保证。公路建设中坚持可持续发展、建立节约型社会，必须正确处理好节约资源和公路发展的关系。节约资源在公路建设中首先体现在节约土地上，土地是不可再生资源，对于我们这个有着13亿人口，尤其是有着8亿以土地为生的农民的国家来说，土地资源尤其是耕地资源具有超乎寻常的意义。

在征地拆迁过程中，应坚持“以尊重民意为先导，以地方政府为主导”的原则，努力营造和谐征地、有情拆迁的工作氛围。在工作中，应坚持以人为本，切实维护农民群众正当利益；坚持“公开、公平、公正”，阳光操作，遵循政策法规，合理补偿，及时兑现；坚持耐心细致的工作态度，努力把宣传工作做到位，把工作做细，把补偿落实，并结合工程实际适当地为农民群众做好事、办实事，只有取得广大群众的理解和支持，才能营造“高速、高效、廉洁、和谐”的公路建设施工环境。

5. 开展科技创新，实现路畅人和

遵循“安全、环保、舒适、和谐”的公路建设原则，通过科技创新力求实现以下目标：保障工程项目的安全实施；体现“以人为本”和“人与自然和谐”；实现工程技术的创新；提高工程效率，降低工程造价。

科技是第一生产力。通过科技创新，才能有效贯彻落实“建设资源节约型、环境友好型社会”等可持续的科学发展观，真正实现路畅人和。

四、执行控制理念

公路建设与管理面对着复杂的自然环境、社会环境、人文环境和技术环境，其工作具有鲜明的社会性、多方协调性、技术复杂性和目标多重性等特点，各方的执行能力和业主的控制能力直接关系到项目建设的成败。

（一）执行控制理念的内涵

1. 执行控制理念下公路建设与管理的核心思想

将公路工程建设项目作为一个系统，通过信息反馈与调控，对建设管理的各目标、各环节、各要素、各过程进行全面协调，实现动态化的过程控制，是公路工程建设管理的重点和难点。因此，需要更新现有的公路建设管理理念，制定公路建设管理标准、规范、指南，构建以“凡事重在落实”为基本理念的执行控制理论体系，来解决当前形势下公路工程建设管理所面临的一系列问题。

2. 执行控制体系的构成

执行控制体系由目标子系统、组织子系统、CFP（合同化管理、格式化管理、程序化管理）子系统、信息化管理子系统、文化子系统和评价子系统组成。在执行控制理念指导下，通过以CFP为核心内容的执行控制成套技术的运用，开发以执行控制理念为指导、以工程单元信息控制技术为基础的公路工程建设管理信息系统，实现对建设目标的一致认同、持久关注、切实执行和控制反馈。

（二）执行控制理念的运行和实现途径

执行，是指实施和实行管理计划中规定的事项，简单地说就是要把事情做完做好；控制，是指通过事前预防、过程落实和事后考核来保障执行效果，确保目标计划落实。公路建设执行控制体系，是指保证公路建设项目各管理层次、各参建单位和各岗位的员工严格遵守法律、法规、规范和项目管理者制定的各项制度、计划，并实现项目预期目标的一整套管理理念、管理方法、管理手段和管理措施。

1. 合同化管理

合同化管理是以事前控制理念为指导，将执行控制目标管理内容的业主与承包各方的责任和义务，通过制定详细的、规范化的管理办法，并纳入合同专用条款强制执行。合同化管理将工程管理全过程置于合同法等法律保护之下，以实现项目管理从“依办法”到“依法律”的质的飞跃。

2. 格式化管理

格式化管理是以精细管理理念为指导，将执行控制目标管理中项目参建各方的业务关系及其管理内容，采用统一的表格或格式进行管理。格式化管理实现了建设管理目标、管理内容及管理业务的标准化和精细化。

3. 程序化管理

程序化管理是以职权一致理念为指导，将执行控制目标管理中的执行流程和工作标准按一定的规则固化下来形成程序化执行范本，程序化管理依据工程管理实施细则。程序化管理实现了执行业务内容定单位、定部门、定岗、定人、定时和定责的管理。

4. 信息化管理

信息化管理是以工程单元信息控制技术为基础，将执行控制目标管理内容和系统管理思想，结合合同化管理、程序化管理和格式化管理的成果，开发并使用公路工程项目信息化管理系统。信息化管理实现了公路工程从招投标至项目竣工验收全过程的智能化管理。

5. 目标管理

目标管理，是指对质量、安全、进度、投资、社会五大目标具体的实现标准和计划实施。公路建设项目以创国家级优质工程奖和省部级以上科技进步奖为项目建设总体目标；以消除设计和施工质量通病的优良工程为质量控制目标；以杜绝特、重大安全事故为安全控制目标；以比计划工期提前竣工为工期控制目标；以竣工决算不超概算为投资控制目标；以点、线、面一体，景、形、势协调，整洁、美观、环保的形象控制及创新、廉洁、和谐为社会控制目标。制订和实施目标管理计划，运用 CFPI 成套控制技术等，全面实现建设项目目标。

五、精细化管理理念

近年来，公路建设步伐明显加快，公路建设管理的水平直接影响到建设项目的成败。国家和地方交通部门也越来越重视公路建设的整体管理水平，要求实施精细化管理。虽然众多公路项目开始实施精细化管理，但总体上尚处于探索阶段，由于资金有限等问题导致精细化程度不高，所以，应进一步加快精细化管理在公路建设与管理中的推广应用。

（一）精细化管理理念的内涵

精细化管理是一种以“精、准、细、严”为基本原则，通过提高员工素质，加强企业内部控制和强化链接协作管理，从而从整体上提升企业整体效益的管理理念。精细化管理具有管理制度化、操作规范化、运行流程化、细节衔接化、考核数量化、信息准确性、反馈及时性和规程实用性等特点。在公路建设中，精细化管理涉及设计理念、工程材料、工艺控制和施工管理等方面，贯穿于建设管理、勘测设计、工程施工、施工监理和质量安全生产监督等各个环节，以实现科学安排施工进度、合理分配资金、保证工程质量三大目标。因此，公路建设精细化管理效果评价体系由组织结构、计划过程、质量控制、进度控制、成本控制、安全控制、环保控制、沟通控制和应用创新等九个系统的管理内容组成。

（二）公路建设与管理实现精细化管理的途径

组织结构是实现管理精细化的重要平台，反映建设项目的制度建设、责任落实和岗位建设等；计划过程是高速公路建设项目建设客观规律的反映，是建设项目科学决策和管理的重要保证；质量、成本和进度是公路建设管理的三大控制目标；安全是精细化管理三大控制目标之外的又一重要目标；环保控制是为了有效避免公路建设中的环境污染；沟通项目管理是项目管理成败的关键，良好的沟通管理机制能有效地提高项目管理的效率；针对公路建设管理而言，创新体现在设计、施工和管理中产生的观念创新、科技创新、体制创新等诸多方面。

1. 组织结构

组织结构的完善程度和优化设置直接影响全面精细化管理的效果。机构是否健全、体系是否完善、各个岗位职责是否明确，将直接影响到全面精细化管理效率的高低和管理效果的好坏。其是否完善，可从制度建设、责任落实和岗位建设三个方面进行衡量。

2. 计划过程

计划过程反映工程项目建设的客观规律。主要包括工程前期筹备过程管理、开工筹备过程管理和施工建设期的过程管理。工程前期筹备过程管理主要分为前期立项管理、投资决策过程管理和项目审批过程管理；开工筹备过程管理主要分为征地拆迁过程管理、招投标与合同管理和试验段的开工准备过程的管理；施工建设期的过程管理主要分为主要控制标段建设过程管理、竣工验收过程管理和风险控制过程管理。

3. 质量控制

施工人员、材料、施工方案和工艺、施工机械、施工场地和通道条件、控制点和设计变更等均是影响质量的主要因素。施工人员的控制应从施工组织者、管理者的资质和管理水平，以及特殊专业工种和关键施工工艺或技术、新工艺、新材料等应用方面的操作者的素质和能力等方面考察；材料应从采购、进场和存放方面控制；施工方案应有相应的质量保证措施，要经监理工程师的审查认可；施工机械的选型、数量、质量和技术性能都是控制的要点；对施工作业的辅助技术环境、施工质量管理环境和现场自然环境条件的控制，直接影响到施工场地和通道条件的好坏；控制点应进行复核，设计变更应根据不同情况对待。

4. 进度控制

进度控制精细化应在既定工期内，编制最优的过程项目进度计划。在实施过程中，经常检查实际进度情况，检查是否出现偏差，分析其原因和对工期的影响度，并加以调整、不断循环，直至工程竣工验收。

5. 成本控制

在决策阶段、设计阶段和施工阶段等各阶段的成本控制效果，直接决定建设项目成本控制管理的效果。研究表明，设计阶段对成本的影响程度最大，约为75%，而施工阶段对成本的影响约为15%。决策阶段、设计阶段和施工阶段的工程总实际成本分别低于预算成本的8%、10%和10%，说明成本控制效果及重要性。

6. 安全控制

安全管理活动是建立安全承包责任制，明确各方责任，对各单位管理人员安全职责进行考核；安全技术措施表现在加强全员安全教育，贯彻安全生产的法令法规，健全安全检查制度，保障安全生产防护设施供给，如安全帽、消防器材等；安全检查评比包括综合检查、专业性检查、季节性检查和日常检查，日常检查包括班前检查和班后检查。通过检查发现不安全因素，采取措施，消除隐患，预防事故发生；安全目标控制，主要目标是控制年死亡率和年重伤率为0。

7. 环保控制

环保控制主要控制容易造成污染的路基扬尘和水毁两个方面。效果评价时，可从施工单位是否经常性对路基洒水养护，是否在路堤填筑阶段就规范路堤施工程序等方面进行考察。此外，可从环保新技术应用方面，如橡胶沥青、温拌沥青等的应用方面进行效果评价。

8. 沟通控制

公路建设管理沟通控制主要包括设计阶段的沟通、征地拆迁方面的沟通、建设期各参建单位间的沟通、与设计和监理单位的沟通、材料供应方面的沟通和公司内部的沟通等。评价沟通控制的好坏，是否能把项目公司与各相关利益主体所处的外部环境有机联系起来，是否就复杂的地质条件和建设条件经多方协调解决，是否满足了各利益相关主体的需求。

9. 应用创新

应用创新主要包括理念创新和技术创新两个方面。理念创新是评价在公路建设过程中，管理是否坚持以人为本、是否坚持人与自然和谐相处、是否坚持可持续发展的理念等。技术创新包含工程中新技术、新材料、新工艺和新结构等的创新。

第二章　云南省公路建设与发展状况分析

第一节　云南省的经济地理特征及公路建设的重要性

云南位于我国西南边陲，总面积39.4万平方公里，其中山区半山区占国土面积94%以上，特殊的地理位置和地形地貌使公路交通成为云南省最主要的交通运输方式，公路运输在云南省综合运输体系中占据绝对的主导地位，至今全省客货运输的90%仍然依靠公路运输。云南内连西藏、四川、贵州、广西四省（自治区、直辖市），外邻缅甸、老挝、越南三个国家，陆地边境线长4 061公里。向东可与珠三角、长三角经济圈相连；向南可通向河内、曼谷、新加坡和仰光；向北可直达四川和中国内陆腹地；向西可经缅甸直达孟加拉国吉大港沟通印度洋；经过南亚次大陆，连接中东，到达土耳其的马拉蒂亚分岔，转西北进入欧洲，往西南进入非洲。特殊的地理区位条件决定了云南是中国连接欧亚第三大陆桥的桥头堡，是中国通往南亚、东南亚的重要陆路通道和辐射中心，也是连续中国—东盟自由贸易区的重要节点，在中国向西南开放的过程中发挥着重要的枢纽作用。

近年来，虽然云南省经济发展保持较快增长速度，经济增长速度位于全国各省（自治区、直辖市）经济增长前列，2012年全省经济总量突破万亿大关，成功加入全国万亿俱乐部，实现了经济发展的新跨越。但总体来看，由于基数较低、基础较差，云南省经济发展水平还不充分，特别是与全国范围内各省（自治区、直辖市）的横向比较，云南省经济发展的“量”和“质”水平还不够高，经济发展还十分不平衡。从经济发展的“量”上来看，云南GDP总量较小，2012年云南省生产总值1.03万亿，占全国生产总值1.98%，位居全国第24位、西部省份第6位，位于四川、内蒙古、陕西、广西和重庆之后，处在西南省（自治区、直辖市）第4位。从“量”上可看出，云南的总体经济发展还处在全国平均水平以下，在西部省（自治区、直辖市）也仅处于平均水平，较发达地区还存在较大差距。从经济发展的“质”上来看，云南省人均GDP和单位土地产出GDP均大幅低于全国平均水平，反映出经济发展水平较低，其中人均GDP仅居全国第29

位，低于 GDP 总量，占全国的第 24 位。同时，云南的高耗行业占 GDP 总量的比重较大，由此带来单位产品的能耗和物耗较高，2012 年云南六大高能耗行业增加值较 2011 年增长 12%，达到 1 303.17 亿元，占全省工业增加值的 37.7%，占全省 GDP 总量的 12.64%。另外，受限于产业高度化程度低、产品技术水平低等因素制约和影响，云南产品的附加值和产业竞争力还相对较弱，2012 年以现代生物、光电子、高端装备制造、节能环保、新材料和新能源为代表的战略性新兴产业增加值仅占全省 GDP 比重的 7.3%，许多战略性新兴产业和居民尚处于起步阶段。此外，云南经济发展还存在较为严重的地区间、城乡间和行业间差异。地区间差异表现在云南经济总量过多集中在滇中城市圈的昆明、曲靖和玉溪，三个州（市）的 GDP 总量占到了全省 16 个州（市）经济总量的 52.4%，而最低的怒江傈僳族自治州 2012 年 GDP 仅为 74.94 亿元，尚不到全省 GDP 的 1%，仅为昆明市 GDP 的 2.48%。城乡间差异表现在城乡间的经济发展水平和居民生活水平，2012 年云南的城镇化仅为 39.31%，城镇居民人均可支配收入为 21 075 元，约为农村居民人均收入的四倍。行业间差异表现在第二产业的工业仍然作为云南经济增长的主要引擎，对全省经济增长的贡献达 43.3%，位居各行业之首，且增速高于第一产业和第三产业，与沿海发达省（自治区、直辖市）第三产业的快速发展态势存在较大差异。

从云南省的区域经济地理特征看，世界银行在 2009 年发展报告中首次将经济地理空间分为地区、国家和国际三个层次，并利用密度（density）、距离（distance）和分割（division），简称为 3D，作为分析区域经济地理特征的指标。其中，密度是指每单位土地面积的经济产出或全部购买力；距离是指商品、服务、资本、劳动力、信息等到达某一地区所耗费的成本；分割是指货币、关税和语言差异对经济交往造成的壁垒。这种分析方法对科学认识云南省的经济地理特征有现实指导意义。利用“3D”分析框架看，云南具有以下三大经济地理特征。

一、地区空间层次上人口和经济密度较低

2013 年云南省人口密度和经济密度分别为 118.5 和 28.2；云南人口密度和经济密度分别只有全国平均水平的 81.7% 和 43.9%。

二、国家空间层次上远离国内主要市场中心

环渤海、长三角和珠三角地区是内地三大高经济密度区，天津、上海、广州分别是这三大高经济密度区中心城市，具有很强的溢出效应。云南远离这三大高

经济密度区，无论公路、铁路还是航空距离，云南省都距这三大中心城市千里之外。远距离直接导致高物流成本。2013 年云南省物流总费用占全省 GDP 的 20.25%，高于全国平均水平 2.51 个百分点，物流成本已占到商品总成本的 25% ~35%。云南省商贸物流过程在工业企业中所占用的时间占到整个生产经营流程的 80%，对云南工业发展的影响极大。远离国内主要市场导致的高物流成本对云南的影响大于全国平均程度。

三、国际空间层次上市场分割不明显

云南虽然远离内地三大市场中心，但毗邻越南、缅甸和老挝三国，有 4 061 公里的陆地边境线，接近南亚主要国际市场的印度，与东南亚、南亚地区交流合作的比较优势明显。云南向东南亚、南亚国际市场显性比较优势指数在 3.2 以上，具有极强的地区显性比较优势。①

上述分析可知，云南经济社会发展过程中，一定要趋利避害，扬长避短。一是要努力提高地区空间层次上人口和经济密度；二是要尽力缓解国家空间层次上远离国内主要市场的距离劣势；三是要充分发挥国际空间层次上市场分割不明显的相对优势。为此，要切实抓好以下主要工作：

一要加快城市化步伐提高经济密度（density）：人口和经济活动向城市集中带来经济密度的提高，产生的集聚经济会吸引劳动力和资本等生产要素向报酬高的地区流动，要素流动尤其是劳动力迁移可以产生较高的收益，有效提升云南的人口密度和经济密度。当然，城市化进程中要将注重物质形态城市化转变为人口城市化、避免单纯搞土地城市化和行政建制城市化的倾向，城市化的本质是人口城市化，包括职业和居住的转换，必须改变目前土地城市化大于人口城市化、城市居住人口多就业人口少的状况。努力探索并走出一条具有云南特色的科学的城市化发展之路。

二要完善基础设施体系缩短空间距离（distance）：继续加强云南的交通基础设施建设，在加强交通、通信设施、设备等经济基础设施建设的同时，切实加强文教、医保等社会基础设施建设，完善制度建设，改善市场准入条件，促进生产要素跨区域低成本流动，从而相对缩短云南与发达地区的时间距离和空间距离，降低物流成本和生产经营成本，吸引生产要素向云南聚集，提高投资效益和区域

① 地区显性比较优势指数（LRCA Index）指一国某个地区对另一国的进出口贸易额占该地区进出口贸易总额比重与本国对另一国的进出口贸易额占本国进出口贸易总额比重二者之间的比率。当 LRCA >1，说明该地区具有显性比较优势；当 LRCA <1，说明该地区不具有显性比较优势。

产业竞争力。基础设施建设要注意减少重复性建设，提高工程建设质量；增强配套性，包括合理建设规模、节奏等；优化结构：经济基础设施与社会基础设施，硬件与软件有机结合；还要尽可能市场化运作，提高建设质量和效率。

三要扩大对外开放减少国际市场分割（division）：借助国家支持云南省加快建设面向西南开放重要桥头堡的战略机遇，加快桥头堡建设步伐。培育与东南亚、南亚国家更大跨度互补的产业发展体系，完善区域开放合作的利益分享与补偿机制，加强全方位、多层次、宽领域的跨国跨境经济技术合作与交流，进一步减少云南的国际市场分割，提高对外开放的水平及收益。

显然，在这样的经济地理特征及发展背景下，交通运输特别是公路建设成为云南省基础设施建设中的重中之重，加快公路基础设施建设对促进国民经济持续健康发展、全面建成小康社会有极其重要的意义。

第二节　云南省公路建设的主要成就及经验

自云南和平解放到“十二五”期间，在60多年的时间里，云南省公路建设实现了从无到有、从少到多、从低级到高级、从数量到质量的飞跃变化，取得了令人瞩目的重大成就，获得了极其宝贵和丰富的经验。

一、从无到有、从少到多，抓住历史机遇，云南省公路建设实现快速跨越式发展

云南省公路建设历经了多个发展的里程碑。1950年，云南省第一条公路红河州碧（色寨）河（口）公路建成；20世纪60—70年代，在保证已有公路畅通的基础上铺筑了近5 000公里柏油路面，云南实现了县县通公路；1986年，云南省第一条高等级公路昆明至安宁段开工建设。随后，昆石一、二级公路，以及昆河二级公路、大丽二级公路、昆玉二级公路、安楚二级汽车专用通道、昆嵩高速路等公路相继建成，楚大、大保、昆玉、玉元等高速公路相继开工建设。

在《云南省人民政府加强公路建设和管理的若干意见》和云南省交通运输厅“突出重点、有保有压；分级负责、分级管理；尽力而为，量力而行；少花钱、多修路、修好路”的交通工作思路引领下，云南掀起了高速公路和一、二级公路建设高潮，提出了“三纵”“三横”“九大通道”为主的高等级公路建设目标和“市场化、集约化、生态化、社会化”的交通发展思路，公路建设刷新云南速度，增速位居全国前列。截至2013年年底，云南全省公路总里程达22.29万公里，公

路密度为56.58公里/百平方公里。其中，高速公路总里程3 200公里，一、二级公路总里程1.13万公里。高速公路、高等级公路以昆明为中心呈辐射状，通达西双版纳、德宏等14个州（市），7条国道、61条省道连接省内及国内外大中城市。农村公路改造建设近13万公里，全省乡镇、建制村通畅率分别达96%和61%，乡镇、建制村通班车率分别达99.9%和83.9%，农村地区交通条件进一步改善。

二、从低级到高级、从数量到质量，公路结构优化，云南省公路建设实现均衡协调式发展

近年来，云南省公路建设在注重均衡、协调发展的基础上实现了较好较快发展，公路结构不断优化，二级及以上高等级公路占公路总里程比重不断提高，高速公路通车里程数逐年大幅增加，2011年、2012年、2013年分别突破2 700公里、2 900公里和3 200公里，基本形成连接内外、通达江海、沟通两洋的公路交通格局，“七出省、四出境”的大通道干线公路建设不断完善。

农村公路建设方面取得重大突破，云南省在以交通运输部“修好农村公路、服务新农村”为战略目标的基础上提出“1223”指导意见，即一个原则（路不在于宽而在于通畅，不在于等级高而在于适用）、两个重点（提高农村公路桥涵等构造物的配套率、提高路面硬化率）、两个结合（在经济条件好的地区水泥路和弹石路结合，以弹石路为主，在过村镇路段铺筑水泥路面）、三小工程（小水泥路、小柏油路和小弹石路工程），坚持“等级多标准、路面多形式、筹资多渠道、安保多样化”的原则，建设资源节约、环境友好的农村公路。2013年全年，云南农村公路改造建设1.9万公里，总里程近13万公里，最大限度地改善和提高农村地区的交通通行水平；同时，在提高少数民族地区及边远地区交通条件方面成效显著，基本结束了云南一些地区溜索过江的历史。

三、政府加大投入和招商引资力度，创新投融资机制，着力破解公路建设资金难题

发展公路交通、兴建公路，需要大量的建设资金，除了依靠国家和地方配套部分资金外，还需要依靠大量的外部融资予以解决。对此，云南省政府加大政府投入力度，优化投融资环境，强化政策支撑体系，出台了一系列的政策举措破解公路建设资金不足的难题；同时，云南省交通运输厅提出“地方预算要一点，部门预算挤一点，地方债券发一点，国家补助多一点，费率提高切一点”的交通运

输建设筹融资思路。继续加强银政、银企合作，争取金融机构加大对交通基础设施建设信贷投放；推进债券发行，争取省政府安排相应额度，发行交通专项债券；支持省公路投资公司在发行企业债券、中期票据、资产收益证券等方面实现创新发展；盘活存量资产，继续加大力度，选择具备条件的公路积极引进战略投资者；争取公路沿线土地资源开发的政策支持，提升融资能力。

2013—2015年，云南省财政每年安排20亿元，从土地出让总收入安排不低于10亿元支持高速公路建设，每年通过3 000亩土地配置支持地方高速公路建设；除招商引资建设的高速公路项目外，高速公路建设资金省级、州（市）的出资承担比例分别为83∶17、76∶24，州（市）政府负责的出资主要是征地拆迁补偿费用，远高于部分邻近省份约60∶40的出资比例；对符合《收费公路管理条例》的经营性收费公路，按照“一路一测、桥隧分开、还本付息、投资回报”的定价机制，合理制定收费标准，确保经营主体在经营期内获得合理回报；积极稳妥推进高速公路存量资产租赁、合作、出让；积极开展招商引资工作，涌现出“玉溪经验”等有效做法，通过招商引资建设的高速公路项目不低于三年计划总投资的1/3；积极引进有实力、有信誉、有资质的投资者，以合资、合作、合股、独资等形式，采取多种方式开发建设高速公路项目，如同山东高速集团签订战略合作协议进行深层次、全方位合作，以BT、BOT、合作建设等多种方式积极参与云南省高速公路等建设投资；同中国交通建设股份有限公司创新合作模式，以“整体打包”为原则，采用“BOT＋EPC＋地方政府补贴”共同投资模式推进云南交通基础设施建设。

四、强调公路建设科技创新，强化公路造价管理，加强后期公路养护，提升交通公共服务水平

云南省交通部门以“科学技术是第一生产力”为宗旨，强调技术进步、科技创新、技术研究以及新技术、新工艺、新设备、新材料的推广应用，积极承担以“柔性路面就地冷再生技术应用研究”“公路隧道健康诊断应用技术研究”“双曲拱桥危桥加固新工艺”等为代表的一大批科研项目，提高公路建设的科技水平；加强科研成果的推广应用，如干线公路大力推广使用基层就地冷再生机、碎石同步封层车和稀浆封层车等新设备，推广热拌冷补养护工艺，推进公路及时性养护，有效提升了沥青路面养护工程机械化水平和养护生产效率。

造价管理方面，按照“科学造价、合理定额”的要求，规范和完善造价管理法规体系，加强项目造价管理和行业指导，构建定额体系，加快科研成果应用。

拟定和发布了《云南省交通运输工程造价管理办法实施细则》，推进造价制度化、标准化、规范化建设；实行对项目的全过程动态管理，特别是对工程设计变更、新增单价、计量支付、合同管理、持证上岗等造价管理关键环节进行监督检查，不断强化建设、施工、监理部门全方位的造价控制意识，提高造价管理水平和投资效益；基本建立造价定额体系和开展科研成果应用，包括公路工程人工费定价机制、公路养护工程估算费用估算指标和预算定额、构建全省统一的公路工程量标准清单和计量规范；开发云南省交通建设工程材料动态管理系统；等等。公路造价管理对云南省提高公路工程质量和公路建设投资效益、避免公路建设投资浪费等方面具有重要的现实意义。

公路养护方面，实行市场化改革，建立规范有序的养护工程市场，建立健全养护管理制度和办法，拟定《公路养护巡查制度和路况病害修复时限制度》《公路养护路段责任到人管理制度》《安全生产管理制度》《公路养护沥青材料供应储备制度》《公路养护中修工程计划统计管理制度》《公路养护资金拨付使用管理制度》《沥青路面大中修工程质量管理制度》等制度，以及《小修保养质量指标考核办法》《沥青路面大中修工程招投标办法》《沥青路面大修工程实行质量责任期返修率考核的奖惩办法》《水毁预防及抢修管理暂行办法》和《市场化改革实施办法》等办法，推动普通干线公路养护向制度化、专业化、规范化和机械化方向迈进。

政府职能方面，加快职能转变，深入开展党的群众路线教育实践活动，提高公路管理水平，项目开展前期注重可行性研究，项目建设过程中重视工程质量、造价控制、环境保护、集约利用土地，项目建成后依法文明收费、加强公路养护；强化服务意识，提高交通服务水平和服务质量，如开展智慧交通“1356”工程建设，建立安全、畅通、便捷、高效、绿色的智慧交通管理和服务体系；改善云南高等级公路服务区服务设施和环境等。

第三节　云南省公路建设的目标及任务

一、云南省公路建设近期（“十二五”）目标及任务

根据《云南省“十二五”综合交通运输体系发展规划》，云南省公路建设的目标和任务：“十二五”期间对已纳入《国家高速公路网》的所有项目完成建设；按照“统一规划、分步分期”实施原则，加快“七出省、四出境”高速和高等级

公路建设；继续加强国道、省道干线公路改造建设，形成覆盖全省的干线公路网，重点实施大通道高速公路瓶颈路段改造建设；“十二五”中后期，重点建设丽江—攀枝花、腾冲—猴桥、小勐养—磨憨、松园桥—香格里拉、保山—泸水等高速公路；开展滇中城市经济圈曲靖—师宗—泸西—弥勒—玉溪—楚雄—武定—曲靖高速公路、沿边干线公路等前期工作，适时开工建设。

预计到“十二五”末期，云南全省公路总里程将达22.266万公里，其中高速公路4 500公里、高等级公路1.6万公里，国省干道公路中高等级公路比例超过45%，实现全省16个州（市）全部通高速公路，通达广西、贵州、四川高速公路不少于两条，毗邻国家不少于一条；129个县公路高等级化，形成覆盖全省的高等级干线公路网；继续加大全省农村公路通畅通达工程和客货运站建设力度，不断改善农村出行条件；农村公路总里程达18.6万公里，实现全省1 342个乡镇通沥青（水泥）路、全省13 960个行政村通公路、70%行政村路面硬化建设、所有乡镇和80%行政村通客运班车的目标；推进运输枢纽节点站场建设，积极构建昆明、曲靖、大理、瑞丽、景洪、河口六个国家公路运输枢纽节点。

云南省公路交通运输“十二五”主要发展目标表

	指标	2010年	2015年
基础设施及运输服务	公路总里程（公里）	209 231	222 660
	高速公路里程（公里）	2 630	4 500
	一级公路里程（公里）	733	890
	二级公路里程（公里）	5 772	10 800
	高等级公路里程（公里）	9 135	16 000
	高等级公路比重（%）	4.40%	7.10%
	有铺装路面	37 863	678 600
	有铺装、简易铺装比重	24.00%	36.00%
	国省道总体技术状况（MQ1,%）	53.07%	70.00%
	农村公路总里程（公里）	176 701	186 000
	乡镇公路通畅率	90.16%	100.00%
	建制村公路通达率	98.00%	100.00%
	建制村公路路面硬化率	23.80%	70.00%
	乡镇通班车率（%）	96.00%	100.00%
	建制村通班车率（%）	67.00%	80.00%

二、云南省公路建设中长期（至2020年）目标及任务

根据云南省交通运输厅2005年公布的《云南省公路网规划（2005—2020）》，至2020年年底云南省将实现公路总里程1.9万公里，其中高速公路6 000公里、一级公路550公里、二级公路1.2万公里、三级公路960公里；主要路网建设采用放射线、纵横网格和环线相结合的形式，由9条放射性、2条环线和10条联络线组织，规模8 800公里；一般干线路网采用纵横网格和联络线形式，包括8纵、6横和19条联络线，规模约1.06万公里；基本完成云南省干线公路网建设，形成连接市州、通达周边的高速公路网络，一级有效覆盖各地区的高等级公路网，基本适应国民经济与社会的发展需要，满足全面建成小康社会的要求。

第四节　云南省公路建设面临的主要困难和问题

虽然近些年云南省公路建设总体发展态势良好，取得了一定的成就与经验，但横向对比在全国范围内仍处于较低的发展阶段，面临诸多的困难及问题，突出表现为：特殊的山区半山区地形地貌对应的建设难度高、桥隧比高、建设成本高；社会经济发展相对落后对应的公路建设资金需求体量大、缺口大、筹融资难；交通流量不足、收费低对应的经营性收费公路投资不足、效益差、还本付息难；公路建设造价差异大，超概算、预算对应的公路建设成本高、经济效益差；交通运输管理体制和管理水平不高对应的规划不科学、公路运营效率低。总体而言，云南省国际大通道的公路格局建设尚未完全形成，公路建设仍然是新时期云南实现跨越式发展的“瓶颈”。

一、云南地理位置及地形地貌较为特殊，公路建设难度高、桥隧比高、建设成本高

云南地处我国西南边陲，属青藏高原南延部分，地形地貌多样复杂，山间盆地和断层湖泊星罗棋布，盆地、河谷、丘陵、低山、高山、高原相间分布。全省山地面积占84%，高原、丘陵占10%，山间盆地、河谷占6%。特殊的地理位置和地形地貌使得公路建设过程中需要大量的路基、隧道、桥梁以及防护工程，砂石等施工原材料运输量巨大，施工技术要求高，施工周期长，呈现建设难度高、桥隧比高、建设成本高的显著特点。以云南在建的麻昭高速公路为例，项目全长105.76公里，概算总投资145.28亿元，沿线山势陡峭、地形地质复杂，全线桥

隧比 50.79%，其中大关县境内 45 公里桥隧比高达 85.47%，分布两个集中隧道群，施工难度极大，单位建设成本达 1.37 亿元/公里，是我国中部地区高速公路单位建设成本的 2~3 倍。

二、云南社会经济发展相对落后，公路建设资金需求体量大、缺口大、筹融资困难

公路建设的成本主要包括土地费用、路面材料费用、防护材料费用、人工费用、机械设备费用和其他费用。随着经济社会的发展和物价水平的逐年提高，公路建设的各项费用均呈现不断上涨态势。为保证公路建设项目施工进度，确保圆满完成公路建设的任务，需要匹配充足的建设资金。除国家拨款和补助外，公路建设资金主要依靠地方配套和外部筹融资。相比于沿海及中部发达省（自治区、直辖市），云南省的经济基础较为薄弱，经济发展不充分、基数低、基础弱、起步晚，2013 年云南省 GDP 总量位居全国第 24 位，人均 GDP 位居全国第 29 位。在此背景下，虽然云南省加大招商引资力度，创新投融资机制，着力破解云南公路建设资金不足的难题，但受限于社会经济发展程度及财力有限，对交通基础设施的投入相对不足，投融资渠道少，建设资金始终处于短缺状态、缺口大，公路建设的持续性资金保障存在困难。

三、云南交通流量小、收费低，经营性收费公路投资不足、效益较差、还本付息难

云南地处全国公路网系统的末梢，交通流量小，特别是高速公路交通流量不足全国平均水平的一半，2011 年云南日均交通量为 8 217 辆，仅为全国平均交通量 19 423 辆的 42.31%。公路收费标准方面，与全国其他省（自治区、直辖市）相比，云南省高速公路收费标准低于全国平均水平，与周边省（自治区、直辖市）相比现行费率低于四川、贵州、重庆，货车费率与广西持平，客车费率较高于广西。较高的公路建设成本和较低的交通流量、收费标准形成的显著矛盾使得云南省经营性收费公路普遍投资不足，经营效益差、盈利弱、偿债能力不足。此外，受云南省经济社会发展不均衡的影响，全省交通量分布状况为以昆明为中心向外逐步递减的特征，特别是沿边的丽江、文山、普洱、保山、西双版纳、昭通、迪庆和怒江等少数民族聚集地交通流量、收费、收入情况更为严峻。

四、公路建设造价差异大，超概算、预算较为普遍，公路建设成本高、经济效益较差

公路建设的成本预测是公路建设的前期工作，是指导公路建设的核心要素。因此，公路建设前期概算、预算编制的科学性、准确性就显得尤为重要。近10年来，随着公路建设征地拆迁、人工、材料等成本的不断上涨，云南省高速公路每公里单位造价增长近两倍；此外，公路建设周期长，专业造价人员数量有限，全程造价管理不够完善，材料价格大幅波动等都造成了概算、预算与实际的结算金额差异较大，超概算、预算现象普遍发生，导致公路项目资金投入、建设成本不断攀高，直接影响公路项目的经济效益和投资回收，不利于公路建设的长期快速发展。

五、云南交通运输管理体制不够完善，管理水平不够高，公路建设规划不够科学，公路运营效率较低

体制改革和制度创新是云南省公路运输事业实现突破式、跨越式发展的必由之路，云南在交通行政审批、招商引资、项目监管、服务理念等方面与沿海、中部等公路发达省（自治区、直辖市）仍然存在较大差距，亟待提高和完善。总体来讲，云南公路交通的管理水平仍较粗放，科学性和前瞻性不足，特别是与路网规划相关的路网结构优化、路网规划布局科学化方面还有一定的差距，造成公路路网不协调、不衔接，公路利用率低，重复建设、铺张浪费等现象时有发生。此外，公路运输运营的水平还有待提高，如公路养护管理区域设施、服务差，一线养护人员不足，农村公路破损严重、失养等问题较为突出，使公路的建设投入和公路运输成本无形中增加。

第三章　云南省公路建设投融资模式比较及其选择

第一节　公路建设投融资模式及其比较

公路建设具有投资大、周期长、公益性等特点，在公路建设中，首先需要解决资金问题。因此，投融资工作在公路建设中具有十分重要的地位。特别是如云南省这种公路建设任务重、社会经济发展相对落后的省（自治区、直辖市），加快公路建设步伐与资金缺口大的矛盾十分突出。因此，认真探索、积极实践、科学选择并不断创新投融资模式，对于加快云南公路建设步伐具有极其重要的现实意义。

一、公路建设资金的特点

公路建设资金可以从两方面理解：一是指纳入国家交通基本建设投资计划，用于公路基础设施建设项目的全部资金，即广义的公路建设资金概念；二是仅指国家以各种方式投入公路建设项目的资金，即狭义的公路建设资金概念。

广义的公路项目建设资金包括：（1）纳入国家交通基本建设支出的财政资金；国家债务预算中用于公路交通基础设施建设的资金；（2）纳入国家预算管理的交通费用，包括公路养护费、公路建设资金、公路客运附加费、公路货运附加费、车辆购置附加费、有偿转让收费、公路收费权的收入等；（3）地方财政支出中的机动财力用于公路基础设施建设项目的资金；（4）预算外资金；（5）公路基础设施建设单位自筹资金；（6）非国家投资者投入的公路基础设施建设项目的资本金；（7）国内外各种贷款形成的交通基础设施建设资金；（8）其他资金。狭义的公路建设资金是指国家作为投资主体投入公路基础设施建设项目中的资金，包括投入非经营性公路建设项目中的资金和投入经营性公路建设项目的资本金。本书所研究的投融资模式中所指的公路建设资金即广义的公路建设资金概念。

公路部门不同于一般竞争性行业，它对国民经济的运行具有承载作用，它所提供的服务直接面向所有生产和消费部门。公路建设项目的直接经济效益并不明显，其价值更多地转移给下游产业部门和消费者，自身从产品销售或服务收费中得到的补偿却微不足道，因而对商业性资金缺乏吸引力。但公路这一基础设施扩张时遇到的资金和技术障碍大、经济增长对其需求程度高、产品短缺时被替代的可能性小、生产能力形成周期长，这使得它对经济系统的供给能力难以迅速扩张，而经济系统对其的需求强度却难以减弱，决定了它容易成为国民经济的“瓶颈”部门。具体而言，公路建设资金具有以下几个特点。

（一）社会公益性强

公路是涉及国计民生的基础设施，其建设、营运质量的好坏关系到人们的生活和各行各业的正常运转，会造成相当广泛的社会影响。公路对社会公众一般具有积极的效用，即公益性。

公路建设项目的社会公益性特点，决定了公路建设投融资的可行性分析、项目事前及事后评估必须同时建立在经济性和社会性的基础上，对项目建设、营运的投入产出率考察也必须建立在以公路建设项目社会效益为重点的基础之上。

（二）投资规模大

一条公路的建设从征地、拆迁、路基建设到路面建设，工程复杂、技术含量高，需要集中地、大量地投入资金。修建公路的技术等级不同，所处地理环境不同，所修公路每公里的造价就有所不同。技术等级越高、地理环境越复杂，每公里公路造价就越高。据课题组调研了解到，云南省高速公路造价现已超过1亿元/公里。

由于公路建设的资金需求量大，较强的社会公益性特点决定它仍需要国家的大力投入。高等级公路虽具有一定的可经营性，但政府必须保证有足够比例的国家资本金投入，才能带动和保障其余不足部分通过市场融资解决。

（三）投资回收期长

公路建设周期长，高速公路建设的合理周期一般为4～6年，这决定了公路建设资金完成一次循环需要较长的时间。往往项目刚建成投产尚未取得收益就必须面临还本付息的局面。

（四）资金循环过程不完整

一般竞争企业的资金运动由资金筹集、资金投放、资金耗费、资金补偿、资金增值、资金分配等构成，资金一般不退出再生产过程，形成完整的资金循环运动以及资金周转运动。相比之下，公路建设资金运动由资金筹集、资金投放、资金耗费和资金退出所构成，资金循环过程不完整。因为公路建设过程的终结是向公路经营企业或公路事业单位移交已建成的公路基础设施，而不是将公路基础设施作为商品出售，所以不存在资金的补偿和资金增值。公路建设所需资金的一部分由国家或投资者投入，无需偿还；另一部分从有关金融机构借入，公路建设单位在移交已建成公路基础设施的同时，将债务也一并移交，由接收公路基础设施的公路经营企业或公路事业单位负责债务的偿还。因而，公路建设单位无需资金补偿。而公路建设过程所耗费的资金构成即公路基础设施的建设成本，公路基础设施资产的记账价值取决于资产的建设成本而不是资产的市场交换价值；决定资产记账价值的是为建设公路基础设施所耗费的个别劳动时间而不是社会必要劳动时间。因而，公路资产不存在增值。

二、公路项目的分类

按照公路经济属性和技术分类的不同，公路项目可划分为经营性项目和非经营性项目。

（一）经营性公路项目

经营性公路项目指可收费经营的高等级公路，主要包括有偿转让收费权的公路、实施公路企业资本化（股份制等）经营的公路和实施 BOT 项目建设经营的公路等。之所以称这些形式的项目为经营性公路，主要是因为经营性公路的主体是具有独立法人资格的企业，其经营目的是为了盈利。由于公路是国家的基础结构，上述公路的经营与市场上一般商品的经营还有着很大的区别，即可以把经营性公路统称为政府对公路基础设施的特许经营。国家对经营性项目实行“先有项目，后有企业”的管理模式，其基本特征：（1）经营性公路建设项目实行项目资本金制度，国家基本建设资金是以项目资本金的形式投入建设项目的；（2）项目建成投入使用后，实行企业化经营管理，以盈利为目的，以利润最大化或价值最大化为经营目标。

以高速公路为主的部分高等级公路项目即可列入经营性项目的范畴，经营性公路项目通常可吸收社会资本进行投融资。

（二）非经营性公路项目

非经营性公路项目指产品或服务无偿提供、无回报、公益性的项目。非经营性公路建设项目属于社会公益性建设项目，项目建成投入使用后，由事业性经济组织负责营运管理。非经营性公路建设项目的基本特征：（1）非经营性公路建设项目建成投入使用后，面向全社会公众提供公益性服务；（2）非经营性公路建设项目所需的资金完全由国家提供，所形成的资产完全属于国有资产。收费还贷公路建设项目属于非经营性公路建设项目，但与一般的非经营性建设项目不同，它是由政府担保向社会集资、向银行贷款及各种形式引进的外资投资建设的高等级公路。项目建成后可用收取的车辆通行费补偿公路养护与收费管理支出，并偿还项目贷款的本金和利息。这类收费公路并不是以盈利为目的，其建设业主单位无论如何称呼，都是政府交通主管部门委托的专门机构，其收费的目的是为了偿还借贷款，偿还借贷款本息后即停止收费，如要继续收费，必须得到省级人民政府批准，所得收入，也只能用于公路建设，实行滚动发展。根据《中华人民共和国公路法》及其有关规定，这一类贷款收费实质上仍然是政府行为。

部分高等级公路和二级以下的公路项目即可列入非经营性公路的范畴，非经营性公路项目的投融资则以政府为主导。

本书以经营性公路项目作为主要研究对象，来探讨如何引入社会资本参与公路项目建设。

三、公路建设投融资模式的含义

投融资模式是对于某类具有共同特征的投资项目进行投融资时可供仿效和重复运用的方案。公路建设投融资模式即对公路建设领域投资项目进行投融资时可供仿效和重复运用的方案。由于在投融资过程中，项目的资产收益特性直接影响投资者的决策，因此，不同资产收益特征的公路建设项目应该具有不同的投融资方案。

从投融资过程和投融资模式的概念看，投融资模式应该包括投融资主体、投融资渠道和投融资方式三个基本要素。投融资主体是公路项目投资者和资金融入者，是项目或资金增值保值并按契约向资金融出者支付权益的主体。投融资渠道是资金的来源，包括政府财政、银行、资本市场、外资等。投融资方式是资金融出融入的方法，如商业信贷、股票等。投融资模式的三个基本要素构成了投融资模式的主要内容，即“由谁来投融资”“通过何渠道”和“运用什么方法”来实现项目投融资。

（一）投融资主体

投融资主体是投融资活动的参与者，这种“参与”既可以是投融资运行全过程的参与，也可以是运行过程中某个环节的参与。根据参与方式和参与程度的不同，投融资主体可分为企业、机构、政府及个人等。

（二）投融资渠道

目前，我国用于公路建设的资金主要来源于国家预算内资金（主要是燃油税）、交通部专项资金（主要是车购税）、地方自筹（主要是通行费收入、经营权转让等）、国内贷款（主要是国内商业银行以及其他金融机构贷款），以及利用外资、企事业单位资金和其他资金，其中银行贷款占了较大比重（见表3－1）。车购税、养路费等资金在公路建设中虽然占比较小，但却起着非常重要的作用，它们主要是用于资金投入，对吸引银行贷款及社会资金发挥着“四两拨千斤”的作用。近年来，受益于我国汽车工业的快速发展，车购税收入呈现快速增长态势（见图3－1）。

表3－1　2008—2012 年我国公路建设资金来源结构

（单位：亿元）

资金来源	2008 年	2009 年	2010 年	2011 年	2012 年
预算内资金	169.98	350.79	182.97	143.97	200.25
地方自筹	2 226.97	2 762.48	3 180.57	2 834.48	3 671.22
车购税	755.12	955.91	1 331.17	1 673.69	1 891.23
国内贷款	2 329.36	3 376.37	4 054.47	3 194.42	4 049.46
利用外资	63.99	52.62	40.65	44.99	44.50
企事业单位资金	447.95	727.89	782.44	710.87	756.49
其他资金	121.59	140.32	121.94	188.97	178.00
上年年末结余	294.37	403.41	467.43	206.96	333.75

数据来源：根据交通运输部及中国经济网相关数据整理。

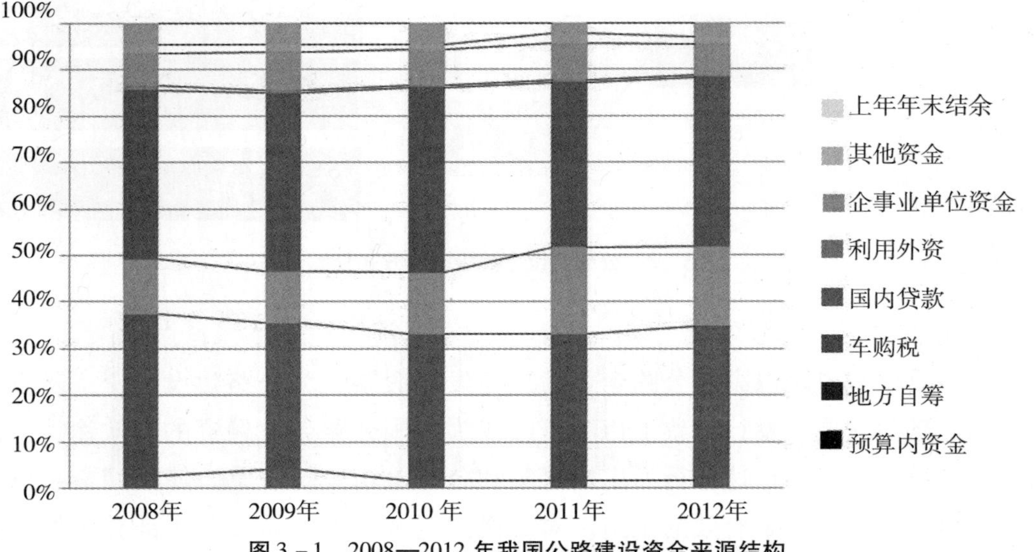

图3－1　2008—2012 年我国公路建设资金来源结构

数据来源：根据交通运输部及中国经济网相关数据整理。

（三）投融资方式

投融资方式可以从不同的角度进行分类：（1）按照是否借助金融中介机构的交易活动划分，有直接融资和间接融资；（2）按照资金的使用及归还年限来划分，有短期融资和长期融资；（3）按照融入资金后是否需要归还划分，有股权融资和债权融资；（4）按照资金是否来自于企业内部划分，有内源融资和外源融资；（5）按照融资的信用基础划分，有一般传统融资和项目融资；（6）其他分类，如按国内融资与海外融资、固定资产融资和流动资产融资等来进行分类。

本书将可用于公路建设的投融资方式按股权融资和债权融资来分类（见图3－2）。股权融资，是指融资主体所融入的资金可供其长期拥有、自主调配，无须归还，如企业发行股票所筹集的资金。债权融资，是指融资主体所融入的资金是其按约定代价和用途取得的，必须按期偿还，如企业通过银行贷款所取得的资金。

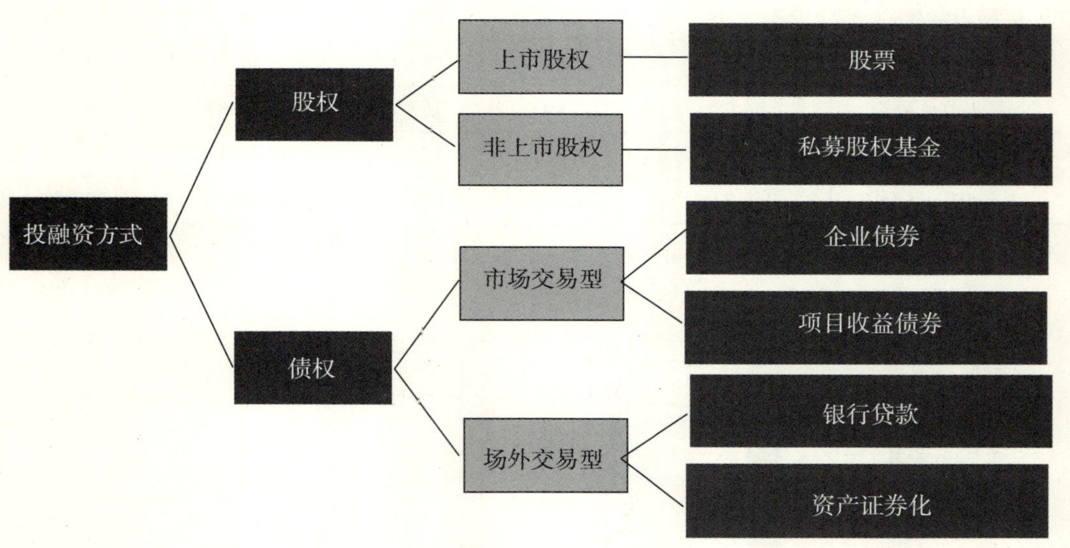

图3－2　公路建设主要投融资方式分类

1. 股权融资

上市股权主要是以高速公路企业为主体发行股票，为公路建设融资。随着资本市场的迅猛发展，发行股票上市融资已成为我国公路企业融资的有效途径。高速公路股份制在全国迅速推行，定向募集和公开上市发行股票，使民间资金进入高速公路行业有了一个有效的渠道。对于民间资金来说，通过购买证券市场上发行的高速公路行业股票直接投资于高速公路，进入高速公路行业，是一种比较科学合理的投资方式。对于政府来说，通过股份制可以募集高速公路建设资金，达到吸引更多资金投入高速公路行业的目的。对于高速公路企业来说，通过股份制在证券市场融资有利于改变企业原有的经营机制，促使企业采取更加市场化、科学化的管理方式来提高效益。目前，我国高速公路行业共有 19 家上市公司，且多为国企或央企。在本书课题组的调研过程中发行，尽管高速公路公司能以发行股票的方式融得资金，但在进行高速公路建设时，自由资金的投入并不多，仍以银行贷款为主。

非上市股权则是以私募股权基金的形式进行公路建设投资，如公路建设专项基金、公路发展基金等产业投资基金，既可以进行直接投资，又可以进行间接投资。就直接投资而言，私募股权基金可以通过 BT、BOT 或 TOT 等项目投资方式对特定公路项目进行投资；就间接投资而言，私募股权基金可以通过参股公路建设投资企业进入公路建设，参与公路重大事项的决策及经营方针、战略和长期规划的制定，定期审阅公司的财务报表，推荐高水平的管理、财务等专业人才，提供行业发展分析报告，协助公司寻求进一步发展所需的资金支持，并为公开上市创造条件。当基金发展到一定规模时，还可以在公开市场发行，面对所有社会和民间投资者募集资金。

2. 债权融资

发行企业债券是筹集公路建设资金较为便利的一种方式，它不改变投资主体，也不必对现有的建设和管理方式进行改革，容易被公众接受。债券的种类包括国家公路债券、省级公路债券和企业债券，目前公路债券均纳入企业债券的管理范畴。企业债券以其手续简单、成本低、期限长等优势，成为一些信誉和资质良好的大型企业集团参与资本市场运作的重要手段，非常适合于作为交通基础设施项目的融资手段。

公路项目收益债券是由为了建造某公路项目依法成立的代理机构、委员会或授权机构所发行的债券，其偿债资金主要来源于该公路项目的有偿使用带来的收益；它是由特定的发债项目所产生的未来现金流作为还本付息保障，可以由高速公路的建设机构等部门来发行，利用特定项目的未来营业收入来还本付息。项目收益债券作为逻辑上的企业债券，其发行主要遵循市场化的运作模式，发行程序较为宽松，往往无需经过严格的审批程序。企业债券和项目收益债券在发行主体、发行条件和发行用途等方面都有着较大的区别。企业债券的发债主体为企业，而项目收益债券发行主体可以是政府或者政府的代理机构。企业债券发行受到行政机制的严格控制，一般发债都要经国家发改委报国务院审批，采取核准制的审核制度。收益债券发行条件较为宽松，只要是国家批准开工建设的大型基础设施项目，由项目未来收益作为还款保证，就可以发行。在申请发债的资料中，要求发债企业的债券余额不得超过其净资产的40%，从而有效防范因国有企业发债而引发的兑付风险和社会问题。但是债券一经发行，审批部门就不会再对发债主体的信用等级、信息披露及市场行为等进行监管。最后，在发债用途上，项目收益债券所筹集的资金只能用于特定的建设项目上，不得挪为他用，项目未来收益只能用于偿还债券本息和发行新的债券，企业债券筹集的资金用于国家的大型基础设施项目建设，但是不针对特定项目。

银行贷款一直是我国公路建设的重要资金来源。国内银行对公路建设项目贷款具有数量大、资金成本低、风险小的特点。但是，只采用银行贷款会造成企业财务压力大、负债率高的后果。

资产证券化（Asset – Backed Securitization，ABS），即以项目所拥有的资产为基础，以项目资产可以带来的预期收益为保证，通过在资本市场发行债券来募集资金的一种项目融资方式。其实质是将资产的未来收益以证券的形式预售的过程，其基本交易结构是资产的原始权益人将要证券化的资产剥离出来，出售给一个特设机构（Special Purpose Vehicle，SPV），该机构以其获得的这项资产的未来现金收益为担保，发行证券，以证券发行收入支付购买证券化资产的价款，以证券化资产产生的现金流向证券投资者支付本息。

四、公路建设项目投融资

项目投融资，即将投资主体与融资主体置于同一大环境（项目）中，投融资即将大环境中所有资本（包括资金、劳动、技术、管理方法等）进行优化配置的过程。BOT、TOT、PPP、PFI、ABS 等项目投融资方式已经成为民间资本参与公路等基础设施建设的主要方式。

（一）BOT 融资方式

BOT（Build – Operate – Transfer），即建设—经营—移交，是指政府就某个公路项目与非政府部门的项目公司签订特许权协议，授予签约方的项目公司来承担该项目的投资、融资、建设、经营和维护，在协议规定的特许期限内，这个项目公司向公路及其相关设施使用者收取适当的费用，由此来回收项目投入融资、建造、经营和维护的成本，并获取合理回报；政府部门则拥有对这一公路项目的监督权、调控权；特许期满，签约方的项目公司将该公路无偿移交给政府部门。

BOT 模式在推广中还衍生出了许多具体方式：

（1）BOOT（Build – Own – Operate – Transfer），即建设—拥有—运营—转让，

是指由私营部门融资建设公路项目，项目建成后在规定的期限内拥有项目的所有权并进行经营，经营期满后，将项目移交给政府部门的一种融资方式。BOOT 与 BOT 的区别主要有二：一是所有权的区别。BOT 方式的项目建成后，私人只拥有所建成项目的经营权，但 BOOT 方式在项目建成后，在规定的期限内既有经营权，又有所有权。二是时间上的差别。采取 BOT 方式，从项目建成到移交给政府的时间一般比采取 BOOT 方式短。

（2）BOO（Build – Own – Operate），即建设—拥有—运营，是指私营部门根据政府所赋予的特许权，建设并经营某公路项目，但并不在一定时期后将该项目移交给政府部门。

（3）BLT（Build – Lease – Transfer），即建设—租赁—移交，是指公路项目完工后在一定期限内出租给第三者，以租赁分期付款方式收回项目投资和运营收益。在特定期限之后，再将所有权移交给政府机构。

（4）BTO（Build – Transfer – Operate），即建设—移交—经营，是指由于某些项目的公共性很强，不宜让私营机构在运营期间享有所有权，项目完工后移交所有权，其后再由项目公司进行经营维护。

（5）BT（Build – Transfer），即建设—移交，是指公路项目建成后就移交给政府，政府按协议向项目发起人支付项目总投资加合理的回报率。

（6）DBFO（Design – Build – Finance – Operate），即设计—建设—融资—经营，是指从项目的设计开始就特许给某一私营机构进行，直到项目经营期收回投资，取得投资效益，但项目公司只有经营权，没有所有权。

（7）BOL（Build – Operate – Lease），即建设—经营—租赁，也就是说项目公司以租赁方式继续经营项目。

（8）FBOOT（Finance – Build – Own – Operate – Transfer），即融资—建设—所有—经营—移交，强调只有先融通到资金，政府才予以考虑是否授予特许经营权。

（9）DBOM（Design – Build – Operate – Maintain），即设计—建设—经营—维护，这种方式强调项目公司对项目按规定进行维护。

（10）DBOT（Design – Build – Operate – Transfer），即设计—建设—经营—移交。

（11）BOOST（Build – Own – Operate – Subsidize – Transfer），即建设—拥有—经营—补贴—移交。

（12）BOOS（Build – Own – Operate – Sale），即建设—拥有—经营—出售。

（13）BOD（Build – Operate – Deliver），即建设—经营—转让。

在以上各形式中，依世界银行《1994 年世界发展报告》对 BOT 的定义，BOT 的通常形式至少包括 BOT、BOOT、BOO 三种。而在所有的形式中，虽然提法不同，具体操作上也存在一些差异，但它们在运作中与典型的 BOT 在基本原则和思路上并无实质差异，所以习惯上将上述所有形式都看作是 BOT 的具体形式。

1. BOT 融资方式的特点

BOT 融资方式的特点主要体现在以下几个方面：

（1）BOT 融资方式是无追索的或有限追索的，举债不计入国家外债，债务偿还只能靠项目的现金流量。

（2）项目公司在特许期内拥有项目所有权和经营权。

（3）名义上，项目公司承担了项目全部风险，因此融资成本较高。

（4）与传统方式相比，BOT 融资项目设计、建设和运营效率一般较高，用户可以得到较高质量的服务。

（5）BOT 融资项目的收入一般是当地货币，若项目发起人来自国外，对东道国来说，项目建成后将会有大量外汇流出。

（6）BOT 融资项目不记入项目发起人的资产负债表，不会影响其财务状况。

2. BOT 项目的运作过程

BOT 项目的运作有 7 个阶段，即项目的确定和拟定、招标、选标、开发、建设、营运、移交：

（1）项目的确定和拟定。有关部门通过政府规划来确定一个具体的公路项目是否必要，并确认该项目采用 BOT 融资方式的可能性和优势，或者由公路项目单位确定一个项目，然后向政府提出设想。如果确定采用 BOT 方式，下一步就要写一份邀请建议书，邀请投标者提交具体的设计、建设和融资方案。

（2）项目招投标。选定最合适的项目投资者（即中标者）是 BOT 项目能否成功的关键因素。

（3）挑选中标者。挑选 BOT 项目的标书，一般来说不会仅以价格为依据，还应包括可靠性和经验等因素，以及所设想的拟建项目能在多大程度上给招标者带来其他利益，如节约外汇、促进技术转让、提供就业机会、为招标单位人员和承包商提供培训等。初步选定标书后，招标者请中标人制定并签署最后的合同文件。

（4）组成项目公司。中标者设立特殊目的载体或特殊目的公司（Special Purpose Vehicle，SPV），即组成项目公司或确定项目公司结构。在招标者接受的基础上，发起人可以开始或再次与承包商和供应商联系，争取对有关条件和价格作出更明确的承诺，这些承诺将进一步确定项目建设的成本。得到这些承诺后，项目公司便可以同政府就最后的特许权协议或项目协定进行谈判，并就最后的贷款协定、建筑合同、供应合同及实施项目所必需的其他附属合同进行谈判。经过谈判达成并签署所有上述协定后，项目将开始进行财务交割，财务交割日即贷款人和股本投资者预交或开始预交用于详细设计、建设、采购设备及其顺利完成项目所必需的其他资金。

（5）项目建设。一旦进行财务交割，建设阶段即正式开始。工程竣工后，项目通过规定的竣工试验，项目公司最后接受而且政府也原则上接受竣工的项目，建设阶段即结束。

（6）项目营运。项目营运阶段持续到特许权协议期满。在整个项目营运期间，应按照协定要求对项目设施进行保养。为了确保营运和保养按照协定要求进行，贷款人、投资者、政府都拥有对项目进行检查的权力。

（7）项目移交。特许经营权期满后向政府移交项目。一般来说，项目的设计应能使 BOT 发起人在特许经营期间还清项目债务并有一定利润。这样，项目最后移交给政府时是无偿的移交，或者项目发起人象征性地得到一些政府补偿。BOT 融资方式的实施过程如图 3－3 所示。

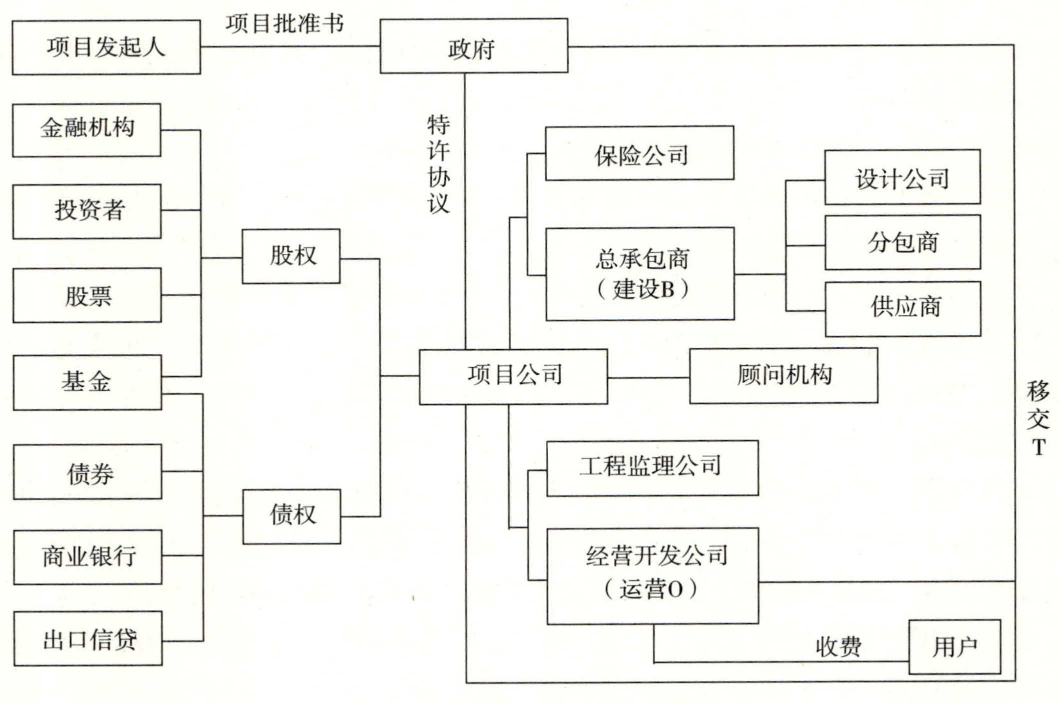

图 3－3　BOT 融资方式的运作过程

（二）TOT 融资方式

TOT（Transfer - Operate - Transfer），即移交—经营—移交，是指政府把已经投产运营的公路项目在一定期限内的特许经营权有偿移交给民间投资人，通过在约定期限的经营，民间投资人收回全部投资和合理回报；同时政府以该公路项目在特许经营期的现金流量为标的，一次性从民间投资人那里获得一笔资金，用于偿还该项目建设贷款或建设新的公路项目；待特许经营期结束后，政府再将项目的所有权无偿收回。就利用外资而言，是指东道国把已经投产运行的项目在一定期限内移交给外资经营，以项目在该期限内的现金流量为标的，一次性地从外商那里融得一笔资金，用于建设新的项目，外资经营期满后，再把原来项目移交回东道国。通过这种方式引进了外资，虽然使新项目及时启动，但又将外商与新建项目割裂开来。

1. TOT 融资方式的特点

TOT 融资方式的特点主要体现在以下几个方面：

（1）不存在产权、股权让渡，可以避免不必要的纠纷，回避了国有资产流失问题，保证了政府对公路项目的控制权。

（2）政府通过 TOT 方式获得大量的资金用于建设更多的公路项目，减轻了用于投资公路项目的预算内资金压力，而且除金融机构、基金组织、国外大公司外，各类企业和私人资本均可参与融资，有助于促进投融资体制由国家投资为主逐步向民营资本投资为主的架构转变。

（3）政府通过 TOT 方式盘活国有资产存量，实现国有资产保值增值，并提高了公路项目的运营管理效率。

（4）TOT 方式一般不涉及项目建设（B）过程，避免了 BOT 方式在建设过程中的各种风险和矛盾（如建设成本超支、工程停建或不能正常运营、现金流量不足等），项目风险明显降低，又能尽快取得收益，双方容易合作，引资成功的可能性较大。

（5）由于在 TOT 方式下投资风险大幅降低，投资者预期收益率会合理下调，且 TOT 方式涉及环节较少，新建项目建设和营运时间大大提前，评估、谈判等方面的从属费用也势必降低，因而项目成本和项目产品价格都相应较低。

（6）TOT 方式无须特别的立法，也不需要投融资体制的改革取得很大进展，具有较强的可操作性。

2. TOT 项目的运作过程

TOT 项目的运作有 5 个阶段：

（1）制定 TOT 方案并报批。转让方（国有企业或国有公路项目管理人）须先根据国家有关规定编制 TOT 项目建议书，征求行业主管部门同意后，按现行规定报有关部门批准。

（2）项目招投标。按照国家规定，需要进行招标的项目，须采用招标方式选择 TOT 项目的受让方。

（3）组成项目公司。项目发起人设立 SPV，发起人把完工项目的所有权和新建项目的所有权均转让给 SPV，以确保专门机构对两个项目的管理、转让和建造，并对出现的问题加以协调。

（4）洽谈融资方案。SPV 与投资者洽谈以达成转让投产运行项目在未来一定期限内全部或部分经营权的协议，并取得资金。

（5）项目期满后，收回转让的项目。转让期满，资产应在无债务、未设定担保、设施状况完好的情况下移交给原转让方。

TOT 融资方式的实施过程如图 3－4 所示。

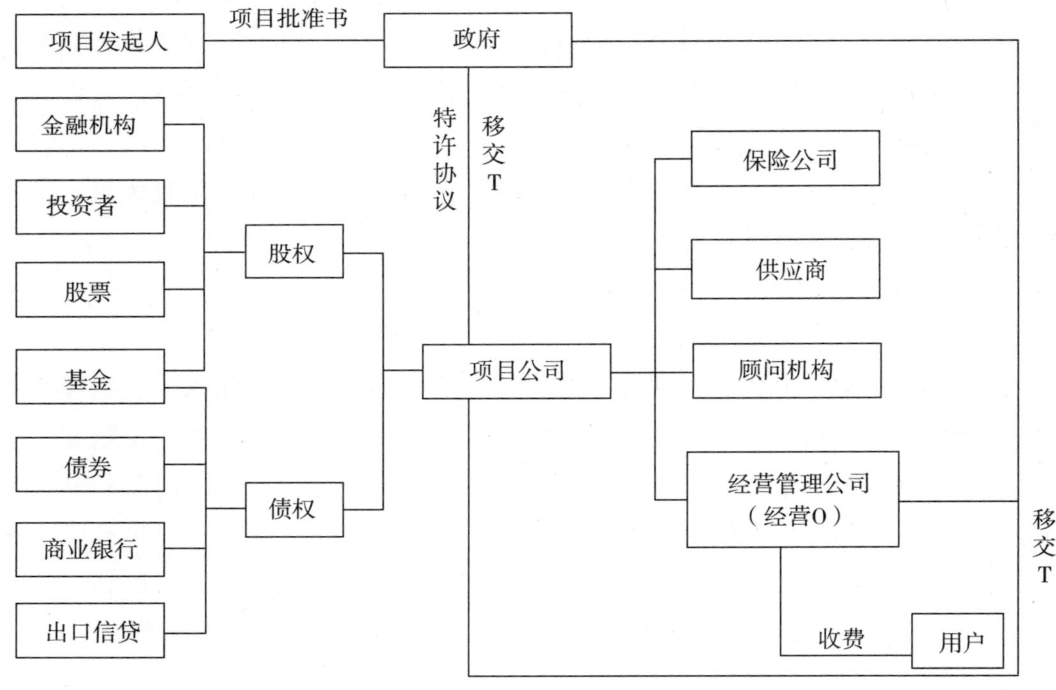

图 3－4　TOT 融资方式的运作过程

（三）PPP 融资方式

PPP（Public Private Partnerships），即公共部门与私人企业合作模式，是指政府、营利性企业和非营利性企业基于某个公路项目而形成的相互合作关系的形式。合作各方参与某公路项目时，政府并不是把项目的责任全部转移给私人企业，而是由参与合作的各方共同承担责任和融资风险。

1. PPP 融资方式的特点

PPP 融资方式的特点主要体现在以下几方面：

（1）有利于提高建设效率，并避免了承担费用超支、延期和建设商违约等风险。

（2）项目投产后，由政府租赁，可解决私人部门不愿意经营，或不能由其垄断经营的问题。

（3）通过第二次特许权协议安排，委托私人部门运营，可以避免政府经营的低效率问题。

（4）可以使政府不需要大量资金投入，就达到经营杠杆作用和对公路行业的调控目标。

（5）有利于采用私人企业的先进技术和管理经验，有利于技术创新。

（6）政府的公共部门与民营企业以特许权协议为基础进行全程合作，双方共同对项目运行的整个周期负责，可以使民营资本更多地参与到项目中，以提高效率、降低风险。

（7）政府可以给予私人投资者相应的政策扶持作为补偿，如税收优惠、贷款担保、给予民营企业沿线土地优先开发权等。

2. PPP 项目的运作过程

PPP 项目的运作有 4 个阶段：

（1）项目的确认和可行性研究。政府通常是作为项目的发起人，在法律上既不拥有项目，也不经营项目，而是通过给予项目某些特许经营权和一定数额的项目资本金或贷款担保作为项目建设、开发和融资安排的支持。所以，在 PPP 项目运行过程中，政府与私人投资者之间不存在直接的利益关系，政府只负有以下几方面的职责：①项目的选择和开发主体的确定；②项目保证；③项目监督；④直接投资；⑤提供信用担保和分担项目风险；⑥提供法律保障和政策支持。

（2）项目招投标。按照国家规定，需要进行招标的项目，须采用招标方式选择 PPP 项目的受让方。

（3）组建项目公司。项目中标后，由政府、政府机构或委托企业、私人、私人团体等联合组成项目公司并正式注册，作为项目的实施者，负责整个项目的运作。

（4）项目建设及经营。在项目成长期，政府会把投资所形成的资产无偿或以象征性的价格租赁给项目公司，为项目公司实现正常投资收益提供保障；在项目成熟期，为收回部分政府投资，同时避免项目公司产生超额利润，政府将通过调整租金的形式，参与项目收益的分配；在项目的后期，项目公司则会无偿地将全部资产移交给政府或续签另外的经营合同。

PPP 融资方式的实施过程如图 3－5 所示。

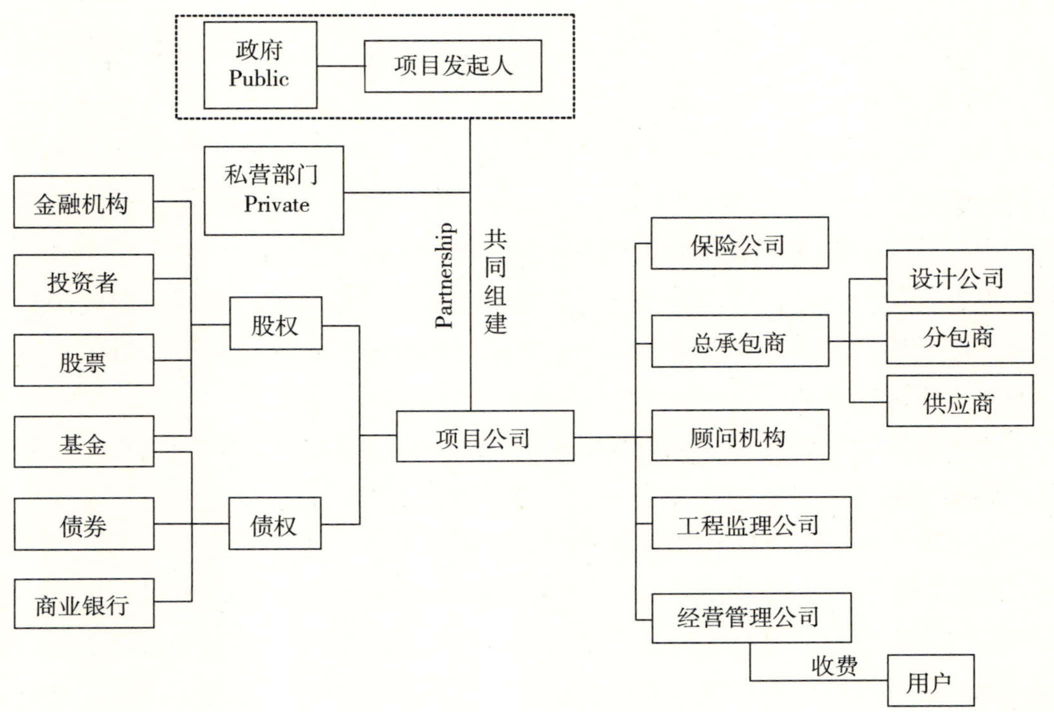

图 3－5　PPP 融资方式的运作过程

（四）PFI 融资方式

PFI（Private Finance Initiative），即民间优先融资。与 PPP 融资模式相比，PFI 融资模式强调的是私营企业在融资中的主动性和主导性。它起源于英国，是 BOT 之后又一优化和创新的公共项目融资模式。采用这种模式时，政府部门发起项目，由财团进行项目建设和运营，并按事先的规定提供所需的服务，政府采用 PFI 的目的在于获得有效的服务，而并非旨在最终的基础设施和公共服务设施的所有权。在 PFI 下，公共部门在合同期限内因使用承包商提供的设施而向其付款。在合同结束时，有关资产的所有权或留给承包商，或交还公共部门，取决于原合同规定。PFI 项目可以划分为经济独立型、服务购买型和联合型三种类型（见图

3－6 所示）。

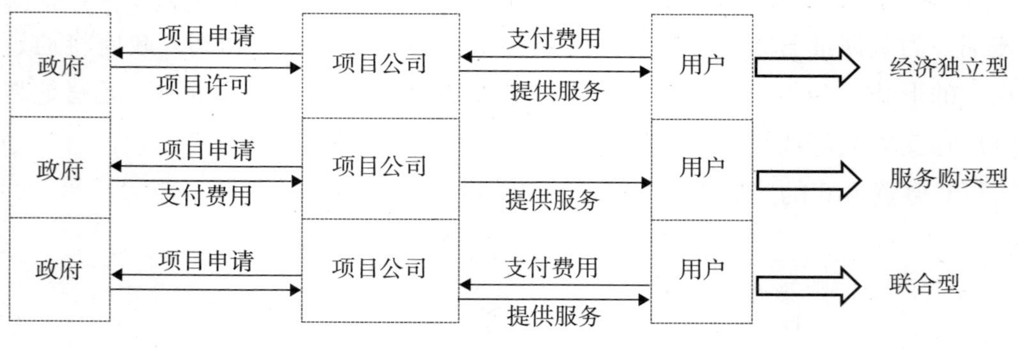

图 3－6　PFI 项目的三种类型

经济独立型项目（Financially Free Standing Project），是指在项目开发和运营过程中，政府不向 SPV 提供财政资金支持，但 SPV 在遵守有关法律、政策和协议的前提下，可以通过向项目服务的最终使用者收取服务费用的形式来回收项目投资和获取利润，SPV 独立运营、自行收费、自负盈亏。经济独立型项目一般是市场较好、收益较高的公共项目。

服务购买型项目（Services Sold to the Public Sector），是指 PFI 项目建成以后，其提供的公共服务全部销售给政府，开发及运营成本通过 SPV 向政府收费来补偿，而不以向消费者收取费用的方式回收投资。

联合型项目（Joint Ventures），是指由政府和民间主体共同出资，政府协助 SPV 进行项目设计、建设，但运营、管理由 SPV 独立进行。政府的出资一般以补助金的形式进行，而非以股份的形式进入，这类项目一般开发难度较大，投资金额较高，SPV 的收益来源于政府和消费者两个方面，这类项目在日本也被称为“官民协同项目”。

1. PFI 融资方式的特点

PFI 融资方式的特点主要体现在以下几个方面：

（1）融资主体的民营性。

作为 PFI 项目的融资主体，SPV（即项目公司）通常为私人或私人实体的组合，尤其是民营企业以其自有资产进行投资，体现出民间资本的力量，尽管政府出资也是 PFI 项目资金来源的重要组成部分，但一般不会以投资的方式进入，而以财政补助的方式进行，因此，不会影响到民间资本的主体地位。

（2）适用领域广泛。

PFI 模式不仅可以用于经营收益性的基础设施，还可以用于非营利性的公益项目。从国外已有的实践来看，PFI 模式已经成功地应用于许多行业和领域，如芬兰的收费公路、瑞典的轻轨铁路、葡萄牙的桥梁、英格兰到苏格兰的格拉斯哥道路建设等都是典型的成功案例。

（3）拓宽融资渠道，缓解资金压力。

在 PFI 模式下，一方面，会有大量的私人资本涌入，能够广泛吸引经济领域的非官方投资者参与公共物品的产出；另一方面，政府一年要建成的项目，计划一年要付的资金，分 10 年给付，等于分期付款，减轻了当前的财政负担。同时，政府既可以在不扩大财政支出的前提下大力增强这种公共项目的服务质量，又可以适当转移风险。

（4）提高建设效率。

在 PFI 模式下，通过引入私营企业，将市场中的竞争机制引入公路建设，极大地提高了公路建设的效率，还可以学习并采用私人部门的管理、技术和知识优势，节约建设成本，使社会资源的配置得到优化。同时，由于私人企业追求利润最大化，将千方百计地运用新技术、采用新材料，所以资源利用会变得更高效，污染也会减少。

（5）转移项目风险。

由于私营企业和私有机构组建的项目公司负责公路建设项目的各项工作，所以项目进行过程中各环节所产生的一系列风险，有相当大的一部分，如经济风险、建设和运营风险，转移给了私人企业，同时私人企业还要承担部分法律政策风险、社会风险。

2. PFI 项目的运作过程

PFI 项目的运作有 4 个阶段：

（1）项目的确认和可行性研究。尽管 PFI 项目具有“融资主体民营性”的特征，但政府仍对 PFI 项目具有决策权，即政府要首先确认该公路项目是否采用 PFI 方式融资。

（2）项目招投标。政府对 PFI 项目发布信息并公开招标，对项目感兴趣的民营主体作为发起人，进入招投标阶段。

（3）组建项目公司。

（4）项目建设及经营。在合同期满后，有关资产的所有权或留给承包商，或交回公共部门，取决于原合同规定。

PFI 融资方式的实施过程与 PPP 基本相同，只是政府、项目公司和用户之间的关系根据所采用的 PFI 项目类型而有所不同（见图 3－7 所示）。

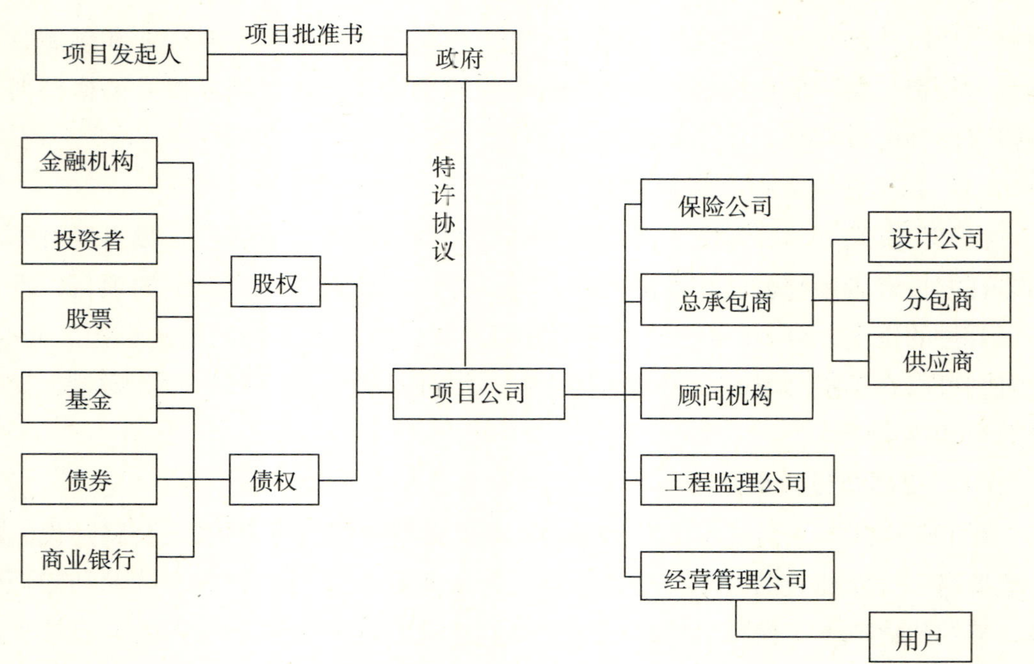

图 3－7　PFI 融资方式的运作过程

（五）ABS 融资方式

ABS（Asset Backed Securitization），即资产证券化，是公路建设项目进行债权融资的一种重要方式。其定义可见前文所述。

1. ABS 融资方式的特点

ABS 融资方式的特点主要体现在以下几个方面：

（1）ABS 融资方式是通过证券市场发行债券筹集资金，这不同于其他项目融资模式。

（2）ABS 融资方式隔断了项目原始权益人自身的风险和项目资产未来现金收入的风险，使其清偿债券本息的资金仅与项目资产的未来现金收入有关，加之在国际高等级证券市场发行的债券是由众多的投资者购买，从而分散了投资风险。

（3）ABS 融资方式利用成熟的项目融资改组技巧，将项目资产的未来现金流量包装成高质量的证券投资对象，通过发行高等级投资级债券募集资金，这种负债不反映在原始权益人自身的资产负债表上，从而避免了原始权益人资产质量的限制。

（4）作为证券化项目融资的 ABS，债券的信用风险得到了特设机构 SPV（Special Purpose Vehicle）的信用担保，是高等级投资级债券，并且还能在二级市场进行转让，变现能力强，投资风险小，因而具有较大的吸引力，易于债券的发行和推销。

（5）由于这种融资模式是在国际高等级证券市场筹资，利息率一般比较低，从而降低了融资成本，且市场容量大，资金来源渠道多样化，特别适合大规模筹集资金。

2. ABS 项目的运作过程

ABS 项目的运作有 9 个阶段：

（1）确定资产证券化融资的目标。

原则上，投资项目所附的资产（公路）只要在未来一定时期内能带来稳定可靠的现金（收费）收入，都可以进行 ABS 融资。原始权益人（即拥有公路项目所有权的公共部门）将这些未来现金流的资产进行估算和信用考核，并根据资产证券化的目标确定要把多少资产用于证券化，最后再把这些资产汇集起来，组合形成一个资产组合。

（2）组建特别目的公司 SPV。

成功组建 SPV 是 ABS 融资的基本条件和关键因素。为此，SPV 一般是由在国际上获得了权威资信评估机构给予较高资信评定等级（如 AAA 级或 AA 级）的投资银行、信托投资公司、信用担保公司等与证券投资相关的金融机构组成。有时，SPV 由原始权益人设立，但它是以资产证券化为唯一目的的、独立的信托实体。其经营有严格的法律限制，例如，不能发生证券化业务以外的任何资产和负债，在对投资者付讫本息之前不能分配任何红利、不得破产等。其收入全部来自资产支持证券的发行。为降低资产证券化的成本，SPV 一般设在免税国家或地区，如开曼群岛等处，设立时往往只投入最低限度的资本。

（3）实现项目资产的“真实出售”。

SPV 成立之后，与原始权益人签订买卖合同，原始权益人将资产组合中的资产过户给 SPV。这一交易必须以“真实出售”方式进行，买卖合同中应明确规定：一旦原始权益人发生破产清算，资产组合不列入清算范围，从而达到“破产隔离”的目的。

（4）完善交易结构，进行内部评级。

SPV 与原始权益人或其指定的资产服务公司签订服务合同，与原始权益人一起确定一家受托管理银行并签订托管合同，与银行达成必要的提供流动性的周转协议，与证券承销商达成证券承销协议等，来完善资产证券化的交易结构。然后请信用评级机构对这个交易结构以及设计好的资产支持证券进行内部评级。信用评级机构通过审查各种合同和文件的合法性及有效性，对交易结构和资产支持证券进行考核评价，给出内部评级结果。一般而言，这时的评级结果并不理想，较难吸引投资者。

（5）划分高级证券和次级证券，办理金融担保。

通过把资产支持证券划分为高级证券和次级证券两类，使对高级证券支付本息先于次级证券，付清高级证券本息之前仅对次级证券付息，付清高级证券奉息之后再对次级证券还本，这样就降低了高级证券的信用风险，提高了它的信用等级。SPV 向信用级别很高的专业金融担保公司办理金融担保，由担保公司向投资者保证 SPV 将按期履行还本付息的义务，如 SPV 发生违约，则由金融担保公司代为支付到期证券的本息。

（6）进行发行评级，安排证券销售。

信用增级后，SPV 应再次委托信用评级机构对即将发行的经过担保的 ABS 债券进行正式的发行评级，评级机构根据经济金融形势，发起人、证券发行人等有关信息，SPV 和原始权益人资产债务的履行情况、信用增级情况等因素将评级结果公布给投资者。然后由证券承销商负责向投资者销售资产支持证券。由于这时资产支持证券已具备了较好的信用等级和投资收益预期，所以往往能以较好的发行条件售出。

（7）SPV 获得证券发行收入，向原始权益人支付价款。

SPV 从证券包销商那里取得证券的销售收入后，即按资产买卖合同签订的购买价格向原始权益人支付购买资产组合的价款，而原始权益人则达到了筹集资金的目的，进而可以用这笔收入进行项目投资和建设。

（8）实施资产管理。

原始权益人或由 SPV 与原始权益人指定的服务公司对资产组合进行管理，负责收取、记录由资产组合产生的全部收入，将把这些收款全部存入托管行的收款专户。托管行按约定建立积累金，并准备用于 SPV 对投资者还本付息。

（9）按期还本付息，对聘用机构付费。

到了规定的期限后，托管银行将积累金拨入付款账户，对投资者付息还本。待资产支持证券到期后，还要向聘用的各类机构支付专业服务费，由资产组合产生的收入在还本付息、支付各项服务费之后，若有剩余，则全部退还给原始权益人。整个资产证券化过程至此结束。

ABS 融资方式的运作过程见图 3－8 所示。

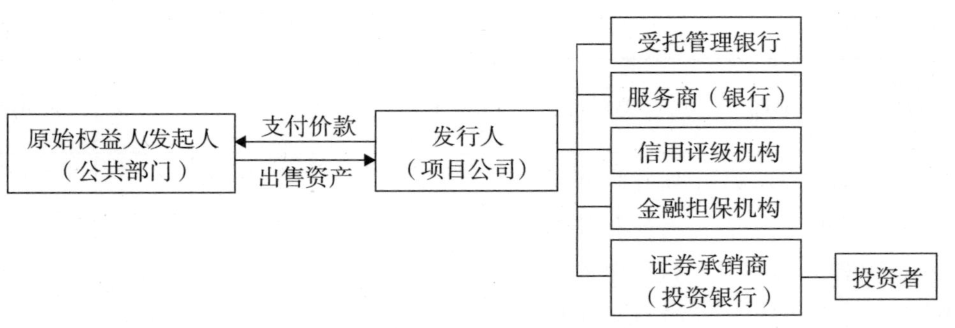

图 3－8　ABS 融资方式的运作过程

（六）五种项目融资方式的组合比较

本文将从投融资模式的三个基本要素、优缺点和适用范围等方面对五种方式在公路建设项目融资中的应用进行比较（见表 3－2）。

表 3－2　五种项目投融资方式的比较

投融资＼方式	BOT	TOT	PPP	PFI	ABS
投融资主体	外商和民间资本	民间资本	政府和民间资本	政府和民间资本	全社会投资者
投融资渠道	自有资本、银行信贷和利用外资	自有资本和银行信贷	财政补贴、自有资本和银行信贷	自有资本、政府分期付款、财政补贴	债券市场
投融资方式	股权、债权	股权、债权	股权、债权	股权、债权	债权
优点	（1）公共部门始终掌握所有权，有利于保护公共资产的安全；（2）有利于引入先进的技术和管理经验	（1）单个投资者承担的风险适中；（2）盘活存量资产、提高管理能力	（1）民间资本在项目早期计划阶段就参与进来，更好地解决了项目整个生命周期的风险分配，单个投资者承担的风险较小；（2）转换政府职能、提高使用效率	（1）单个投资者承担的风险较小；（2）减轻财政负担，借助商业化运作提高服务水平	（1）操作相对简单；（2）前期融资成本较低；（3）单个投资者承担的风险较小

续 表

方式 投融资	BOT	TOT	PPP	PFI	ABS
缺点	（1）操作复杂； （2）前期容易成本高； （3）单个投资者承担的风险较大	具有较高车流量和较高收费率的公路项目才能为新建公路项目的融资提供支持	政府部门与私人部门之间以平等的方式相互影响，政府部门对公共资产的控制力较弱	政府部门和私人部门需要就运营后的收益分配及政府补贴额度等事宜进行谈判	受资本市场风险影响较大
适用范围	有可预见的稳定的未来收益的不关系国计民生的公路项目	已建成的经营性公路项目，通常与新建公路项目的融资相结合	大型的、一次性的不关系国计民生的经营性公路项目	经营性和非经营性公路项目	凡有可预见的稳定的未来收益的公路项目

项目投融资作为民间资本参与公路建设和营运的重要途径，根据公共部门与私人部门关系的不同，形成了BOT、TOT、PPP、PFI和ABS等多种运作方式，各种方式对投融资主体、投融资渠道和投融资方式的选择各有不同，进而形成了各具特色的投融资模式。在公路项目的建设与运营实践中，要根据公路项目的特征来选取合适的投融资模式，筹集资金，提高公路建设、营运及管理效率。

第二节　云南省公路建设投融资现状及模式

一、云南省公路建设投融资现状

（一）投融资主体

云南省公路项目的投资建设主体主要为交通运输厅下属的公路投资公司、公路局等单位。其中，公路投资公司承担高等级公路的投融资、建设、管理等任务；公路局是全省公路管理养护专业机构，负责全省国道、省道及部分重要道路的规划、建设、养护、路政等的行业管理。

全省各州（市）交通运输局在公路建设投融资实践中，投融资主体正在从单一的政府投资向多元化发展，如在锁蒙高速公路的建设中，就引入了国有上市企业——山东高速集团公司、民营企业——云南久保投资有限公司。

（二）投融资渠道

从目前云南省公路建设的资金筹措情况分析，资金的来源主要为国家预算内资金、国内贷款、利用外资、交通部专项资金（车购税）、地方自筹及其他资金等。尽管近年来云南省公路建设的投融资模式有了一定的变化，但总的来说创新不够，融资渠道显得单一（见表3－3）。

表3－3　云南省部分建成通车高速公路建设资金构成情况表

（单位：亿元）

项目名称	批准概算	实际投资	投资构成				
			中央投资	省财政投资	地县配套	贷款投入	其他投资
安楚高速	40.29	37.05	7.79	2.17	—	26.45	—
楚大高速	53.39	53.03	11.35	10.20	3.49	16.56	10.29
大保高速	70.44	77.23	20.73	3.65	2.41	50.41	—
祥临公路	23.32	25.01	2.67	2.16	—	14.81	—
玉元高速	41.00	39.17	4.94	1.33	2.79	30.20	—
元磨高速	66.47	79.61	16.04	2.86	—	51.04	—
思小高速	39.96	34.57	5.20	1.22	—	22.34	—
曲胜高速	22.43	22.11	4.78	3.08	0.63	13.44	—
砚平高速	15.48	14.51	3.42	0.40	—	9.16	—
昆石高速	38.06	37.48	5.51	2.00	—	26.12	—
嵩待公路	21.60	26.04	6.91	1.50	—	13.93	—
合计	432.44	445.81	89.34	30.57	9.32	274.46	10.29

数据来源：根据国家开发银行股份有限公司云南省分行相关数据整理，原始数据有部分缺失。

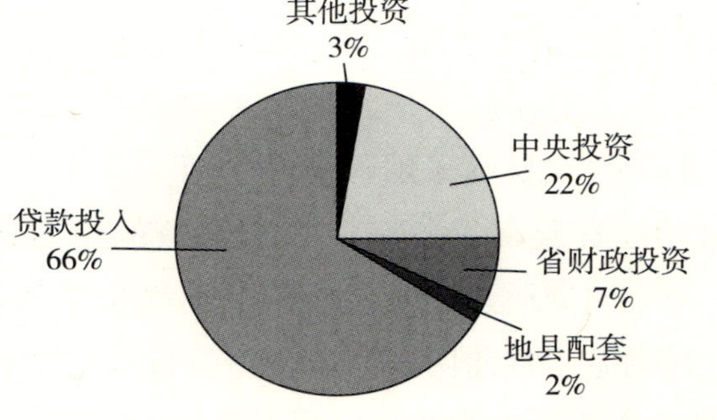

图3－9　云南省部分建成通车高速公路投资结构

综合表3-3统计资料，得出各部分资金的比例如图3-9所示，其中银行贷款所占比例最大，高达66%，其次是中央投资为22%。

（三）投融资方式

就投融资方式而言，在股权融资方面，以公路项目公司的股本金为主；在债权融资方面，则以银行信贷为主。从整体融资结构来看，债权融资（即银行信贷）的比例很大，债务风险较高。

总体上，云南省的公路项目仍然以非经营性项目为主，建设资金基本来自公共部门投资和银行信贷。

二、云南省公路项目投融资模式实践

尽管云南省的公路项目以非经营性项目为主，但也有部分公路建设项目积极尝试通过项目融资模式引入社会资本参与投融资建设。

红河哈尼族彝族自治州是云南省率先运用BOT模式为公路建设融资的地区。2006年12月28日，经过近3年的建设，云南省首条BOT公路——弥泸二级公路正式建成通车。之后，个屯一级公路和鸡蒙高速公路都采用BOT模式顺利融资。在这些经验的积累之上，红河州政府又再次成功通过BOT模式为锁蒙高速公路建设融资，该条高速公路还被云南省交通运输厅授予云南首条“科技示范路”荣誉称号。

为了建设羊鸡高速公路，红河州还以“利用存量资源和未来收益”的原则积极开展招商引资，利用TOT+BOT融资方式，配合土地置换，成功引进山东高速集团有限公司主持修建该条公路。经测算，羊鸡高速公路建设成本为15.9亿元，亏损为7亿元。一方面，州政府委托山东高速集团有限公司经营鸡石高速公路和通建高速公路，委托经营期限为10年10个月，同时还提高了这两条高速公路的费率，山东高速集团有限公司将向州政府返还8亿元的收益。另一方面，州政府以成本价出让50亩城区土地和500亩羊鸡高速公路沿线土地给山东高速集团有限公司进行开发，羊鸡高速公路沿线土地将被用来建设工业园区，打造成为物流基地。红河州的个屯公路隧道项目则采用了BOT+BT+TOT集成融资的方式。

此外，捆绑式融资也是云南省公路项目投融资的重要方式。在省政府领导下，经云南省交通厅与中国交通建设股份有限公司（以下简称“中交建”）进行多轮磋商，将蒙文砚与嵩昆、宣曲两条高速公路打包，由省政府与中交建于2014年3月13日在京签署合作投资建设协议。据了解，国家对这三条高速公路建设资金的补助占比将达15%~20%。

在麻昭高速公路建设过程中，云南省又创新性地运用了“融资—合作承包—偿还”模式，这种模式相继在瑞陇高速公路和保山沙蒲公路建设过程中使用，效果较好。麻昭高速全长105.76公里，总投资145.28亿元。项目立项后，云南省政府成立了云南大昭高速公路投资开发公司作为工程项目融资平台，并建立了相应的法人治理机构，采取合作承包建设增资扩股方式筹集项目建设资本金。通过公开招标，先后确定了四家单位作为投资人及合作承包建设单位，与北京中瑞恒基建工程有限公司、中国铁建投资有限公司、中国铁建股份有限公司、云南建工等四家投资暨合作者签订《合同协议书》，投资人按增资扩股协议形式投入40亿元。投资人投入的资金仅作为工程建设期间的启动资金，在工程完工前由大昭高速公路投资开发公司利用每年的补助资金逐年回购，并按照占资付息的原则，按银行同期利率支付利息。

三、云南省公路建设投融资模式存在的问题

（一）我国现阶段公路建设投融资模式存在的共性问题

1. 政府在公路建设投融资过程中作用不够完善

政府在公路建设投融资活动中扮演着非常重要的角色，虽然公路建设可以进行市场投融资，但公路基础设施的公益性仍是其主要属性和特点。因此，在公路行业进行投融资过程中，政府必须通过法律法规、政策、资金投入等手段给予支持和保障。目前尚有许多环节做得不够，突出表现在以下两个方面：一是政府制定的有关政策对公路建设投融资支持力度不够。“政策就是资本金”，这是对政策效用的形象比喻。公路行业的投融资特点要求政府在投融资过程中必须制定相关优惠政策加以扶持。二是目前政府的投资比例日趋下降，不利于公路建设融资的运作。政府的投资比例下降与这几年公路建设投资大幅度增长形成了鲜明的对比。

2. 公路建设投融资模式普遍存在金融风险高的问题

基础设施的行业特点决定了公路，尤其是高速公路在建成后要达到设计车流量需要一定的时间。目前银行贷款的期限都不长，不少公路到了还本付息期限，车流量还未达到设计水平，还没有足够的能力还清本息，这就使公路行业银行贷款余额不断累积，各级交通主管部门和公路经营企业负债率逐年上升，公路行业和银行面临的风险都越来越大。公路建设投融资途径单一，过于依赖银行，贷款规模过大，将容易积累金融风险，所带来的严重后果不能不引起警惕。

3. 投融资人才短缺造成公路建设投融资模式创新能力不足

从目前公路建设投融资市场运作情况来看，公路行业从事投融资工作的专门

人才较为缺乏，对公路建设进行投融资造成了不利影响。同时在目前公路建设投融资工作中，交通主管部门与中介机构的交流也不够，缺乏中介机构的参与，必然影响了信息交流和增大了投融资成本，影响了市场机制的发挥。

全国公路建设投融资模式存在的共性问题，云南省也不可避免，有些问题可能还更突出。云南省在公路建设发展过程中，由于与其他省（自治区、直辖市）在地理位置、经济发展水平、思想观念等方面的差异，逐渐积聚了带有着本省特征的问题，这些问题的产生，对云南省公路建设发展有着极大的制约作用。

（二）云南省公路建设投融资模式存在的突出问题

1. 建设成本高于全国平均水平

云南地处云贵高原，山区面积占94%以上，地质结构复杂，高速公路长隧道、多桥梁、高边坡等工程较多，公路建设桥梁、隧道的平均比例达30%左右，个别路段比例高达50%以上，施工难度大、工期长，导致建设成本高、投资大。据统计，云南高速公路平均每公里造价相对于全国其他地方是偏高的，是中东部地区的2~3倍，云南省高速公路造价现已超过1亿元/公里。同时，云南地质灾害频发，公路养护和经营成本高。

2. 末梢车流量较小

受特殊的地理因素制约，云南省公路网络形成了以昆明为中心向全省各州（市）扩散的路网系统。但是，云南省公路除以昆明为半径200公里以内高等级公路车流量较大外，其他地区高等级公路车流量相对较少。其原因主要有三个方面：一是欠发达地区，人流、物流量相对较少；二是云南地处西南边陲，位于国家交通网的末梢，行驶的车辆多为本省车辆，外地过境车辆较少；三是部分收费公路有并行的非收费公路，同时铁路和民航的快速发展分流了部分公路运输量。

3. 收费标准偏低

由于经济发展总体水平低，云南省高速公路收费一直偏低。2006年，云南的高速公路通行费标准在0.22元/公里至0.45元/公里之间，在全国处于中等偏低水平。虽然在2007年调整了部分路段的收费标准，但和附近的四川等地相比仍处于较低水平。

4. 存量债务本息与日俱增

2012年1月1日，云南省一次性取消116条政府还贷二级公路收费，审计初步认定的债务余额高达1 298.46亿元。取消政府还贷二级公路收费后，项目业主统计申报2012年应偿还金融机构贷款本息为161.94亿元。截至2012年5月31日，已落实到位的偿债资金为43.56亿元，尚有待落实的偿债资金缺口为118.38

亿元，如不能按期偿还金融机构的本息，将引发政府信用危机，影响云南省的金融生态环境。

5. 增量贷款举步维艰

当前，云南省新建公路项目新增贷款难以落实，即使已经签订贷款协议的项目，贷款也难以及时发放。

6. 清理政府融资平台影响大

为了防范金融风险，国家加大了金融监管力度，2010 年国务院出台了《关于加强地方政府融资平台公司管理有关问题的通知》（国发〔2010〕19 号）等一系列政策对地方政府融资平台进行清理，在此过程中，银监局将省交通运输厅和省公路投资公司定性为贷款本息基本覆盖、省公路局定性为贷款本息半覆盖单位。

按照国家清理地方融资平台的规定，各承贷银行对云南公路贷款只收不贷，云南在建公路项目和偿还银行贷款本息均面临资金链断裂的风险。

7. 中央补助标准偏低且资金到位滞后

截至 2011 年年底，我省高速公路债务余额高达 1 088 亿元，收取的车辆通行费尚不足以偿还银行贷款本息，收支倒挂较为严重。港航建设资金投入严重不足，省级财政补助的资金极为有限，严重制约了云南交通基础设施建设资金的筹集和可持续发展；公路工程施工受季节性因素的影响，云南的大部分公路工程建设均集中在每年 10 月至次年 5 月，但因中央补助资金到位滞后，严重影响了公路项目的施工进度。

8. 政策性减免额度较大

自 2005 年 7 月云南省开始对鲜活农产品运输车辆执行免收车辆通行费的“绿色通道”政策以来，云南省每年减免的车辆通行费平均占收费经营管理单位通行费收入总额的 9% 左右。2011 年云南省收费公路“绿色通道”减免通行费约 7.30 亿元，占收费总额的 10.49%，其中高速公路减免通行费 6.17 亿元，占高速公路收费总额的 8.87%，加大了收费公路的运营成本和收费还贷的压力，不利于收费公路的良性循环和可持续发展。

根据《国务院关于转批交通运输部等部门重大节假日免收小型客车通行费实施方案的通知》（国发〔2012〕37 号）文件规定，春节、清明节、劳动节、国庆节等国家法定节假日，以及当年国务院办公厅文件确定的上述法定节假日连休日对 7 座以下（含 7 座）载客汽车实行免费通行，减免额度较大。据统计，仅在 2012 年国庆节期间，云南省收费公路共减免 1.6 亿元左右。

第三节　云南省公路建设投融资模式选择的依据和方法

一、公路建设投融资模式选择的主要影响因素

任何一个具体的公路项目投融资方案，除了时间、地理位置及其目标要求等方面的因素外，也会因项目性质、投资者状况等其他多方面的差别而带有不同的特点。然而，撇开其他方面的因素不谈，仅从选择公路项目投融资模式的方面，站在投资者的立场上看问题，影响公路项目投融资模式选择的主要因素有 8 个方面。

（一）可否实现有限追索

实现融资对项目投资者的有限追索，是选择公路项目及其投融资模式的一个最基本的原则。追索形式和追索的程度，取决于贷款银行对一个项目的风险评价以及项目融资结构的设计。具体来说，取决于公路行业的风险系数、投资规模、投资结构、项目开发阶段、项目经济强度、市场安排，以及项目投资者的组成、财务状况、生产技术管理、市场销售能力等多方面因素。

由于融资项目风险较大，项目投资者在进行融资模式识别与选择的过程中通常会设法尽量降低项目融资对其自身的追索责任，而贷款银行在确定对项目投资者的追索责任时往往要考虑下面三个方面的问题：第一，项目的经济强度在正常情况下是否足以支持融资的债务偿还；第二，项目融资是否能够找到强有力的来自投资者以外的信用支持；第三，对于融资结构的设计能否做出适当的技术性处理，如提供必要的担保等。

（二）可否实现风险共担

保证投资者不承担项目的全部风险责任是项目投融资模式设计的第二条基本原则，其问题的关键是如何在投资者、贷款银行以及其他与项目有关的第三方之间有效地划分项目的风险。例如，项目投资者可能需要承担全部的项目建设期风险，但是在项目建成投产以后，投资者所承担的强风险责任将有可能被限制在一个特定的范围内，如投资者有可能只需要以购买项目全部或者绝大部分产品的方式承担项目的市场风险，而贷款银行也可能需要承担项目的一部分经营风险。

（三）可否最大限度地降低融资成本

一般来说，项目融资所涉及的投资额巨大，资本密度程度高、运作周期长，因此，在项目融资结构的设计与实施中经常需要考虑的一个重要问题是如何有效地降低成本。在选择项目的投融资模式时，应尽量从以下几个方面入手：第一，完善项目投资结构，增强项目的经济强度，降低风险以获取较低的债务资金成本；第二，合理选择融资渠道，优化资金结构和融资渠道配置；第三，充分利用各种优惠政策，如加速折旧、税务亏损结转、利息冲抵所得税、减免预提税、费用抵减等。

以税务亏损结转为例，世界上多数国家都因为大型工程项目的投资大、建设周期长等问题而给予一些相应的鼓励政策以及对项目税务亏损的结转问题的优惠条件，要做到利用项目的税务亏损来降低投资和融资成本，就需要根据工程项目的具体情况专门来设计。

（四）可否实现发起人较少的股本资金投入

目前，大多数国家都规定各类项目在其投资建设时必须实行资本金制度，也就是要求项目投资者注入一定的股本资金作为项目开发的支持。在公路项目投融资中，贷款银行为了降低贷款资金的风险，约束项目投资者的行为，往往也会要求项目直接投资者注入一定比例的股本资金作为对公路项目开发的支持。然而，这种股本资金的注入方式可以比传统的公司融资更为灵活。

例如，如果投资者希望项目建设所需要的全部资金做到100%的融资，则投资者的股本资金可以考虑以担保存款、信用证担保等非传统形式出现。但是，这时需要在设计项目融资结构过程中充分考虑如何最大限度地控制项目的现金流量，保证现金流量不仅可以满足项目融资结构中正常债务部分的融资要求，而且还可以满足股本资金部分融资的要求。因此，如何使发起人以最少的资金投入获得对项目最大程度的控制和占有，是选择项目投融资模式时必须要加以考虑的问题。

（五）可否处理好项目融资与市场销售安排之间的关系

项目融资与市场销售安排之间的关系具有两层含义：首先，长期的市场销售安排是实现有限追索项目融资的一个信用保证基础；其次，以合理的市场价格从投资项目中获取产品是很大一部分投资者从事投资活动的主要动机。国际项目融资在多年的发展中积累了大量处理项目融资与市场销售安排关系的方法和手段。如何利用这些市场安排的手段，最大限度地实现融资利益与市场安排利益相结合，应该成为项目投资者选择项目融资模式的一个重要考虑因素。

（六）可否实现项目融资对于融资期限的要求

大型工程的项目融资一般都是中长期贷款，最长的甚至可以达到20年左右，这其中存在一个投资者对于融资期限结构方面的战略问题。尽管长期融资是必不可少的，但很多情况下也需要短期融资，有的时候甚至需要“重新融资”。如果实现项目融资期限要求的各种条件保持相对稳定，借款人就长期保持项目一定的融资期限结构。然而，一旦有些因素朝着有利于投资者的方向发生较大变化时，借款人就会希望重新安排融资期限结构，放松或取消银行对投资者的种种限制，降低融资成本，这就是在项目融资中经常会遇到的重新融资问题。基于这一原因，借款人就需要在选择项目融资模式时充分考虑到这一点。

（七）可否实现资产负债表外融资

通常来讲，项目是以项目负债的形式融资。但是，项目融资方式本身具有一种可供投资者选择利用的优势，那就是实现非公司负债型融资。例如，采用BOT等项目投融资模式就可以达到这一目的，政府以特许权合约为手段，利用私人资本和项目融资兴建本国的基础设施，一方面达到了改善本国公路状况的目的；另一方面又减少了政府的直接债务，使政府所承担的义务不以债务的形式出现。

（八）可否实现融资结构最优化

要做到融资结构的优化，应该把握的要点：根据具体情况，从借款人的实际资金需求出发，合理安排股权融资与债券融资、内部融资与外部融资、直接融资与间接融资、短期融资与长期融资，以提高融资效率、降低融资成本、减少融资风险为目标，做到融资组成要素的合理化、多元化，尽量使借款人避免依赖单一的融资模式、单一的资金来源、单一币种、单一利率期限结构。

二、公路建设投融资模式选择的结构性因素

还有一些因素是在公路项目投融资模式选择时不可忽视的，这些因素表现出结构方面的一些典型特征，主要表现在现金流量、信用担保以及贷款发放三个方面。

（一）现金流量方面的结构特征

在追索权方面，项目现金流量的阶段性特征与其强度对贷款人为借款人提供有限追索权或者无追索权贷款有重要影响。

在支付方式上，是否有通过“远期购买协议”或者“产品支付协议”实现还贷的现金流量为借款人提供有限追索权或者无追索权贷款有重要影响，哪怕是由贷款人预先支付一定的资金来“购买”项目的产品，最终再将这些产品转化为还

贷现金流。

（二）信用担保方面的结构特征

无论采取何种项目投融资方式，最重要的环节是建立严谨的担保结构。这种担保结构一般具有如下特征：

（1）在现金流量方面，贷款银行要求对项目的资产拥有第一抵押权，对于项目的现金流量具有有效控制权。因此，当商业银行与世界银行等多边金融结构同时对项目提供贷款时，商业银行往往愿意为后者的贷款提供担保，以取得项目资产及现金流量的完全抵押权。

（2）在契约性权益方面，项目融资一般要求项目投资者将其与项目有关的一切契约性权益转让给贷款银行。因此，项目公司根据或付或取合同取得项目收入的权利、工程公司向项目公司提供的各种担保的权益等都必须转让给贷款人。

（3）在项目投资者与融资实体隔离方面，项目融资要求项目投资者成立单一的业务实体，把项目的经营活动尽量与投资者的其他业务分开，使得该实体除了项目融资安排之外，其他债务资金的筹措受到一定的限制。

（4）在提供完工担保方面，项目的开发建设阶段，要求项目发起人或者项目工程公司提供项目的完工担保，以保证项目按照商业标准完工。

（5）在提供市场销售安排方面，在项目的经营阶段，除非贷款银行对项目产品的市场状况充满信心，否则贷款银行会要求提供市场销售安排，以保证项目带来稳定的现金流量。

（三）贷款发放方面的结构特征

一般在项目融资的贷款协议中应明确项目两个阶段中的贷款特征：在项目开发建设阶段，贷款多是完全追索权的，并有项目发起人就此所做的具有法律效力的担保；在项目经营阶段，贷款可能被安排成有限追索权或者无追索权。

对于贷款银行来说，项目开发建设阶段的风险是最高的。因此，在这个阶段贷款常常是具有完全追索权的，并要求项目发起人必须就此做出具有法律效力的担保。当然，贷款方还有另外一种策略，就是提高利率，并同时购买承建合同的担保以及相关的履约担保。在这一阶段，贷款的发放随着工程的进度逐步到位，但利息的偿还还可以推迟。推迟的办法有两种：把利息累积起来等项目投产有了现金流量后再分期偿还；或者从银行贷出新的贷款归还旧债。根据各方事先在合同中规定好的标准，经过专家的独立审核，确定项目完工后，贷款方对项目发起人的追索权可能会被撤销或降格，贷款利率也可能会随之下调。完工标志着项目投产经营阶段的开始，这时，项目便开始有了现金流入，并开始偿还贷款。

在项目经营阶段，贷款人会进一步要求以公路项目的收费收入和项目其他收入作为担保。贷款利息和本金的偿还速度通常是和公路项目的预期车流量、过路费收入和其他应收款项相关联的，项目净现金流量的一个固定比例会自动用于债务偿还。而且，在贷款协议中还会规定，在某些特殊情况下，用于偿还贷款的比例可以增加甚至可以达到 100%。例如，如果公路项目的车流量明显低于预期，或者贷款人有正当理由认为项目的前景以及项目所在国的政治、经济环境发生了恶性逆转等。

三、云南省公路建设投融资模式选择的依据

随着我国经济体制改革的不断深入，公路投融资政策也在不断地调整。云南省公路建设项目的投融资主体正在向多元化过渡，投融资渠道随之拓宽，投融资方式的选择也更加灵活。

（一）云南省公路建设投融资模式选择的原则

1. 政府主导的原则

强化政府在公路建设中的主导性作用。公路作为准公共产品，政府在公路建设中发挥主导性作用，特别是在规划、规制、投资建设和监管等方面。

2. 市场化运作的原则

充分发挥市场在公路资源配置中的决定性作用。综合运用市场经济条件下的经济机制，包括市场机制、风险约束机制和竞争机制等，来发挥市场对公路建设的决定性作用，优化资源配置。

3. 经营性公路有偿使用原则

对于经营性的公路进行有偿使用，实行“谁出资多，谁获益多”的原则，保证其投入资金能够保值增值，实现滚动发展，以增强资金的使用效率。

4. 多元化投融资原则

进一步深化发展公路建设项目投融资模式，拓宽公路建设的投融资渠道，形成多元化投融资新格局。

5. 风险最小化原则

针对不同投融资方式的风险特征开展风险预警和防控，实行全员全过程的风险管理，把公路建设中的风险降到最低。

（二）云南省公路建设投融资模式选择的目标

1. 以国家的政策性投资为重要资金来源

对于每个国家来说公路都是非常重要的基础设施之一，属于国家的政策性投

资范畴，它的建设与发展是保证经济活动能够顺利进行与发展的前提条件，只有建设良好安全的公路及配套设施，才能够将国家和地区的经济发展点连成线，进而连成面，形成互动发展。

2. 以市场型投融资方式为主导

主导是指投融资方向上的引领作用，并不要求市场型投融资所吸纳资金占公路融资总额的主要比例。当前在市场经济条件下，要想获得更充足的公路建设资金就应充分地调动民间资本的积极性，充分利用股权融资和债权融资等方式，参与公路项目建设，发挥市场经济机制的重要作用。

3. 多层次的投融资主体

多层次是指公路投融资主体包含多种经济成分，即在整个公路建设投融资模式当中，应该依靠整个社会经济的力量来筹集资金，进行公路的建设。投融资主体应包括政府、企业、个人以及国外相关投融资主体等。值得注意的是，不同层次的投融资主体根据自身投融资的性质不同，具有各自的特点。在公路的投融资过程中，应当根据不同主体所投入的资金性质与特点，进行合理的资金配置，不能单独依靠某个投资主体，也不能向投资主体均分投资份额。

4. 多元化的投融资渠道

在公路建设投融资过程中，同一主体也可以运用多种资金来源进行投资。例如政府作为投资主体，过去只有财政拨款或养路费等单一的融资渠道，现在已经发展为财政拨款、银行信贷等多种融资渠道；而企业作为投资主体，不仅可以发行股票的方式获得资金，也可以通过发行债券或银行信贷获得资金。

5. 多形式的融资方式

在进行公路建设项目融资的过程中，应该根据项目的具体特征、项目建设时的社会经济环境等，对 BOT、TOT、PPP、PFI、ABS 等项目融资模式中进行选择、组合、调整或创新，探寻合适的项目运作方式。同时，也要积极运用多种形式的股权融资和债权融资手段。

四、云南省公路建设投融资模式选择的方法

（一）进一步运用好 BOT 和 TOT 模式

BOT 和 TOT 模式在公路项目投融资方面的应用已在全国范围内得到广泛推广，云南省内也已有公路项目采取了这两种模式，可供借鉴的经验较为丰富，成功率也较高。在未来的公路建设投融资模式中，可以优先考虑这两种模式，并积极借鉴相关经验，进一步将其运用好。首先，可以通过优化 BOT 和 TOT 模式的

内在机制，以更具吸引力的方式吸引民间资本参与公路项目建设；其次，更加灵活地运用 BOT－TOT 集成融资模式，以 TOT 模式出让已建成公路的特许经营权为条件，吸引民间资本以 BOT 方式参与新建公路项目；最后，通过 BOT＋EPC 的方式，更好地推广 BOT 模式。

（二）探索 PPP 模式

据了解，严格意义上的公私合作 PPP 模式在国内公路建设方面仍没有相关实践，但在国外很多公共项目的建设中，都采取了这一模式。因此，云南省在未来的公路建设投融资实践中，也可考虑选取适当的项目，积极借鉴国外相关经验，结合项目实际情况，探索 PPP 模式在公路建设中的应用。在认真总结麻昭等高速公路“融资—合作承包—偿还”模式经验的基础上，进一步完善和推广这种模式的应用，有效解决高速公路建设的资本金及后续资金投入问题，为云南高速公路投融资模式创新走出新的路子。

（三）争取开展高速公路 ABS 融资

促使高速公路产业发展的良性循环，尝试公路资产证券化融资形式是一条很有效的途径。这种证券化融资形式是很适合高速公路行业建设的。首先，总体来说资产的证券化融资是一种经营性负债，是出售自身的预期收入，其能够在不增加负债率的情况下获得所需的建设资金。其次，高速公路资产证券化融资的环境条件已经完全具备，高速公路属于国家运输基础设施产业，具有很大的成长潜力与优势，与其他行业相比，风险程度相对较低、现金流量方式较好，经营业绩更能让投融资者放心。另外，由于资产证券化融资方式在我国还处在发展阶段，因此高速公路项目在具体运用资产证券化融资时，需要注重相关法律法规的完善，各级政府需要给予大力支持帮扶，并且要加大专业人才的引进与培养力度。

（四）推行捆绑式融资

捆绑式融资是一种将两个或两个以上的公路项目进行捆绑和组合，以一个项目吸引投资，带动其他项目发展的融资方式。例如，将流量大、效益好的高速公路与流量小、效益差的其他公路组合进行融资，以效益好的高速公路吸引投资，同时带动效益差的其他公路的发展。

（五）创建公路集合资金信托

利用资金信托项目，运用“信托平台”来完成公路建设的投融资，具有很大的可操作性。由于公路的社会需求量大、收益性高，并且发展能力强，因此作为委托人即投资者来说，能够更加坚定地将资金委托给信托机构，从而由信托机构将所筹集到的资金转入公路项目建设当中。但是，运用公路资金信托筹集资金时，还需要注意一些问题。首先，要解决好信托产品市场流通问题，现行规定公路集合信托产品不能够在公众媒体开展宣传营销活动，导致信托产品宣传方式单一，公众市场对其认知程度较为狭窄。因此需要积极探索信证合作，如利用证券业的营销场所与网络平台，分期解决其流通问题。其次，需要建立起避免信托风险的防范机制，需要视情形设立内部管理机构，如独立的信托计划资金托管部门、管理部门、审计部门等，利用这些独立部门的设立，来对融资风险进行一定程度的控制，实现投资者与信托机构风险隔离。

（六）设立公路发展基金

公路发展基金属于产业投资基金性质，是指一种对未上市企业进行股权投资和提供经营管理服务的利益共享、风险共担的集合投资制度，即通过向多数投资者发行基金份额设立基金公司，由基金公司任基金管理人或另行委托基金管理人管理基金资产，委托基金托管人运用基金资产。从事创业投资、企业重组投资和基础设施投资等实业投资。

目前，基金的设立须经中国证券监督管理委员会审查批准。由于对国内绝大多数公众投资者而言，公路发展基金是一种全新的投资理念，在基金发展初期，仍然存在一个政府引导的过程，具体到基础设施产业投资基金，政府的引导作用尤其重要。从国外的投资基金运行结果来看，资金来源的结构即投资者的结构会影响投资基金的治理结构、组织方式，进而影响到投资基金是否能真正起到推动公路事业发展的作用。因此，政府应作为基金的发起人，在政府投资的基础上广泛地引入社会资本，不断做大做强公路发展基金，以满足公路基础设施发展所需的巨额资金需求。针对公路行业具有收益可观、回报稳定的特点，财政资金只需占基金的10%左右。

公路发展基金应以中央和地方公路基础设施建设资金与中央财政公路基础设施建设转移支付资金作为资本金基数，省级人民政府作为发起人，这样可以起到“四两拨千斤”的功效。根据公路基础设施建设的资金需求情况，在基金发展初期，资金募集方式宜以私募发行为主，在云南省内发行，发行对象限定为机构投资者，如国有及国有控股企业、商业银行、保险公司、社保基金等。当基金发展到一定的规模时，可以在公开市场发行，面对民间投资者等社会所有投资者募集资金。可以考虑根据一段特定时期内公路建设的资本金需求情况、基金建立初期的规模，设置基金募集总额，采用封闭方式运作，存续期可以15年为限。

按照国际私募基金操作惯例进行运作。（1）发起人/一般合伙人：基金是由发起人和一般合伙人组成。投资委员会负责整个基金的投资决策，并代表全体基金投资者做出投资决定。(2) 管理公司：由省级人民政府授权省财政厅和省交通运输厅作为发起人成立。管理公司负责项目开发、尽职调查及投资后管理。(3) 投资顾问委员会：由投资人与一般合伙人共同成立，投资顾问委员会将和一般合伙人就基金事宜进行磋商，解决关系到利益冲突的问题及有关基金的管理和运行方面的问题。

在基金运作模式的选择上，应以制度补偿为核心建立基金的运作机制。一是对公路发展基金实行财政补贴，保证实现较高的回报。为了使公路基础设施投资能够取得预期收益，政府需要建立一种收益的补偿机制。一方面要实行财政补贴，作为对公路基础设施维持社会公益性服务而形成的收益折损的补偿；另一方面要实行税收减免，对基金管理公司在一定的期限免征投资方向调节税和所得税，降低基金运营成本，提高基金效益。二是通过制度安排，保证运作过程顺利畅通。公路基础设施投资基金运作机制包括几个主要环节：寻找初步投资项目、详细评估、谈判和交易设计阶段、投资生效后的监管，其中最重要的是监管。在制度安排上，通过如下的设计保证整个运作过程顺利通畅：(1) 委派在行业中经验丰富的经营管理专家加入董事会，参与公路重大事项的决策及经营方针、战略和长期规划的制定；(2) 定期审阅公司的财务报表；(3) 向受资项目推荐高水平的管理、财务等专业人才；(4) 向受资项目提供行业发展分析报告；(5) 协助项目寻求进一步发展所需的资金支持，并为公开上市创造条件。

(七) 积极发展债权融资模式

完善公路投融资管理体制机制，更好地发挥资本市场的融资功能，通过发行企业债、短期融资券、中期票据、信托、资产支持证券（ABS）、项目收益债券等“以债替贷”的方式，拓宽融资渠道，降低融资成本，有效防范和及时化解潜在融资风险。

综上所述，在云南省公路建设投融资模式选择上，可依次作如下选择：

第一，由于云南省受特殊地理因素的制约，末梢车流量较小，同时收费标准普遍偏低，公路（尤其是高速公路）的盈利能力较为有限，BOT、BT、TOT 及其组合运用，以及捆绑融资，仍然将是云南省公路建设投融资模式的首选。

第二，在认真总结麻昭等高速公路“融资—合作承包—偿还”模式经验的基础上，进一步完善和推广这种模式的应用，探索具有云南特色的高速公路投融资新模式。

第三，随着公路建设成本的不断升高，以及“桥头堡”战略推动下公路建设的不断推进，在公路建设资金的需求量持续增长的同时，车流量也将持续增加，将有望给云南省公路（尤其是高速公路）带来更多、更稳定的未来收益。在此基础上，则可以未来较为可观的收益为条件，积极探索 PPP、ABS 模式，以争取更多的民间资本参与公路建设。

第四，以云南省人民政府作为发起人设立公路发展基金，配合适当的收益补偿机制、合理的制度安排，募集民间资本参与公路建设。

第五，在国家资本市场建设和监管不断完善的大背景下，利用好资本市场拓展公路建设的投融资，创建公路集合资金信托，发展更为多样化的债权融资。

第四节　云南省公路建设投融资多元化发展的建议

一、营造良好的制度环境

（一）完善公路投融资法律法规

有法可依，有法必依是投融资发展最重要的制度支撑。通过完备的法律规范，明确界定好投融资市场参与主体、政府的职能机构的权利与义务，为公路的投融资、运营、管理、养护等环节的工作开展提供法律依据。

对于投融资的法律规范，交通运输部最早在 1996 年出台了《公路经营权有偿转让管理办法》，就公路的市场化运营出台了较早的规范性文件。而 1998 年的《中华人民共和国公路法》更进一步从法律上确认了市场化投融资的法律地位，而后国务院亦相继发布了《收费公路管理条例》《收费公路权益转让办法》等。总体来看，国家相继发布的公路市场化投融资管理的法律法规，从整个国家层面出发，多面向宏观性的方向指导，而面对具体的投融资个例条件时，类似的法律往往受到特殊的社会经济条件影响，执行效果不高。

（二）理顺政府各职能部门职责

从运营主体来看，国有公司追求国有资产的保值增值，民营企业追求企业利润最大化，股份公司要兼顾股东的利益，国有企事业单位要考虑主管部门的要求。从管理主体来看，国资委要求国有资产保值增值，交通主管部门要求提供优质服务并将投资回报再投入公路建设，警察部门则把保证交通安全作为唯一要求。多种利益的冲突，给公路运营主体的经营活动造成了巨大的困难，客观上也形成了公路运营管理上的政出多门、各自为政的局面，不利于发挥公路的网络效应和大通道作用。如何在兼顾各方利益的基础上理顺公路运营管理体制已经成为亟待解决的问题。

对现行公路交通安全管理中部门职能交叉、重叠的现象进行深入的改革，调整相关职能部门在交通安全管理上的职责关系，赋予高速公路特许公司更多的高速公路交通安全管理的权限，重新构造公路的交通安全管理组织形式，应该说是有利于建立协调统一的公路交通安全乃至运营管理快速反应系统的，是有利于推动公路运营管理水平和服务能力的。

在科学界定公路管理中政府与企业各自的职能及其活动边界的基础上，通过建立完善的特许经营制度，明确政府与经营者之间责任、权利、义务，赋予政府特许的经营机构较为充分的自主经营的职责。同时，丰富与完善政府行政管理职能，建立市场化投融资公路收费费率价格听证会制度以及对养护维修水平进行服务质量监管的制度。

积极贯彻决策、执行、监督相分离的行政三分制原则，将执行职能通过法律授权形式赋予相对独立的公路执法总队，使其成为综合行政执法主体。建议逐步将市场化运营公路执法总队纳入行政序列，以较好的符合行政诉讼法的要求，解决行政执法主体合法性的认定问题。建议逐步探索综合执法的发展思路，形成“一支队伍对外”的行业新形象，以提高执法效率，避免多头上路、轮番检查、重复处罚现象的发生。鉴于实行完全意义上的综合执法会面对人员分流与安置、机构的合并与重组等现实问题，建议在起步阶段通过路政、运政、稽征“联合执法”的形式予以实施。

（三）切实遵循市场化规则

在社会化招商过程中，既然是采用市场化的方式来运作，那么政府一定要履行合同的义务，充分考虑公路运营主体的正当权益，否则市场主体就没有兴趣参与公共产品的特许经营。要依据合同内容来保障各项目公司的利益，当在制定相关政策的过程中，如有损害项目公司利益的，一定要给予补偿。同时，也要建立相应的赔偿与追究机制，当项目公司没有履行相应的义务时，要有可以实施的处罚措施。只有这样才能够更好地体现高速公路的公益性和树立诚信政府的形象。

社会经济发展条件是千变万化的，现有的公路投资经营条件随着社会经济发展常常会产生逆转性的变化。特别是在公众利益与公路投资经营单位的利益产生冲突的时候，往往需要在政策上达成某些妥协，以新的方案来平衡各方利益。但是在这种因条件变化而需要损害运营单位的利益来换取公共利益时，可以用适当的方式来补偿相关单位。补偿机制应该作为一种制度性的设定稳定下来，如利益补偿的环境与条件、补偿的措施展开程序等。

二、建立合理的补偿方案和收费标准

（一）准确确定所需弥补的成本

目前，公路建设基本都采取了项目融资的方式，投融资方式的选择与资金后续偿还弥补都是以具体的公路项目为基本单位。在考虑资金的补偿时，应先针对具体公路项目进行资金来源分析。不同项目中，各种成分的资金所占比例不同。分析资金成分的目的在于能够更加客观、准确地反映项目成本。除了建设成本外，还应考虑公路项目营运过程所需成本，如配套服务设施、人员等，以便对银行贷款和民间资本做出合理补偿。

（二）制定合理的资金补偿方案，分阶段制定通行费标准

在对项目建设及配套维护等成本准确确定的基础上，按照需要补偿资金成本制定合理的补偿方案。当前较为普遍且合理的补偿方式就是向公路的使用者收取车辆通行费。无论是就经济理论还是我国具体国情而言，公路收费制度都是合理且必要的，在筹集和弥补高速公路建设维护费用的同时，能够间接地对环境的保护起到一定的积极作用。在制定收费标准时，要充分考虑到平衡各项支出成本与收费年限。根据具体的公路项目所处的资金使用周期不同，可将整个资金弥补阶段划分为还本期和维护期。在这两个不同的期间，公路项目所承担的资金压力是不同的。还本期内是对整个建设成本以及建设期内的其他成本进行补偿，通行费标准应较高；维护期内只是对公路项目的日常维护进行资金补偿，这部分资金相对还本期较小，所以通行费标准应相对较低。可调的收费标准符合公路收费要求的公平性与效率性。

（三）制定合理的收费标准

一般情况下，公路收费标准是由地方政府财政部门、交通主管部门及物价部门联合制定的，主要考虑公路的成本补偿与收费标准对当地经济发展的影响。不同的公路项目由于筹资方式、运作方式等因素的不同，决定其具体的收费标准制定也不尽相同。总的来说，依据的基本原则都是市场经济中的等价有偿原则，同时要充分考虑社会群体的承受能力，最终达到有利于经济发展的目的。要积极推动“一路一测”收费标准的推广，按照目前的车流量、多年来车流量的增长比例、收费年限、客车与货车的数量等不变和可变因素，依据在特许经营期间偿还建设成本及贷款利息、略有盈余的原则，计算出普通路段和桥隧各自的收费标准。

三、加强审计监督和资金监管

（一）加强审计监督工作

首先，要深化公路建设项目和建设资金审计，重点关注建设资金筹措使用情况，加大对招标投标、物资采购、征地拆迁、工程结算等重点领域的审计监督，促进资金合理高效安全使用。其次，要推进领导干部经济责任审计，重点关注领导干部推动事业发展、执行财经法律法规、履行重大经济决策和廉洁从政规定等情况，促进领导依法履行经济责任。再次，要强化预算执行和财务收支审计，加大对违反财经纪律、损失浪费、重大国有资产流失和财务风险问题的监督，着力提高预算执行的有效性和资产、资金使用的安全性。要进一步落实建设项目竣工决算审计制度，不断推进和创新建设项目跟踪审计工作，继续加大建设资金专项审计或审计调查力度，逐步探索建立内外结合、上下联动、全程监督的内部审计监管体系。

（二）规范资金使用管理

规范车购税、燃油税交通专项资金的使用管理，杜绝各种形式的挤占挪用现象。交通运输厅要结合云南省实际，明确增量资金的专用性质，做到专款专用。要加强预算管理，对于实行转移支付之后的重点项目，在预算执行中如出现项目调整情况，要按照政策要求，及时申请审批，防止形成资金闲置与浪费。

（三）推进预算绩效管理

完善预算绩效管理制度，积极开展试点，逐步建立绩效目标设定、绩效跟踪、绩效评价及结果运用有机结合的预算管理机制。特别是公路重点项目资金实行转移支付后，要主动协商财政部门，抓紧建立完善公路建设项目预算绩效考评管理办法，深入推进绩效考评工作的制度化、常态化。

四、推进信用体系建设

（一）依靠收费公路政策，提供建设融资信用保障

公路通行费收入，既为现阶段公路建设提供了稳定的现金流，也为未来新的公路建设筹融资工作提供了有力的信用支持。可以利用公路建设资金需求与资金来源有“剪刀差”的特点，将通行费收入远期现金流作为信用基础，以此为担保向国家开发银行、商业银行、外资银行等申请贷款，形成当前公路建设资金来源，有效弥补公路建设项目资金需求缺口。

（二）优化政银合作，创造良好融资环境

进一步加强政府部门与金融监管机构的沟通力度，努力改善融资环境，争取

有利的融资政策和尽可能大的信贷规模，继续深化与各金融机构的合作，要积极争取省政府向融资平台注入优质资产优化资产结构，降低资产负债率，达到现金流全覆盖要求，保障平台的融资功能，为银行放贷创造积极条件。

五、争取加大省级财政支持力度

一是积极争取省财政每年的增量收入资金的1% ~3%用于公路建设，从而提高财政投入比例。二是争取省政府支持公路融资平台发行企业债、争取高速公路红线内用地评估作价、捆绑开发公路沿线土地资源和用地性质转换等政策支持，同时继续探索征地拆迁工程 BT 建设模式。三是提高高速公路通行费费率标准。

六、积极协调金融机构争取信贷资金支持

密切关注并跟踪人民银行、银监会等金融监管机构对货币政策及金融监管政策的“适时适度进行预调微调”情况，加强与各银行、省银监局的沟通和协调，积极争取银行信贷资金对我省公路建设的支持。

建议加强与国家交通运输部的沟通和联系，积极争取将云南省在建公路重点项目列入部提交央行的重点项目名单中，为云南省重点在建公路项目提供充裕的信贷资金支持。同时，密切关注部与银监会的沟通协调情况，适时向各银行及省银监局提出继续应用“滚动使用”方式，获得银行信贷资金支持云南省公路建设和发展。

七、加强公路项目投融资风险管理

公路建设投融资模式的选择，归根结底就是要将投融资风险在政府部门和不同的私人部门之间进行最佳分担，以实现最优的风险管理，使整个公路项目最经济有效、最公平合理。公路项目投融资风险的分担要在客观辨认关键风险因素和各参与方风险承担能力的基础上，解决由谁来承担风险、如何承担风险和承担多少风险的问题。

第一，风险由对该风险最有控制力的一方加以控制，如双方均无控制力或者控制力难以确定，则由双方共同承担。

第二，规范的市场经济环境中，风险和收益一般是对等的，所以，公路项目的风险分担也应该遵循这个原则，收益分配应该与承担的风险相互一致，收益分配的比例也应该取决于风险分担的比例。另外，投资人的投资目的就是为了追求投资收益，若期望的投资收益小于其风险成本，势必会导致投资方疏于控制风险致使项目失败。

第三，公路项目的投融资模式多样化决定了对于不同的模式应该采取不同的管理模式。不论是公共部门还是私人部门，参与方式不同决定了参与程度的差异，因此在进行风险分担时需要考虑投资者在项目参与中的角色。

第四，公路投融资项目中风险的来源并不是单一的，很多是并行的原因造成的。只有各个项目参与方都积极应对和处理风险，将应对和处理风险的成本转化成费用的形式进行分摊，才能保证风险的准确预见和控制。这样，整个项目的风险才能被及时且低成本地化解。

八、公路建设与其他交通基础设施建设协同发展

现代综合交通运输体系综合利用了公路、铁路、民航、水运、管道五种不同运输方式的技术经济特征，使其合理分工、优势互补，在客运、货运过程中充分发挥了每种运输方式的优点，在经济成本尽可能降低的情况下完成运输任务，降低了运输成本。云南省公路建设与铁路、民航、水运、管道建设的协同发展，将有利于降低公路运输成本，提高公路的有效流量，增加公路的运营效益，为公路建设投融资引入私人资本提供良好的前提条件。

制定云南省现代综合交通运输体系建设规划，促进公路建设与其他交通基础设施建设协同发展，有助于展示政府的政治承诺和未来项目意向。而具有连续性、综合性和明晰时间表的项目库有助于提高私人投资者参与公路项目的意愿。高质量、一体化的项目规划通常包括投资水平、预期经济社会效益、私人投资和公共投资之间的联系等内容，将通过良好的成本效益分析对各级政府的项目进行综合排序，明确各项目（包括公路项目）如何契合整体交通基础设施规划，如何选择适宜的融资和交付模式，以及资源如何进行分配，为私人部门提供明确的成本效益分析框架，降低私人部门参与公路建设的风险。

第四章　不同投融资模式下云南省公路工程造价管理

第一节　公路工程造价管理的主要内容

一、公路工程造价管理的相关概念

（一）造　价

造价（cost）一词，英文译意有花费、费用的意思；中文词典对其的注解是，建筑物、铁路、公路等工程修建的费用。从相关文献不难看出，“造价”所强调的是在工程的建造过程中而形成的价格，即建造价格，体现的是动态的概念。

（二）工程造价

工程造价（construction cost）有两种含义。第一种含义是指建设一项工程预期开支或实际开支的全部固定资产投资费用，也就是一项工程通过建设形成相应的固定资产、无形资产所需用一次性费用的总和。这一含义是从投资者—业主的角度来定义的。即为建成一项工程，预计或实际在土地市场、设备市场、技术劳务市场，以及承包市场等交易活动中所形成的建筑安装工程的价格和建设工程总价格。第二种含义指的是工程价格，即为建成一项工程，预计或实际在土地市场、设备材料市场、技术劳务市场以及承包市场等交易活动中所形成的建筑安装工程的价格和建设工程总价格。这种含义是以社会主义市场经济为前提的，它以工程这种特定的商品形式作为交易对象，通过招投标、承发包或其他交易形式，在进行多次预估的基础上，最终由市场确定的价格。通常是把工程造价的第二种含义认定为工程承发包价格。它是在建筑市场通过招投标，由需求主体投资者和供给主体建筑商共同认可的价格。

（三）公路工程造价

公路工程造价（highway construction cost），指的是建设一条公路或一座独立大桥或隧道，使其达到设计要求所花费的全部费用。公路工程属建设工程，其造价同样由建筑安装工程费、设备及工器具购置费、工程建设其他费用及预备费组成。

（四）公路工程造价管理

公路工程造价管理（highway construction cost management），是运用科学的方法为实现有效使用资金和最佳投资效益，而进行的预测、计算、确定和监控工程造价及其变动的一系列活动，是公路工程项目管理的一个重要组成部分，贯穿于建设项目的全过程。但是，目前公路造价监督可控制工作主要放在项目施工阶段，对项目建设前期及后期管理较少，且多以被动的事后管理为主，对公路工程造价各阶段的全面监控和动态管理还未完全展开。云南省在公路工程造价管理方面的工作尚处于较为粗放的状况，没有形成一个系统、全面、科学的造价管理工作体系，仍然有较大的提升改进的空间。

二、公路工程项目造价管理主体体系

在公路工程建设过程的造价管理工作中，所涉及的主体单位主要包括：造价咨询机构、设计机构、施工单位、监理机构、民间投资方、项目公司以及政府部门。其中，政府部门既是公路工程建设项目的投资方，也是整个建设项目造价管理的监管主体，在不同的造价环节都承担着重要的职责，同时，在不同的投融资模式下，除了政府是公路工程造价的投资方之外，还会引入民间投资参与公路工程建设的投融资，因此，下文中我们将民间投资方单独作为造价管理的主体之一，与项目公司以及政府部门作出了区分，以使对造价管理的分工能够更加清晰。

由于民间投资方注入资本后，政府将与其共同组建公路建设项目的项目公司，由该主体实施这个公路工程的建设工作，因此，在投资决策阶段之后，造价管理的主体中将主要是项目公司代表投资方以及政府部门作为出资人来进行公路工程造价的管理。各个环节中各单位所承担的具体造价管理职责见表4－1。

表4－1　工程造价管理主体体系

序号	造价管理的阶段	主要造价管理主体	主要造价管理职责
1	投资决策及可行性研究	造价咨询机构	投资估算、可行性经济评价、财务评价
		政府部门	规划、审批、提出投融资方案
		民间投资方	提出投融资方案、提供经济数据、
2	设计阶段	设计机构	设计方案比选、优化设计、限额设计、初步设计、技术设计、施工图设计
		造价咨询机构	工程设计概算、施工图预算的编制
		政府部门	提出设计限额、评价、监督、审核
		项目公司	提出设计限额、评价、审核

续　表

序号	造价管理的阶段	主要造价管理主体	主要造价管理职责
3	工程招、投标	政府部门	监督、审核、评标、签订合同
		项目公司	评标、签订合同
		造价咨询机构	招投标文件和标底编制、合同拟定
		施工单位	投标报价、签订合同
4	工程施工	政府部门	履行合同提供工程建设资金、监督审查
		项目公司	履行合同提供工程建设资金
		施工单位	履行合同进行工程施工、竣工结算
		监理机构	工程监理、造价控制
		造价咨询机构	工程变更与合同调整、工程索赔、工程结算、造价控制
5	竣工验收	政府部门	组织竣工验收、交付使用、监督审查
		项目公司	组织竣工验收、交付使用
		施工单位	竣工决算、交付竣工资料
		监理机构	竣工决算
		造价咨询机构	竣工决算

三、公路工程造价管理的具体环节及管理内容

由于造价的管理活动贯穿于公路工程项目全过程的始终，为了能够对造价管理活动的效果进行反馈和评价，下面我们将对公路工程项目全过程的每个具体环节的造价管理的内容进行梳理，作为下文开展绩效评价的基础。

（一）投资决策阶段

投资决策阶段是对拟建公路项目的必要性和可行性进行技术经济论证，是对不同建设方案进行技术经济比较及做出判断和决定的过程。项目决策正确与否，直接关系到项目建设的成败，此阶段是全过程造价控制最为关键的阶段。

投资决策阶段的工作内容主要有投资机会研究、编制与审批项目建议书、可行性研究、项目评估和决策等，其中项目建议书阶段（初步可行性研究）和可行性研究阶段为最重要的两个环节。

根据国家中长期规划，项目业主必须对项目所在区域的社会经济发展状况及投资效益等方面进行综合分析，科学合理地确定公路建设地点、建设规模、建设

标准等，通过严密的可行性研究，对拟建公路项目在技术上的可行性、技术标准上的规范性，以及对整个国民经济的经济合理性、建设环境上的可操作性等方面进行系统全面的分析和论证，同时进行多方案优选。投资估算作为公路项目决策的重要依据，其准确性直接影响到建设项目的前期经济、技术、财务、组织管理等方面的决策，并且关系到编制设计概算、施工图预算的正确性以及项目建设中期造价的有效控制与管理。由此可知，投资决策阶段的工程造价控制在公路建设中有先决性和重要的指导作用，从公路项目投资的角度看，投资决策阶段的造价管理控制要点主要有以下几个方面。

1. 项目决策前的准备工作

（1）项目的建设规模。

任何一个工程建设项目都应选择合适的建设规模，公路项目建设规模在一定程度上受制于公路建设环境，因此，在确定公路项目建设规模时要考虑到建设成本、运行成本、社会效益等，合理的建设规模是公路工程在决策阶段控制和管理造价的关键。

（2）项目的技术标准。

建设标准是否合理，对控制工程造价有很大影响，建设标准应根据技术进步和投资者的实际情况制定，采用适当超前、安全可行的标准，既考虑现时投入，又考虑长远效益，区别不同地区、不同规模、不同等级、不同功能来制定。

（3）项目建设选址。

公路建设项目的选址对整个项目的运作及后续使用都非常重要，如何选好地点进行施工操作和实施其他事宜，是摆在每一个项目决策者面前的一道难题，所以在项目选址时，需慎重和仔细地考查、计算、评估和验证。

（4）项目建设地区和建设地点。

建设地区的选择合理与否，在很大程度上决定了拟建项目的命运，影响工程成本、工期和建设质量。

（5）项目资金的筹措方式。

公路建设项目的资金来源分为很多种渠道和方式，应当根据实际情况和建设项目所处现实环境条件，合理选择资金来源和经济合理的筹资组合方式。

2. 可行性研究报告的编制

可行性研究是对公路建设项目在技术上、工程上、经济上的合理性和可行性进行全面分析、论证，并提出评价，是确定建设项目和编制设计文件的主要依据。可行性研究报告的质量在很大程度上取决于投资估算的准确性。投资估算是依据现有的资料和一定的方法，对公路项目的投资数额进行的估计。它是项目决策的重要依据之一。在整个投资决策阶段，要对工程造价进行估算之后，才能研究项目是否可建，因此在编制可行性研究报告时，必须实事求是地估算投资额，不得有意回避或隐瞒问题，如果投资估算的误差太大，将导致项目决策的失误。

3. 财务评价

财务评价是通过分析、计算项目的财务效益和费用，编制财务报表，计算财务评价指标，考察项目的盈利、清偿能力等财务状况，据以判别项目的财务可行性，它是项目可行性研究的重要内容，其评价结论是项目决策的重要依据之一。财务评价基础数据是否可靠、财务报表是否齐备、评价方法是否合理及评价程序是否规范直接影响到财务评价效果的好坏。

（二）设计阶段

根据公路建设项目的建设规模和复杂程度可以将设计分为两个阶段或者三个阶段。一般来说公路项目分两阶段进行设计，即初步设计和施工图设计，如果项目建设规模大、建设环境复杂、施工难度大，两阶段设计难以完成，则可在施工图设计之前进行技术设计。公路工程项目的灵魂就是设计，拥有一个技术领先、造价合理的设计方案可以有效地缩短项目工期，节约大量资金和提高社会经济效益，与此同时，好的设计对公路工程造价的控制非常重要。据相关资料显示，一般来说设计阶段的相关费用仅占建设工程总投入的近1%，但公路工程总造价的影响却起着非常大的作用。因此，在建设项目的决策做出之后，设计阶段的造价控制便成为整个公路工程项目的关键。方案的技术经济比选，设计概算、施工图预算的编制或审查，项目资金初步使用计划的编制等是设计阶段的主要工作内容。

在公路工程建设项目的设计阶段，必须有效地管理工程造价，防止造价失控，当前影响设计阶段造价管理的因素及在该阶段造价管理控制点主要包含以下几点。

1. 设计周期的安排

在设计单位接手项目时，应该与业主进行必要的沟通，强调设计周期与工程造价关系的重要性，在总承包工程项目中，周全的设计周期显得尤为重要，它为公路工程的设计方案论证、进行重大工程项目的技术设计阶段的多方案比选创造有利的条件。继而可以减少和避免设计的各个阶段图纸的深度不够、设计质量不高的现象发生。

2. 设计监理，限额设计的实行

工程建设监理应参与整个公路工程的设计过程，改变目前工程建设监理主要集中在施工监理的情况，对设计阶段的监理应该重视起来，这样可以及时发现问题以避免设计过程中出现的失误和缺陷对工程造价产生的不利影响。此外还应当尽量发挥监理单位作为相对公正的第三方的作用，实现技术与经济的协调关系，以保证顺利实现限额设计的目标。

3. 设计标准规范和标准设计的推广

设计标准规范是工程建设技术管理的标尺和标杆，同时也是一个重要的技术规范，不同建设工程项目的设计方案都应该制定与自身相符合的标准规范。标准设计规范是建设标准化的重要组成，设计标准规范与标准设计和工程的投资控制有着密不可分的关系，优质的设计标准规范对成本的节约和工作效率的提高有很大的作用。

4. 概、预算文件的编制与审查

在实际的设计进程中，图纸初步设计的深度、限额设计的合理性、概算的准确性以及概算编制人员的责任心等这些问题，将会对设计的各个阶段的造价控制产生重要影响。其造价编制人员素质、造价单位的造价审查制度、业主及有关部门对概预算的审批、相关单位的资质对造价文件的编制与审查力度对设计阶段的造价控制会产生直接影响。

5. 各个专业及从业人员间的协作

为使设计成果既安全又经济，必须克服专业分工细化后刻意注重安全问题而忽视经济因素的观念。加强各专业间的渗透与互补，使造价人员尽量避免受制于设计人员提供的公路工程规模与方案，打破设计的局限，完善概、预算编制所需的设计依据，尽最大努力做到在设计先进条件下的概、预算合理和在概、预算合理基础上的设计先进。

（三）招投标阶段

众多的工程实践经验表明，公路工程建设项目采用的招投标制度是一种控制工程造价的有效手段。建设项目通过招投标，一方面可以引入竞争机制使建设单位对施工单位进行选择；另一方面投标方之间的竞争可以降低工程造价，使工程造价得到合理有效的控制。公路工程建设项目的造价控制主要从下面三个环节进行体现：一是招标程序公开公正，二是评标方法科学有效，三是合同文件公平合理。因此，招投标阶段的公路工程造价管理控制点主要有以下几个方面。

1. 招标程序的规范性与评标办法

一直以来公路招投标都被认为是腐败的高发区，其关键的原因是没有严格按照国家、行业有关制度来施行。在我国与招标投标法相关的法律法规中，对招、投标的原则进行了明确的定义，即公平、公正、公开以及诚实信用，在保证招标代理机构合法的基础上，严格按程序进行开标、评标、定标等工作，建立健全招标投标监督机制，使招标工作有效且高效。

为了有效管理工程造价必须采取合适的评标办法，使承包商选定最适合、报价最合理的施工单位，交通部明确规定了合理低价法、最低评标价法、综合评估法三种评标办法，并分别给出了各方法的适用范围和应注意的问题。

2. 招标文件和标底的编制

结合公路工程建设实际情况和特点编制招标文件，做到严谨、准确和全面，对涉及造价的有关条款进行反复推敲和研究，选择合适的合同计价方式，确定工程承包合同的价格，避免招标文件编制过程中出现工程数量重列或漏列、数量与图纸不符的问题。标底一般由建设单位委托造价事务所来编制，应综合考虑和体现发包人和承包人的利益，同时建设单位要对标底的准确性把关，非低价法中标的项目，应送审计部门审核。

3. 签订合同

在签订合同时需要确定清单报价单价体系的合理性，对合同中涉及工期、价款的结算方式、违约争议处理等费用问题，都应有明确的约定。对招标文件和设计中不明确、不具体的内容，根据工程的实际情况，在确定中标候选人进行合同谈判时加以明确，避免在实施阶段发生扯皮而增加工程费用。

4. 评标专家组织体系

评标专家的主观行为直接影响评标的结果，因此建立评标专家培训、准入、考核、清出的动态管理机制，对提高评标的精确度起着十分重要的作用。

（四）施工阶段

施工阶段是公路产品的形成过程，是工程造价转化为实物消耗的时期，也是施工单位预计效益形成的关键阶段和直接体现工程造价的时期。公路工程造价的管理，在工程建设项目的决策、设计和招投标等阶段，工作种类相对来说比较单一，任务量较后期相对较少，建设单位的工作相对施工期时比较轻松，公路建设的造价控制也较简单；项目进入施工期，造价管理的工作内容就开始包括组织、经济、技术、合同等多方面的综合内容，它涉及的方面就变得越来越广，越来越复杂，对公路建设项目的不确定影响因素也越来越多。因此，在这个阶段，建设单位的管理工作就变得繁重而具有挑战性。对本阶段主要影响工程造价管理的因素及控制点作如下分析。

1. 工程变更与工程索赔

在公路工程项目的具体施工阶段中，因为工程或多或少会受到不可预见的很多因素的不同程度的影响，所以经常会出现施工条件变化、原设计变化、地质地貌情况突然变化和造成工程量增减等具体情况，这些变更将影响工程造价的控制目标。因此，业主和监理应一方面加强对工程变更的审核和管理，对影响工程造价的各个因素详加分析，对多个技术方案进行筛选，并进行技术经济分析比较，尽量减少工程变更；另一方面应继续寻求通过设计挖潜节约投资的可能性，通过严格变更达到控制工程造价的目的。业主单位的变更审批也要求建立相应的制度，实行变更审批的民主制度，发挥集体的智慧，要划分额度分级审批，使变更审批规范。

索赔是公路工程造价控制中经常碰到的事情，在索赔控制中，要做好相关证据搜集工作，要掌握索赔工作的程序及内容。索赔处理尤其是注意现场鉴证项目的管理控制问题，要做好现场鉴证工作就要保证鉴证手续的及时，全面以及合理保存，从而为以后的索赔提供必要的证据。如果已经发生索赔问题，应该给予及时快速的处理，索赔问题不能拖太久，这样会给以后的工作造成不必要的麻烦，有时甚至会影响整个施工的进度，造成不必要的损失等。

2. 公路工程材料价格管理

有时设备和材料等造价所占用的费用占整个公路工程总投资方案的比例高达70%，对这部分费用的调控将对整个工程造价的控制起着非常重要的作用。其中公路工程中，对材料价格的规范和管理是管理造价的重点，同时也是难点，一个比较合理的材料价格会成为控制工程总造价的重要基础。

3. 工程监理和计量支付的管理

业主要关注计量和支付工作，要明确计量人员进行审核把关，对于监理的计量工作要进行经常检查，防止监理计量工作的随意性。要控制好施工阶段的造价，首先，监理工程师要全部熟悉合同文件，熟悉有关计量和支付方式的条款，认真核实工程量大小；其次，监理对计量要有高度负责的精神。为控制投资，计量工作要进行动态跟踪，从工程的每个分项分部工程开始，一步一步地控制，一个循环一个循环地控制，从多方面着手，实施全面控制，这样通过把住计量重要环节，才能有效地管理工程造价。

4. 合同管理

以业主的角度，施工合同管理的主要内容有建立合同管理制度、严格合同管理程序；通过对合同的实施进行有效的监督和全程地跟踪控制；加强对合同变更的管理控制力度，对发生的各类变更建立严格的控制制度；按合同文件规定，严格进行索赔控制；严格现场鉴证制度，减少和避免违反规定的鉴证现象，节省工程项目资金，实现经济效益最大化。为此，签订的合同必须严格规范化，合同条款必须完备，双方权利、义务必须对等，语言表达严谨准确，才能避免合同变更给公路造价带来的不利影响。

5. 工程结算控制

公路工程造价控制的环节有很多，但是其中比较重要的一个环节便是对工程结算价款的控制。竣工结算的编制与审查是施工阶段的重要工作内容之一，审定合格后的公路工程竣工结算是核定公路工程造价的依据，也是项目竣工验收后编制竣工决算的依据。可以说，竣工结算的编制质量和审计部门对竣工决算的审核力度也是公路工程造价控制和管理的一个控制点。

（五）竣工和验收阶段

竣工验收阶段的竣工决算是公路建设项目工程决算，作为建设项目完成后从工程投资控制角度形成的成果，是工程估算、概算、预算、决算管理环节中的重要一环，也是控制工程造价的最后一道闸门。竣工决算能真实地反映整个工程的实际造价，也能反映建设各方对工程造价管理的能力。在我国，很多工程项目在工程竣工决算时，常出现在竣工结算书中普遍高估冒算、重复计算、工程决算审查不严的现象。造成这些现象的因素主要有工程竣工图、设计变更通知、各种鉴证材料的收集和不注意取证的有效性等，这些也是导致竣工验收阶段公路造价管理失控的原因。因此，在竣工验收阶段的造价控制主要在于两个方面，一个是竣工审查工作，要对工程量、取费标准等方面加大审查力度；另一个是竣工决算的编制工作。

第二节　公路工程造价管理的目标及绩效评价

一、不同主体的造价管理目标及其管理内容

（一）政府相关部门造价管理的目标及管理内容

首先，政府是作为公路工程建设项目的监管部门，从这个角度出发，其对造

价管理工作的目标及管理内容如下：

（1）对公路工程建设项目的造价工作实施科学有效的监督。

审查公路建设项目的估算、概算、预算（含重大、较大设计变更预算）；检查公路建设项目概（预）算执行情况；指导公路工程施工投标控制价（工程量清单预算）的编制；参与公路工程决算的认定；参加公路工程项目验收和评价；提出审查意见，作为审批和上报的依据；负责公路建设项目投资估算、设计概算的审查工作，参与公路建设招标项目的评标、定标工作，负责标底审查，参加公路建设项目的竣工验收工作，负责工程竣工决算审核工作。使得公路工程建设项目符合国家、交通运输部和云南省有关工程造价管理的方针、政策和法律、法规，杜绝公路工程建设过程中的腐败行为。

（2）为公路工程计价工作提供完善合理的计价依据。

组织收集、测定公路建设工程、养护工程定额；编制及修订公路建设工程和养护工程的计价办法及相关计费标准；编制符合本省实际情况的人工费单价、机械台班费用定额、发布材料价格信息、工程结算期调价系数，并组织实施对相关公路建设工程造价信息的收集、整理、分析和发布。

（3）及时传递公路工程造价信息。

通过信息化手段，建立并及时更新交通建设工程造价信息数据库，适时发布公路工程造价及相关信息，实现公路工程造价信息的及时传递。

（4）对交通造价从业人员和单位的资质进行有效的管理。

通过开展造价从业人员的各类造价培训、继续教育；建立造价从业人员、单位信用体系及数据库；对本省交通造价从业人员和单位的资质进行有效的管理。

（5）实现对公路工程造价纠纷的合理调解。

通过对公路工程造价进行依法鉴证的手段，对建设勘察、设计、质量、造价进行司法鉴定，实现对公路工程造价纠纷的调解。

其次，在不同的投融资模式下，政府还将成为公路工程建设项目的建设单位。实际上，由于公路工程具有公益性的特点，在绝大多数的情况下，政府部门都是公路工程建设项目的唯一建设单位或者是建设单位之一，从投资方这个角度来看，其对造价管理的目标应区分非经营性公路和经营性公路项目来进行设定。

（1）非经营性公路项目。

非经营性公路项目的特点是无偿提供公路服务、不要求回报的社会公益性。因此，对投资方政府部门来说，非经营性公路的建设项目的造价管理目标和内容：①合理控制公路工程造价，进行项目成本造价控制工作，以期实现项目建设零增资的目标；②建立一套系统科学的评价体系，提高造价管理部门的监管水平。

（2）经营性公路项目。

经营性公路项目的特点是营利性，这是与非经营性公路项目最重要的区别，也是经营性公路项目进行造价管理目标设定的关键影响因素之一，因此，对投资方政府部门来说，非经营性公路的建设项目造价管理目标和内容：①通过对公路建设工程的造价管理，提高公路建设项目的投资效益；②建立一套系统科学的评价体系，提高造价管理部门的监管水平。

（二）民间投资方/项目公司造价管理的目标及内容

自2010年5月7日，国务院印发《关于鼓励和引导民间投资健康发展的若干意见》（国发〔2010〕13号）以来，各地都开始陆续探讨引入民间投资在公共建设领域的问题。对于非经营性公路来说，其建设资本原本完全来源于政府资金，不涉及民间投资参与所形成的建设单位，而今，无论是经营性还是非经营性的公路建设项目都不同程度地开拓了民间投资参与的渠道，有了民间投资的参与，公路建设的投资方也就改变了过去政府为单一主体的模式，民间投资将成为公路建设的投资方，政府与民间投资方将共同组建公路建设项目的项目公司来进行整个建设的实施和管理。因此，在项目公司正式成立之后，项目公司所代表的也就是公路建设的投资方，两者在造价管理中的目标及内容是一致的。项目公司是造价管理的重要主体之一，在这个过程中，项目公司应将造价管理的目标设定为：通过全过程造价管理，在整个工程建设的各个阶段对造价进行监督审核，合理控制工程造价，防止造价“超概”，设想项目建设零增资，科学降低工程成本，保证公路工程建设项目合理经济效益的实现。

民间投资作为要求得到回报的公路建设投资主体，其对工程建设造价的管理主动性和积极性都更强，相较于政府投资方而言，在造价管理方面更加侧重于实际环节的把控和管理，具体到公路工程项目的各个环节来说，建设单位可以通过如下管理的内容来实现其造价管理的目标：

（1）加强设计阶段的造价控制。

防止为了项目的尽快上马，而任意简化和减少基本建设的程序和环节，不做项目可行性研究和初步设计，造成投资决策失误，致使工程造价无法得到控制。防止设计单位为了经济利益迎合建设单位故意压缩工程投资，造成项目实施后工程投资一再突破。

（2）优化设计方案。

组织工程建设方面的专家对本工程的设计方案进行反复论证、验算，得到优化的设计方案以达到合理降低造价的目标；采用限额设计，使设计人员的设计与造价衔接，以控制工程的总体造价。

（3）加强设计变更管理。

尽量将设计变更控制在工程施工的初期，减少损失。

（4）加强招投标阶段工程造价的控制。

建设单位应设定合理低价中标，防止一些建设单位为了减少建设资金，在招标工程中任意压价，导致工程造价严重失真，使得个别施工单位通过最低价中标，而在施工过程中想方设法增加现场鉴证及技术变更，或干脆偷工减料，而留下质量隐患，或施工单位故意拖延工期，要求建设单位增加费用。

（5）严格合同的管理。

制定相应的管理制度并组织实施，树立建设管理中的一切行为均以合同作为唯一依据的意识，将合同管理贯穿于工程管理的始终。

（6）对施工阶段的工程造价进行控制。

尽管施工阶段影响工程造价（即工程投资）的可能性只有5%～10%，节约投资的可能性已经很小，但是，工程投资却主要发生在这一阶段，浪费投资的可能性很大。建设单位应重点加强工程施工现场管理，尤其是对工程变更、现场鉴证的管理；加强材料、设备的管理，对于价格影响比较大的大宗材料采用建设单位进行统一招标，确定供货商作为材料直接采购单位；进行工程付款控制，将中期造价控制与结算审核相结合，防止工程竣工结算时由于种种原因导致结算时间过长，双方纠纷较多，影响结算的现象发生。

（7）对工程竣工结算阶段进行造价控制。

搜集完整的竣工结算资料，合理审核工程竣工结算。

（三）公路工程项目咨询机构造价管理的目标及内容

公路工程建设咨询机构是造价管理的中介职能机构，对保持造价的专业性、客观性、准确性、公正性发挥着重要的作用，同时能够起到协调公路建设参与各方意见和利益的作用，在公路工程建设的造价管理中是非常重要的一个主体机构，其对造价管理工作所要达到的目标如下：

（1）按照相关规定编制合理、准确的公路工程造价文书。

在项目决策与设计阶段，咨询单位合理、科学地编制投资估算，并及时修正，充分估计出项目建设过程中和建成后的收益与风险，防止过分高估。

（2）为公路工程项目建设单位及施工单位招投标提供有效的咨询服务。

在招投标及施工阶段，业主委托咨询单位编制招标文件的前提下，在“公平、公正、诚信”的基础上，发布招标信息，制定资格预审和编审标底，选择最佳施工单位等部门，为甲、乙双方签订相关合同。

（3）为公路工程项目建设单位提供工程结算、评价等有效咨询服务。

在竣工结算及其后评价阶段，审核结算价款，分析工程价款原因，防范风险并及时调整，确定项目负责人、技术负责人和咨询负责人三级审核制度。

（四）公路工程项目设计单位造价管理的目标及内容

公路建设工程的设计单位是负责向建设单位提供工程项目设计图纸，对施工过程中的各项变更进行设计补充等工作的机构。据国际上业界普遍分析，工程建设项目的设计费虽只占总投资的1%左右，但对工程造价实际影响程度却占到75%以上，设计阶段是控制工程造价的关键环节之一。因而，在公路工程建设项目的设计阶段对造价管理工作的目标是，通过合理的工程设计，对公路工程的总造价起到合理的控制，在优化设计方案的基础上尽量降低公路工程的总造价。

其对造价管理的有效控制可以通过限额设计实现，按照批准的可研报告及投资估算控制初步设计，按照批准或预期的初步设计总概算控制技术设计和施工图设计，同时各专业设计部门在保证达到使用功能的前提下，按分配的投资限额控制设计，严格控制不合理的追加变更，保证总投资额不被突破。限额设计能够有效地提高造价控制的效果，设计单位可以通过应用新技术、新材料达到节省成本、提高效能和缩短施工期的效果，从而降低造价。

（五）公路工程项目监理单位造价管理的目标及内容

工程监理是建设单位委托监理单位，对所建工程的质量、进度和投资进行全过程、全方位动态管理的一种工程管理模式。工程监理单位的主要作用是进行建设工程的合同管理，按照合同控制工程的投资、进度、质量，并协调参建各方的工作关系。施工单位职责：严格按照施工合同、设计图纸的要求，配合监理及监督人员把好工程项目质量关，确保工程按期完成。工程合同的履行、工程质量的保障以及工期的实现都决定了工程最终的造价，因此，监理单位在造价管理过程中也起到了一定的辅助作用，其对造价管理工作来说需要实现的目标有以下几个：

（1）控制工程进度，使工程在约定的工期内竣工。

要求承包商根据合同要求提出工程总进度计划、季度和设计变更、价格调整，认真仔细地做好施工现场记录，当承包商要求额外补偿索赔时，做好各种证据、资料的记录和整理，为业主把好费用关，控制好工程费用，力争使工程费用不超过计划费用；审查并督促实施月度施工进度计划，及时进行计划进度与实际进度的比较，按月给业主通报工程进度情况；出现偏差时指令承包人进行调整，并督促承包商资金、机械、材料、人工等及时进场，以保证工程在合同规定的工期内竣工。

（2）监督审查工程费，使工程费用支出符合计划。

认真审查承包商提交的现金流动计划，现场核实工程数量和计量，审查签发付款证书。严格审查计日工、额外工程、设计变更、价格调整，认真仔细地做好施工现场记录，当承包商要求额外补偿索赔时，做好各种证据、资料的记录、整理，为业主把好费用关，控制好工程费用，力争使工程费用不超过计划费用。

二、公路工程造价管理的绩效评价

为了在公路工程项目建设全过程中有效地控制造价、合理地使用资金和争取最佳的投资效益，以及明确地反映政府监管部门各个环节造价控制的成效，对于造价失控的工程项目，能够明确造价失控的原因和责任。所以要建立针对公路工程造价管理绩效的评价体系，以有效体现并量化造价管理监督工作的绩效，从而形成“评价—反馈—改善—再评价”这样一个循环往复的过程，以便于及时有效地改善造价管理工作，进而有针对性地控制公路工程造价。

对于政府相关部门在造价管理过程中肩负的监管职能：公路工程造价管理过程绩效评价重点关注造价管理工作过程的有效性，即参与方造价管理行为的合规性，主要包括造价管理法规的执行情况和造价管理行为的有效性，它有利于及时发现问题和不断提高造价管理水平；管理结果绩效评价重点关注各阶段造价管理工作目标的完成情况，即在各造价管理过程中形成的造价成果文件的完成情况，主要包括造价文件编制的合理性和造价文件的流转情况，它有利于判断造价管理行为的有效性。综上所述，对于政府监管部门建立公路工程造价管理绩效评价体系具体有如下几个方面。

（一）投资决策阶段绩效评价

在公路建设项目的投资决策阶段，政府监管部门造价管理的工作绩效主要体现在项目合理性的评价、投资估算文件的评价、估算文件流转的合规性和及时性评价、项目财务评价、经济评价、风险管理评价和从业人员评价几个方面，我们构建了相应的指标对这一阶段的造价监管工作进行绩效评价（见表4－2）。

表 4－2　投资决策阶段造价管理绩效评价指标体系

一级指标	二级指标	指标释义
公路项目合理性评价	建设规模合理性	建设规模充分考虑经济、技术、环境、社会效益等因素
	建设选址及路线合理性	拟建项目的地点选择适宜，综合考虑国民经济和社会发展
投资估算文件评价	依据有效性	各种编制依据经过国家和授权的机关批准，符合国家的现行编制规定，并在规定的适用范围内使用
	格式合规性	投资估算成果文件的组成和格式符合相关规定，具体包括文件的组成、签署要求和表现形式
	内容完整性	估算文件工程内容完整，不提高或降低估算标准，不漏项
	编审偏差率	在相同口径下，项目各阶段投资估算与上阶段投资估算或评估审定的投资估算的综合误差率
估算文件流转评价	审批合规性	按照相关规定及时进行估算文件的报批工作
	审批意见反馈响应性	编制人员根据审批意见及时对文件进行修改，或根据整改意见及时完成文件的报批工作
财务评价	财务基础数据测算合理性	财务评价的有关基础数据合理可靠
	融资资本结构合理性	根据建设项目的实际情况和所处环境选择恰当的资金来源和融资组合方式
	综合资本成本合理性	在考虑投资效益的情况下，项目融资组合的综合资本成本合理可行
	财务分析报表完整性	财务报表的编制齐全，内容完整
	财务评价方法合理性	财务评价的方法得当，评价指标科学合理
经济评价	评价参数的合理性	经济评价参数的选择符合当前和当地的实际情况
	评价方法合理性	国民经济评价的方法得当，评价指标科学合理
风险管理评价	风险因素识别准确完整性	准确辨别项目所有可能发生的风险
	风险评价科学性	采用科学的风险评价方法对风险进行有效评价
	风险防范措施可行性	针对不同种类的风险，提出可操作性的风险防范措施

续 表

一级指标	二级指标	指标释义
从业人员评价	从业人员持证上岗	从业人员与造价资料鉴证人员相符，证件真实、合规

（二）设计阶段绩效评价

在公路建设项目的设计阶段，政府监管部门造价管理的工作绩效主要体现在工程地质勘查评价、设计方案技术经济比选评价、概预算编制评价、概预算合理性评价、相关文件流转评价和从业人员评价几个方面，我们构建了相应的指标对这一阶段的造价监管工作进行绩效评价（见表4－3）。

表4－3　设计阶段造价管理绩效评价指标体系

一级指标	二级指标	指标释义
工程地质勘察评价	地勘规范性	工程地质勘察符合相关法规和文件的规定
	地勘完整性	工程地质勘察充分、完整
设计方案技术经济比选评价	是否进行方案比选	是否进行设计方案技术经济方案比选
	经济比选合理性	进行多方案比选，从中选取技术先进、经济合理的最佳设计方案
概（预）算编制评价	依据有效性	各种编制依据的是经过国家和授权机关的批准，符合国家的现行编制规定
	格式合规性	概算、预算文件的组成和格式符合相关规定，具体包括文件的组成、签署
	内容完整性	概算、预算文件工程内容完整，不提高或降低标准，不漏项
	方法合理性	根据主体设计的阶段和深度，结合工程的具体特点，根据基础资料和数据选择方法
	编制深度合规性	有符合规定的“三级概算”，概预算编制、校对审核按规定签署
概算合理性评价	工程量计算准确度	工程量计算准确
	设计方案的比选	进行多方案比选，从中选取技术先进、经济合理的最佳设计方案
	标准化设计	统一参数、标准、设计规范、技术规定等使用程度

续　表

一级指标	二级指标	指标释义
概算合理性评价	实行限额设计程度	方案设计、初步设计实行层层限额设计，统一参数、标准、设计规范、技术规定等使用程度
	建设规模与标准符合性	概算的投资规模、生产能力、设计标准等符合原批准可行性研究报告或立项批文的标准
	设备规格、数量与配置适当性	所选用的设备规格、台数与生产规模一致，材质、自动化程度无提高标准，引进设备配套合理等
	计价指标合规性	价格指数和有关人工、材料、机械台班单价符合规定，概算指标调整系数、主材价格、人工、机械台班调整系数按最新规定；引进设备安装费率或计取、部分行业专业设备安装费率按规定计算
	概算超估算的偏差分析	设计总概算在投资估算允许调整的限额范围内，并有具体情况分析
预算合理性评价	实行限额设计程度	施工图预算层层限额设计，统一参数、标准、设计规范、技术规定等使用程度
	标准化设计	统一参数、标准、设计规范、技术规定等使用程度
	工程量计算误差率	因工程量计算有误导致的累计误差与误差修正后的施工图预算相比形成的误差
	定额套用误差率	因定额子目套取有误导致的累计误差与误差修正后的施工图预算相比形成的误差
	单价准确性	预算单价的正确性
	取费标准合规性	取费标准符合规定
概（预）算文件流转评价	审批合规性	按照相关规定及时进行文件的报批工作
	审批意见反馈响应性	编制人员根据审批意见及时对文件进行整改，或根据整改意见及时完成文件的报批工作
	报备合规性	造价文件按要求在相关管理机构报备
从业人员评价	从业人员持证上岗	从业人员与造价资料鉴证人员相符，证件真实、合规

（三）招投标阶段绩效评价

在公路建设项目的招投标阶段，政府监管部门造价管理的工作绩效主要体现在招标组织管理评价、清单和控制价文件流转评价、公路工程量清单编制评价、标底价格审查评价、投标报价合理性评价、控制价与中标价差异分析评价、合同评价和从业人员评价几个方面，我们构建了相应的指标对这一阶段的造价监管工作进行绩效评价（见表4－4）。

表4－4　招投标阶段造价管理绩效评价指标体系

一级指标	二级指标	指标释义
招标组织管理评价	工程招、投标合规性	招标方式、承包模式是否符合相关法律、法规的规定
	评标过程合规性	评标过程是否符合相关法律、法规的规定
	评标有效性	评标过程是否有效地识别出投标报价中的错误或者不平衡报价采取相关措施，减少建设过程中的纠纷
清单和控制价文件流转评价	投标控制价报审	投标控制价按规定报审
	合同工程量清单报备	合同工程量清单按规定报备
	审批合规性	按照相关规定及时进行文件的报批工作
	审批意见反馈响应性	编制人员根据审批意见及时对文件进行修改，或根据整改意见及时完成文件的报批工作
公路工程量清单编制评价	清单规范性	采用经审查后的标准固化清单、内容完整性
	格式合规性	成果文件的组成和格式符合相关规定，具体包括文件的组成、签署要求和表现形式
	新增项目编制合规性	新增项目编制符合相关规定
	数量准确性	（1）清单列项误差率：清单漏项或重复性清单列项的项目数量与所有清单列项项目数量相比形成的误差 （2）工程量计算误差率：在同一成果文件中的单项子目，因工程量计算有误与误差修正后的工程量相比形成的误差
标底价格审查评价	工程量项目一致性	工程量项目与定额或工程量计价规范附录中所列项目一致，无漏项或重复列项
	工程量计算单位一致性	工程量的计算单位与定额或工程量清单计价规范的计量单位一致，计算方法符合计算规则的规定

续　表

一级指标	二级指标	指标释义
标底价格审查评价	计算数据符合性	计算数据与图示尺寸符合，应加减的尺寸已经增加或扣除等
	直接工程费准确性	直接工程费计算准确
	预算单价套用与换算合理性	预算单价的套用合理，单价的换算符合规定
	费用项目完备性	费用项目齐全，无重复和漏项
	费用标准准确性	费用标准正确，符合工程类型，费率选择合适
	费用计算正确性	各项费用计算方法正确，计算基础合理
	活口费用合理性	施工图预算以外的费用合理性
	审查方法合理性	标底审查方法多种，方法的选择根据审查标底的工程特点，审查的粗细程度及各种审查方法的范围进行
投标报价合理性评价	企业定额使用	使用企业定额反映施工企业的素质
	不平衡报价调整	“不平衡报价”导致费用被不合理支出应进行适当调整
控制价与中标价差异分析评价	对控制价与中标价差的分析情况评价	
合同评价	合同文件编制的科学性	是否按相关规定编制合同文件
	招标签约合同副本报备	招标签约合同副本是否按要求到相关机构报备
从业人员评价	从业人员持证上岗	从业人员与造价资料鉴证人员相符，证件真实、合规

（四）施工阶段绩效评价

在公路建设项目的施工阶段，政府监管部门造价管理的工作绩效主要体现在造价管理制度建立与执行评价、概算批复执行评价、工程变更管理评价、价格调差管理评价、工程索赔管理评价、合同管理评价、资金使用计划评价、结算文件编制评价、结算文件流转评价、造价台账建立情况评价和从业人员评价几个方面，我们构建了相应的指标对这一阶段的造价监管工作进行绩效评价（见表4－5）。

表 4－5　施工阶段造价管理绩效评价指标体系

一级指标	二级指标	指标释义
造价管理制度建立与执行评价	造价管理制度完整性	工程造价管理制度健全
	造价管理制度可操作性	制度具有针对性和可操作性，而非流于形式
	造价管理机构设置	设置了专职管理工程造价机构
	从业人员持证上岗	从业人员与造价资料鉴证人员相符，证件真实、合规
	招标签约合同副本报备	招标签约合同副本（含电子数据）按规定进行报备，资料完整
概算批复执行评价	合同价与批复概算比较分析	按口径对签约合同价与批复概算进行比较，并进行结果分析
	概算第二、三部分费用超支审批	对概算中第二、三部分按规定进行使用，发生费用超支时，超支部分按权限进行审批
	概算预留费用使用	预留费用使用，预留费用遵循先批后用，使用前按管理权限报批
工程变更管理评价	工程变更报批合规性	按权限及时完成工程变更报批手续
	工程变更依据充分性、证明材料完整性	工程变更依据充分，证明材料完整
	设计变更图纸合规性	及时绘制和审核完成变更设计图纸
	新增单价合规性	新增单价执行先报批后使用的原则，编制符合规定资料齐全，报批手续完整
	现场鉴证合规性	鉴证按相关规定进行，各相关方签字是否齐全
价格调差管理评价	报批资料完整性	价格调差报批资料齐全
	审批手续齐全性	价差调整审批手续完备
	价格调差有效性	价格调差符合签约合同及有关规定
工程索赔管理评价	审批合规性	索赔批复手续办理合理，按合同条款和有关规定的执行
	费用合规性	索赔费用按合同条款和有关规定的计算
	索赔报批资料真实完整性	索赔事件证明材料的真实，符合相关合同条款和有关规定
合同管理评价	不平衡报价控制有效性	针对单价合同签约前不平衡报价调整情况
	合同费用合理性	合同约定金额及费用标准的合理性

续　表

一级指标	二级指标	指标释义
合同管理评价	计量支付有效性	合同费用及履约担保、预付款、保留金计量支付有效性
	已使用暂定金额及预备费报批资料合规性	已使用暂定金额及预备费报批资料合理，符合规定
	合同及补充协议履行有效性	履行合同文件及补充协议
资金使用计划评价	计划编制有效性	报相关部门审核，如有调整相关部门重新审核，周期资金使用计划明细划分的程度满足进度和质量要求，资金使用计划与实际结算款相符
	投资偏差控制有效性	进行工程价造价跟踪控制，定期进行造价实际支出与计划目标值的比较，发现偏差，分析产生偏差的原因，采取纠偏措施，并定期提交项目造价控制报告
结算文件编制评价	内容完整性	竣工结算价的组成、确定正确合理，通过全面审查对竣工结算价进行增减调整，并说明原因
	格式合规性	成果文件的组成和格式符合相关规定，具体包括文件的组成、签署要求和表现形式
	依据有效性	竣工结算编制依据合法、有效、适用
	方法合理性	编制方法符合规定
结算文件流转评价	审批合规性	结算文件按规定进行及时报批报备
	审批意见反馈响应性	编制人员根据审批意见及时对文件进行修改，或根据整改意见及时完成文件的报批工作
造价台账建立情况评价	工程投资台账	根据批复的概算、预算和签约合同建立项目投资台账
	计量支付台账	根据签约合同工程量清单，设计图纸建立计量支付台账
	变更设计台账	含变更原因、变更内容、变更数量和变更费用等内容的变更台账。考核台账的建立与台账内容的完整
	价格调差台账	结合实际发生的价差调整，建立包括价差调整原因、调整内容、调整结果等内容的台账

续　表

一级指标	二级指标	指标释义
造价台账建立情况评价	索赔台账	结合实际发生的索赔，建立包括索赔原因、索赔内容、索赔结果等内容的台账
	其他费用台账	根据批复的概算对工程建设其他费用，按细目建立对应台账
从业人员评价	从业人员持证上岗	从业人员与造价资料鉴证人员相符，证件真实、合规

（五）竣工验收阶段绩效评价

在公路建设项目的竣工验收阶段，政府监管部门造价管理的工作绩效主要体现在决算文件编制评价、决算文件流转评价、投资控制评价、养护工程管理评价和从业人员评价几个方面，我们构建了相应的指标对这一阶段的造价监管工作进行绩效评价（见表4－6）。

表4－6　竣工验收阶段造价管理绩效评价指标体系

一级指标	二级指标	指标释义
决算文件编制评价	内容完整性	决算文件内容完整
	依据有效性	编制依据合法、有效、适用
	格式合规性	决算文件编制格式符合规定
	编制及时性	按《公路建设项目工程决算编制办法》及时组织编制工程决算
决算文件流转评价	报备合规性	决算文件按项目管理权限报交通造价管理机构备案
	报备资料完整性	报备资料齐全
投资控制评价	建安工程费偏差率评价	建安工程费偏差率评价
	征地拆迁偏差率评价	征地拆迁偏差率评价
养护工程管理评价	工作量准确性	公路养护工作量准确
	经费定额编制合理性	适用养护工程经费定额编制合理
	维修系数合理性	公路养护的维修系数合理
	限额设计的使用	养护计划是否实施限额设计
	施工变更管理有效性	养护工程施工变更管理有效
从业人员评价	从业人员持证上岗	从业人员与造价资料鉴证人员相符，证件真实、合规

（六）综合绩效评价

最后，从宏观整体的角度构建了从建设规模、投资控制、工期、质量和安全几个方面对公路项目进行总体评价，以完善以上划分环节进行评价的不足之处（见表4－7）。

表4－7　造价管理结果总体绩效评价指标体系

一级指标	二级指标	指标释义
建设规模评价	通行能力偏差率评价	通行能力偏差率评价
投资控制评价	均公里建安工程费偏差率评价	均公里建安工程费偏差率评价
工期评价	工期偏差率评价	工期偏差率评价
质量评价	质量检查合格率评价	质量检查合格率评价
	质量评价等级评价	质量评价等级评价
安全评价	施工安全规范合规性评价	施工安全规范合规性评价
	安全评价等级评价	安全评价等级评价

通过建立覆盖公路工程建设全过程、全要素的造价管理绩效评价体系，对全过程造价管理行为和结果的经济性、效率性、有效性和公平性进行科学、客观、公正地全面衡量和综合评判，能够有效监督造价管理活动中各参与单位和造价从业人员的行为，有利于公路工程建设市场的健康、有序、公平、规范的发展。通过绩效评价体系，能明确并量化公路工程建设各阶段的造价管理实效，及时反馈存在的问题，随时纠正发生的偏差，是建立公路工程建设全过程动态、协调、有序的工程造价管理体系的重要保障，有助于合理确定并有效控制工程造价，提高公共投资效益。

第三节　不同投融资模式对云南公路工程造价管理的影响

公路建设项目的主要投融资模式包括BOT、TOT、PPP、PFI和ABS等模式，由于各种投融资模式下的风险分担和对收益的要求存在区别，因此导致在不同的投融资模式中，各个造价管理主体对公路工程项目造价管理的参与程度和管理侧重点也有区别。

由于民间投资方注入资本后，政府将与其共同组建公路建设项目的项目公司，由该主体实施这个公路工程的建设工作，因此，在投资决策阶段之后，造价管理的主体中将主要是项目公司代表投资方以及政府部门作为出资人来进行公路工程造价的管理。设计单位、咨询单位和监理单位主要的职责是配合政府部门以及民间投资的项目公司完成公路工程造价的管理工作，这三个单位主体虽然对造价的管理具有不同程度的影响，但是决策的权力还是归于建设单位，也就是民间投资方、政府部门和其所组建的项目公司，因此，在不同的投融资模式下，公路建设项目的造价管理的不同点主要体现在政府部门、民间投资方与项目公司在项目的造价管理中不同的侧重点上，下面将基于这三个主体对五种投融资模式下云南省公路工程的造价管理进行具体分析。

一、BOT 模式下公路工程造价管理

对于 BOT 融资建设模式下的公路项目来说，因为项目本身的公益性特点，政府部门除了在上面所分析的从监督管理的角度对该公路项目进行造价的管理之外，政府部门也要与建设单位，也就是民间资本的投资建设单位一同，在全过程中为了实现对工程造价的合理控制肩负相应的职责，尤其是在造价管理的前期几个阶段中发挥重要的作用。

政府部门应当：（1）给予 BOT、BT 项目承包商比较合理的条件，以 BOT、BT 模式进行基础设施建设，建设周期长、投资回收慢，投资者对项目带不走，相比有的投入产出企业，BOT、BT 项目企业承担的风险更大。所以应制定对 BOT、BT 模式投资者比较合理的承包条件，如价格、融资的财务费用、支付条件等，以消除 BOT、BT 项目投资者的顾虑。把 BOT、BT 项目投资者降低工程质量、加大建设费用等方式提前收回投资转移到以确定的合同条件上来。（2）强化对项目造价的监督，可通过：确定项目的建设规模、建设内容、建设标准、投资额、工程时间节点及完工日期，并确认投资方投资额等指标，明确规定每一指标的上、下限；严格项目的全过程监督，对项目的设计、项目招投标、施工进度、建设质量等进行监督与管理，有权向投资方提出管理上、组织上、技术上的整改措施以合理控制造价。

另外，由于民间资本投资方/项目公司，其投资的目的是以盈利为目的的，所以在造价管理的过程中，主要要做好设计、招投标、施工、竣工验收阶段的造价控制，在设计阶段积极探索和适用新技术、新材料，努力降低公路工程的造价，对设计方案进行充分论证和比选。

二、TOT 模式下公路工程造价管理

与 BOT 模式相比，TOT 模式下投资方不参与项目建设，因此避免了项目不能完工、延期完工、成本超支等建设风险，从而使投资风险大幅度下降，投资方要求的收益率也会在相同程度上下降，从而可以降低项目的融资成本，进而降低工程的整体造价。

TOT 模式一般适用于经营性公路项目，在 TOT 模式下，投资方可以以债权或股权的方式投资，投资方是项目营运风险的承担者，其要求的收益是在公路建成后经营期间产生的收益，在这一期间，收益主要取决于公路收费的收入和管理养护费用的支出配比之后的结余。因此，在 TOT 模式下，投资方对于公路造价的管理体现在公路养护工程造价的合理控制方面，其目标是使公路养护工程的造价不出现“超概”的情况，合理采用新设备、新技术和新材料，降低养护的成本，以增加公路的收益性，可以通过以下具体的造价管理实现高速公路养护工程的造价管理。

（一）高速公路日常保养项目工程造价控制

高速公路日常保养项目工程造价控制与许多因素有关，比如工程维护队的选择、养护项目大小、养护项目所需时间以及养护费用。首先，需要引入合格的供方。高速公路管理部门应该在每年组织评审小组对具有高速公路养护资格的施工单位进行邀请，然后由评审小组来综合评价施工单位的技术力量、机械设备以及工程质量等，这对于高速公路养护工程的养护质量而言是非常有利的。其次，应引入工程量清单计价机制。在高速公路养护工程造价管理中，设置编制符合市场价格的工程量清单，针对云南山区高速公路的养护特点修订符合当地情况的计价标准；控制高速公路日常维修费用限额。当高速公路出现交通事故或者其他紧急情况时，就会对高速公路上的设施造成一定的损坏。为了避免交通受到影响，就需要及时进行抢修。可根据经验数据制定日常的维修费用限额，从而，高速公路管理部门可以依据工程量的大小以及施工难度选择施工单位进行维修。最后，应引入第三方工程监理。在高速公路日常养护工程中，监理人员要对养护项目的造价进行确认，并标出所用材料的价格，避免施工单位在紧急维修的情况下提高工程造价。不仅可以满足高速公路养护任务紧急、抢修时间有限的要求，而且也使得高速公路养护费用有了标准的计价，不会出现虚高的造价，使得施工单位之间有较好的竞争基础。

（二）高速公路专项大修工程项目的造价控制

当高速公路使用年限达到一定范围之后，将需要进行专项大修工程，其所涉及的金额非常大，而且施工时间较长，施工难度也有提高。与新修高速公路项目的造价有着较大的差别，具体控制如下：在专项大修工程项目决策阶段，如果工程施工费用过高的话，就会浪费较多的资金；如果工程施工造价过低的话，施工单位则不愿意承接工程。所以，在专项大修项目的决策阶段，要对养护工程的造价进行合理的评估，并将其作为工程养护的最高金额，另外，决策阶段还要确定工程的可行性。在养护工程施工过程中对环境或者交通的影响都要进行相关的评估，制定经济合理的维修方案。在设计阶段，普通的专项大修项目采用一阶段设计。如果项目较复杂，则用二、三阶段设计，设计阶段将决定工程的工作量以及工作强度。高速公路管理部门可以向各个施工单位推行限额设计。在结算阶段，由于专项大修工程项目的施工时间较长，所以其施工影响因素较多，工程在施工过程中的工作量及工作难度都会发生一定的改变，这样就会使得工程造价发生改变。对于这种情况，就应该对变更的项目重新定价，要使得定价符合市场上的要求。专项大修工程项目还会出现索赔情况。索赔的情况一定要遵照签订的合同及时索赔，完工后及时审查。

此外，项目公司是新建公路项目的建设单位，其将在整个建设工程的设计、招投标、施工和竣工验收阶段承担造价管理的职责。在 TOT 模式下，政府除了在造价管理中扮演监管者的角色之外，还要扮演对新建公路项目的投资决策和设计阶段造价控制的角色。

三、PPP 模式下公路工程造价管理

在 PPP 模式下，政府与民间投资方共同组建项目公司对公路建设项目进行管理，在这种模式下，政府对造价管理的职责主要侧重于前期的投资决策和设计阶段，同时对全过程进行监督审核；民间投资方的造价管理则贯穿于项目的整个过程中；而项目公司侧重于在项目开始实施后的设计、招投标、施工和竣工验收几个阶段。

PPP 项目建造阶段的活动包括项目的初步设计、技术设计、施工图设计、招投标及工程实施。PPP 项目的建造阶段造价 C 可分解为各阶段的造价，即有公式如下：$C = C1 + C2 + C3 + C4 + C5$，其中 $C1$ 是初步设计阶段的造价；$C2$ 是技术设计阶段的造价；$C3$ 是施工图设计阶段的造价；$C4$ 是招投标阶段的造价；$C5$ 是工程实施阶段的造价，设计阶段所划分的每阶段费用都是由各项具体活动消耗的各

种资源和占用的资源费用形成的。各阶段的设计活动要耗费许多从事智力劳动的人力资源和一些相关的其他资源。对于建造阶段的造价管理必须从对各项具体活动所消耗占用资源形成的造价管理入手，通过对这些具体活动造价的科学管理，实现对建造阶段的各个子阶段的全面造价管理。在招投标阶段的投资控制中，根据招标文件要求、现行规范、工期等认真审核标底；审核工程量；审核各种包 T 费用和主要材料指标；审核标底造价的合理性。使工程造价控制在“合理价”范围内。高价承包将使项目公司蒙受投资损失；低价承包会造成不规范施工、安全隐患、施工质量无保障、工期延误等问题。在施工中应定期分析投资的实际值与目标值之间的偏差原因，并采取有效措施加以控制，保证投资、造价控制目标的实现。

四、PFI 模式下公路工程造价管理

由于在 PFI 模式下实行全面的代理制，作为项目开发主体，PFI 公司通常自身并不具有开发能力，在项目开发过程中，广泛地应用各种代理关系，而且这些代理关系通常在投标书和合同中即加以明确，因此，造价的管理相对来说参与的单位也就更为复杂和众多。在这种模式下，公路建设项目的造价管理从公路工程建设的全过程来看，投资决策阶段还是要由政府部门进行管理，而后期的设计、招投标、施工和竣工验收阶段均交由民间投资方/项目公司进行管理和监督，同时将各个具体造价的管理细分到各级代建机构之中，各司其职，充分发挥各自的优势。因此，在这个过程中，除了政府部门需要履行好行政监督的职能之外，对于造价的控制监督的职责也将由项目公司具体承担。

由于 PFI 模式的特点，在这种模式下的层层承包代建，政府造价管理部门可做的是应将工程造价、费用的指令性改为指导性、竞争性；政府对工程价格宏观调控要完善，而微观管理要逐步放开：要使承发包双方有更多的自主定价权，强调尊重和维护承发包双方订立的承包合同的严肃性，不能以政令取代或推翻合同条款。当然，要有一个规范、严密的承包合同，逐步建立起“盈亏自负、风险分担”的工程造价承包模式。

五、ABS 模式下公路工程造价管理

在 ABS 模式下，投资者与公路项目分离，因此投资方并不参与到公路建设项目的实际建设和经营过程中，因此投资者在造价管理过程中并不承担职责，造价管理的职责则由政府部门和项目公司具体承担，政府部门主要负责前期的投资决

策和全过程的监督审核，而项目公司则承担了造价管理的绝大部分职责，包括：设计、招投标、施工和竣工验收阶段各个环节的造价管理工作。

表 4－8　不同投融资模式造价管理比较

造价管理的重点 模式	民间投资方造价管理的重点	项目公司造价管理的重点	政府部门造价管理的重点
BOT	设计、招投标、施工、竣工验收阶段	设计、招投标、施工、竣工验收阶段	投资决策、设计
TOT	已建成公路项目的公路养护工程造价	新建公路项目的设计、招投标、施工、竣工验收阶段	投资决策、设计及监督管理
PPP	投资决策、设计、招投标、施工、竣工验收阶段全过程	设计、招投标、施工、竣工验收阶段	投资决策、设计、监督审核
PFI	设计、招投标、施工、竣工验收阶段	设计、招投标、施工、竣工验收阶段	投资决策、监督审核
ABS	投资人不直接参与公路项目的建设和经营，因此对造价管理无职责	设计、招投标、施工、竣工验收阶段	投资决策、监督审核

第四节　云南省公路工程造价管理存在的主要问题

一、定额标准修订不够及时

2007 年 10 月 29 日，期盼多年的《公路工程基本建设项目概预算编制办法》（JTG B06－2007）、《公路工程概算定额》（JTG/T B06－01－2007）、《公路工程概算定额》（JTG/T B06－02－2007），《公路工程机械台班费用定额》（JTG/T B06－03－2007）出台，其在项目组成、费用率变化、取消定额基价等方面取得了进展，自 2008 年 1 月 1 日起实行。新修订的定额和编办是全国统一的专业定额，适用于公路基本建设新建、改建工程。对于公路养护的大、中修工程，可参考使用。定额影响因素应是由于国民经济发展、人民生活水平普遍上升而变化，2007 年 10 月份制定的《公路工程基本建设项目概预算编制办法》（JTG B06 －

2007)、《公路工程概算定额》(JTG/T B06 - 01 - 2007)、《公路工程概算定额》(JTG/T B06 -02 - 2007),《公路工程机械台班费用定额》(JTG/TB06 - 03 - 2007)未必适应于现行的实际情况。定额标准颖随经济发展而调整。

二、定额不能满足实际生产需要

现行公路工程计价定额包括《公路工程估算指标》《公路工程概算定额》和《公路工程预算定额》，基本能够满足公路建设项目进入建设施工之前的不同阶段和业主单方面确定投资的需要。但公路工程在进入施工合同实施阶段的主要工作是计量和支付，其主要依据是报价和合同。而由于建设单位和承包商的管理目标和性质发生了变化，报价、计量和支付仍然直接采用《公路工程预算定额》就不合理了。此时应该采用反映承包商个别成本水平的企业定额。事实上，我国绝大多数承包商没有建立企业定额。承包商普遍习惯采用代表全行业平均水平的预算定额编制报价，即以地方或行业定额及相关费率标准来进行投标报价，或者在这一价格的基础上对其中某些项目的费用予以折扣作为企业的投标报价。

三、定额管理模式存在一定缺陷

当前公路工程定额管理基本上仍属于政府职能，定额管理的主体是交通运输部公路工程定额站及各省（自治区、直辖市）公路工程定额（造价）管理站，一些地级市设有分站。定额编制的信息采集、信息加工（编制和修订定额）、信息传递（贯彻和使用定额）及信息反馈的主体是各级公路定额站。这种管理模式难以调动广大定额测定对象和使用者、承包商的积极性，从而无法从制度上保证定额测算的真实有效性。因此，有必要按定额的使用特性和新时期市场情况的不断变化来改变“自上而下”进行定额管理的思路。

鉴于以上情况，2010 年中国建筑出版社编制出版了《2010 年最佳新建筑工程施工定额详解和预算编制及计价造价工程款结算实例全书》，该书从七个方面阐述了建筑工程造价定额的编制与预算情况：全国统一建筑工程基础定额、建筑工程的工程量清单计价规范、建筑工程的工程量清单计价规范宣贯材料、建筑工程投资概算估价、建筑工程识图与预决算编制、建筑工定额预算与清单造价实例细节详解、建筑工程定额预算造价总说明。

就我省而言，为全面加强我省在建高速公路项目工程造价的全过程动态管理，落实造价监督制度，强化工程造价的约束机制，维护建设各方合法权益，合理控制投资。根据《云南省交通运输工程造价管理办法》（云南省人民政府令第

164 号）、《云南省交通基本建设造价监督管理办法》（云交基建〔2009〕639 号）的相关规定，2014 年 10 月 20 日至 11 月 23 日组织两个检查组对全省在建的 15 条高速公路项目进行造价监督检查。

在建设单位自检自查的基础上，检查组采取查阅资料、施工现场抽查、检查情况反馈、造价业务交流等方式，主要对造价法规执行情况、前期阶段造价管理情况、招标阶段造价管理情况、施工阶段造价管理情况、从业人员持证情况以及 2013 年造价监督检查中存在问题的整改落实情况进行检查，重点对工程计量的真实性、准确性和变更的合法性、合规性进行抽检核查。检查中，检查组采取重点抽查和随机抽取相结合的检查方式，通过与指挥部、监理、施工等参建单位造价人员进行沟通交流，了解了公路建设一线造价工作存在的问题和困难，为下一步做好交通造价管理工作、改进工作方法收集了很多好的建议和意见。

云南省交通运输厅工程造价管理局出版了《云南省交通运输工程造价管理论文集》一书，该书从交通建设材料价差调整方法的分析、公路建设项目工程造价管理对策分析、城市规划与公路运输及建设、公路工程造价监督管理体系研究、市场经济条件下补充定额编制方法探讨等几个方面对公路造价预算进行了概括。

四、管理体制不够完善

项目建设全过程造价控制意识薄弱。前期阶段工程造价的控制是一个对投资决策、勘察设计、项目招投标、项目实施及竣工决算等建设程序各个阶段的全过程的控制，各阶段的造价控制环环相扣。多年来，对建设项目投资决策阶段的工程造价控制的意识不够到位，一提到工程造价，首先想到的是项目实施阶段的管理与控制，而忽略了最关键的前期控制，加上缺乏相应的、科学的、可靠的投资决策指标管理系统，决策咨询机构往往根据自身掌握的资料及经验进行分析研究，随意性很大，最终导致决策出现偏差。主要表现为：在项目决策阶段，重行政轻经济，可行性研究不真实，造价管理缺乏科学论证，有些项目为了满足相关财务评价数据，甚至压低工程造价，实际上把可行性研究变成了可批性研究；在勘察设计阶段，重工程轻经济，设计人员节约造价的设计成果得不到应有奖励反而要承担风险，大大挫伤了设计人员的积极性，在设计中形成了只求安全不问造价的现象。所以，我们必须更新观念，重新认识，总结出一套完整的工程造价控制与管理方法。工程造价控制应贯穿于建设项目的全过程，但控制重点则应转移到项目建设的前期，即转移到项目决策和设计阶段。

五、工程造价信息缺乏，计价模式比较落后

工程造价计价模式，是指根据计价依据计算工程造价的程序和方法。目前，高速公路工程的工程造价计算模式名义上是采用工程量清单计价为主的模式，但工程量清单计价最终还是以定额为标准进行计算，其特点可以归纳为一个“套”字，即套定额，未能做到真正意义上的市场定价。高速公路项目采用公开招标的形式确定工程量清单报价，但招标工程的控制价中的实物消耗量是套定额换算的，实物单价是套用政府公布的价格信息，且经招标取得工程量清单报价须参照定额编制的报价进行不平衡调价，归根结底，计价模式还是采用了“量价合一”的定额计价。随着市场经济的发展，不同的地域条件、劳动力组成以及企业的技术管理水平等元素均左右着企业的人力、物力实际消耗。因此，以国家颁布定额和价格信息为依据形成的工程造价带有明显的统一性和计划性，行政色彩过浓。政府对工程造价的控制和干预在一定程度上限制了企业参与完全市场竞争，限制了企业的创造力和活力，从而制约了企业在市场经济条件下的快速发展和壮大。为了适应市场经济发展和满足进一步开放市场的需要，工程造价计价模式应向“量价分离”模式转变，做到真正意义上的市场定价。

第五节　进一步完善云南省公路工程造价管理的措施

一、完善工程造价信息化系统建设

随着信息技术的发展，工程造价管理的信息化系统建设已成必然趋势。目前，虽然我国的造价管理机构也定期发布工程造价信息，但大多数是以配套定额的编制公布的各种人工、材料、机械台班单个价格为主的信息，由于造价信息的公布机构都是各行业的行政造价主管部门，其资源渠道处于相互封闭状态，导致造价信息区分性较强，造价信息的采集加工和传播缺乏统一规划、统一编码和系统分类。结合项目建设的不同阶段建立相关造价信息体系。如项目前期“投资估算指标”和“概算指标”等综合造价指数体系，以及贯穿项目建设全过程的“价格信息”体系等。围绕工程造价信息化系统的建设，应改变观念，彻底打破政府确定的思路，将信息化系统建设的职能赋予专业造价咨询机构，政府可对其进行行政监督。专业造价咨询机构应跳出只会套定额的“套”，发挥其庞大的信息资

源对相关工程数据资料进行积累、分析、研究并建立相关数据库，价格信息的收集、加工、处理以及后续的定期公布，公布造价信息真正做到及时、准确、公正和规范。由此达到工程造价信息化建设的目的，以造价信息为基础进行项目全过程的工程造价控制。

二、完善定额循环系统

通过完善工程造价信息化系统促使“量价分离”中的“价”逐步走向市场价格。由于我国各地市场经济发展存在差异性，还没有具备市场定“量”的造价管理环境，定额计价完全向成熟的市场价格机制转换还需一段时间，现在就放弃定额任由工程价格随市场变化，则会存在很多问题，严重的可能会产生失控，因此现阶段工程造价计算模式仍须以定额为主。目前，高速公路建设正在积极推进标准化建设，如工艺标准化、结构标准化等，这在一定程度上调整了工程实体消耗中人工和机械的比重，导致工程实际消耗与定额消耗的偏差进一步加大。因此，颁布实施的定额应该在工程的实际运用中及时补充完善，以便再汇编、再运用，形成一个定额“更新—运用”循环系统。

随着市场经济的发展，企业为了加强自身的竞争力，根据不同的施工环境调整并使用新工艺、新机械及改变劳务组成结构，促使工程实施的实际消耗向着良性方向发展。建立定额循环系统的目的，就是通过不断地更新、补充消除工程实施的实际消耗和定额消耗之间的差距，即消除“量”的差距，为真正做到市场定“量”打下坚实的基础。

三、重视项目前期的造价控制

公路工程决策阶段的造价管理是实施全过程造价管理的基础，影响到整体工程造价全过程控制是否科学、合理等，也关系到参与各方经济效益的实现。要做到科学、合理的决策必须做好以下几个关键环节：

（1）委托专业咨询单位进行决策咨询，以保证决策的科学化。

（2）决策咨询单位必须有足够的时间、足够的人员，以确保相关资料的收集及调查分析的全面性，如工程沿线自然条件、征地、拆迁赔偿、地方规划的衔接等，改变目前项目决策阶段存在的研究时间短、审批时间长的状况。

（3）避免为了通过决策批复而过多干预决策咨询单位的现象，但须加强对工程可行性研究的过程监督与结果论证，使工程项目决策做到深入、科学、合理。

工程设计是建设项目进行全面规划和具体描述实施意图的过程，是工程建设的灵魂，也是实现经济管理的关键性环节，更是确定控制工程造价的重点阶段。目前我国正处在公路建设的高峰期。

（1）监理机构全面介入。在项目实施阶段实行监理制度后，不但在工程质量、进度方面都取得令人满意的经济效益和社会效益，同时也促使项目实施阶段的造价控制进入有序的良性循环，因此在勘察设计阶段也引进监理制度是势在必行的。实施设计监理，保护工程项目安全可靠，最大限度地提高设计方案的适用性和经济性，使设计趋于合理。反之，设计监理制度也促使设计单位改善管理体制、优化结构、提高水平，杜绝片面追求设计单位本身的工作量和经济效益，做到为工程项目量体裁衣。

（2）开展限额设计，科学控制工程造价。限额设计是按照批准的投资估算控制初步设计，按照批准的初步设计概算控制施工图设计，在保证工程项目使用功能的前提下，按结构部位或功能的不同，将资金划分为若干单元，设计人员则根据限制的额度进行设计。限额设计彻底改变了设计过程不算账的状况，将设计由“画了算”变为“算着画”。实施“限额设计”可配套制订对设计人员的激励和约束机制，充分调动设计人员的积极性，能够有效地控制整个项目的投资及造价，同时还可以确保重点项目的重点分项的资金投入。

（3）重视多方案经济比较。设计过程中的多方案比选多倾向于技术性和安全性。因此在设计阶段提出方案经济比较，就要求工程造价人员需与设计人员密切配合，及时对项目投资进行分析对比，反馈造价信息，从而完善设计，提高设计质量，做到技术与经济统一，保证有效地控制投资。

（4）改变设计费用的计取方法。我国现行的设计取费按标准投资额的百分比计算，使得工程造价越高，收费也越多，这种取费方法难以使设计单位主动地降低造价，节约投资，不利于工程造价的控制。因此，应把造价控制与设计单位的经济效益挂钩，并设立奖惩制度，把设计的责、权、利结合起来，在原设计取费的基础上，对节约投资的设计予以奖励，对增加投资的设计扣除相关设计费，实行优质优价的计费方法。

四、加强工程造价管理信息化建设

（一）掌握与分析资料，建立健全工程造价数据库

工程造价信息对于公路工程造价管理具有非常重要的作用，它是建立工程造价管理信息系统最基础、最根本的资料。所以，要结合实际认真积累以及认真分析这些资料，一方面可以把握我国公路工程造价之变化规律，另一方面可以通过

这些资料分析与整理出工程造价的不同的价格指标，同时，对于一些重点的工程项目、一些复杂的工程应该设立专人给予跟踪处理。

（二）研制开发应用软件

要形成操作性强的工程造价系统，则与功能比较大、操作比较方便的基础工具密不可分，而这种工具就是当前应用于公路工程建设的相关软件，为此，应该从以下几方面着手：第一，做好公路工程造价管理的全过程管理，研发出可以适用不同工程造价管理阶段的应用软件。第二，工程造价的各种应用软件要对造价信息的需求变化具备比较丰富的功能，比如收集、整理等方面的功能。

（三）构建“虚拟工程”

工程计算机仿真软件的大量使用，必然使我国公路工程造价管理信息系统向虚拟工程方向发展。虚拟工程主要包括时间、空间与结构方面的虚拟，通过虚拟仿真可以生动形象地展示出一些复杂公路工程造价管理的问题，比如计算问题、控制问题等。虚拟工程之核心部位是中央数据库，它具有存储、调用以及处理等多种功能，各种各样的工程造价信息文档就是按照有关标准，通过分类与编码将这些数据存入中央数据库中。将虚拟工程跟中央数据库中相关工程给予对比、分析与验证，则在一定程度上有益于决策与造价控制，可以保证各个投资方的投资利益，提升了工程造价管理工作之科学性与规范性。

综上所述，充分运用各种信息技术可以实现工程造价信息资源的共享，有效改善我国公路工程造价管理资源比较缺乏的现状，进一步降低公路工程造价的各种成本。

五、建立高速公路造价指标体系

本书从立项阶段、可行性研究阶段、设计阶段、招投标和施工阶段、工程完工后这几个方面对建立高速公路造价指标体系展开论述。

（一）立项阶段

在项目立项阶段，公路工程造价指标是进行投资估算的直接依据。由于公路工程造价指标数据来源于工程建设一线，能准确反映工程建设的实际情况，政府部门可以根据工程造价指标掌握工程造价市场的发展和趋势，并通过对已完工的类似工程造价指标的对比分析，拟定建设项目的投资估算，以此决定项目的立项与否，从而避免盲目投资，提高政府投资决策水平，为政府进行宏观调控服务。

（二）可行性研究阶段

在可行性研究阶段，公路工程造价指标是公路建设项目评价、决策过程中评估项目投资效益的主要经济指标。通过应用公路工程造价指标计算总投资，以此评估投资回收期和投资收益率，作为投资决策的主要依据。

（三）设计阶段

在设计阶段，公路工程造价指标是推行限额设计，选择设计方案的重要指标。应用公路工程造价指标，推行限额设计，控制拟建项目工程造价的最高限额，避免超出批准的初步设计概算。应用建设工程造价指标，对不同方案进行比选，选择技术上可行、经济上合理的方案，使设计体现功能与造价的统一，使建设项目在满足功能的前提下降低成本。

（四）招投标和施工阶段

在招投标和施工阶段，公路工程造价指标是进行工程造价分析对比的重要参考指标。编制公路工程造价预算、结算，对工程造价计算的准确性要求很高，应用公路工程造价指标体系可以很快地对工程计价的准确性做出判断。通过与已完工的类似的典型工程的造价指标对比来发现问题，这样可以使建设单位各方合理地进行工程报价和结算，减少纠纷、拖延、腐败等现象发生。

（五）工程完工后

积累的公路工程造价指标数据（主要是工料机费用数据），可以为造价管理部门对公路工程造价构成要素进行权重分析，并为测定公路工程价格调整系数物价指数提供数据支持。

六、形成高速公路造价的动态控制

由于高速公路工程在施工过程中的各种主客观条件都是随时变化且不稳定的，因此在高速公路工程的施工中要随时调整工作的目标和工作方法来适应随时变化的情况，由此便出现了动态控制的方法。它是一个动态的循环过程，它在高速公路工程施工中定期地将施工的计划值与当前的实际值进行比较，如果发现目标偏离计划值，就要立即采取措施对其进行纠偏。

由此便引出高速公路造价总控动态控制的三大要素，即目标计划值、目标实际值、纠偏措施。从其地位来看，目标计划值是目标控制中的依据，目标实际值是其进行控制的基础，而纠偏措施是其实现目标的方法和途径。

通过图4－1我们可以得知，工程的施工过程中，不仅要考察该时段的实际值与计划值，还要通过一定的数学和其他手段对工程施工中的未来目标值做出预测以保证其完成，即要建立起高速公路造价预控体系。

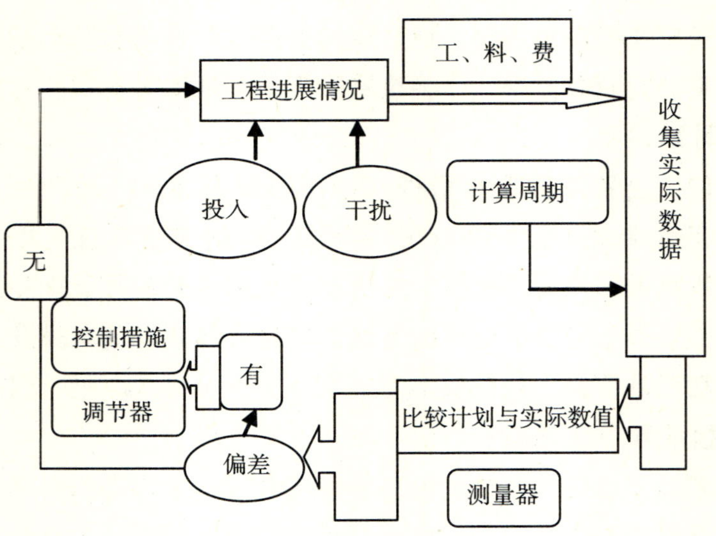

工程动态控制机理图

（一）确定造价控制的周期

造价控制周期的确定一般应根据工程的特点和规模来进行，根据各种经验来看，一般的高速公路工程的周期应控制在一个月，如果该工程中有较为重要的单个项目，可以将周期控制在一月或者一周，这样能够及时有效地对重要工程进行控制。

（二）充分收集信息

收集信息的过程是让工程的各个参与方登陆制订的信息平台，上传信息登记表或者在线填写，填好后将其存入工程的数据库。其中各参与方填写的表格有所不同，表格的类型主要分为总控单位填写的表格和施工单位填写的表格：

（1）总控单位填写的表格主要有：标段的造价组成表、标段的实际造价组成表、主要材料的造价表、天气状况的统计表、完成工程量表等。

（2）施工单位填写的表格有：每个标段内月工程量的完成统计表、每个标段月投入机械设备的使用明细表、标段月投入的施工人员数量表等。

（三）建立管理报警系统

报警系统，指的是高速公路造价的总控人员对工程的相关造价进行收集和分析，并对当前的工程造价进行报警管理的系统。总控人员根据计划的数据和造价，设置出一条报警线，用以判断当前的工程施工所花费的资金是否已超过了计划的造价，然后根据超出报警线的程度向有关部门发出相应的报警，并对产生偏差的原因进行分析，及时采取纠偏措施以保证其及时被纠正过来。

（四）制订预警模型

高速公路工程的预警管理，指的是工程造价的总控人员对工程的相关造价信息进行收集和分析，将工程中各项内容和条件都考虑进去，采用指数平滑模型、线形回归模型或者神经网络模型等对资金的需求进行预测，以此判断工程的实际资金使用会不会超过阶段控制目标，并将预测结果放在月度报告中提交给有关部门，以供决策者参考。通过预警模型的制订，能够有效地降低工程的造价，节约施工工程的费用。通过对项目总控和造价总控的概述、造价总控的工作内容和任务以及工程造价总控的动态控制的分析，对高速公路造价的总控有一定的了解，以方便对高速公路建设的把控。

第五章　不同投融资模式下云南省公路建设风险控制

第一节　公路建设风险控制的主要内容

一、云南省公路建设风险控制的主要意义

无论是云南“桥头堡”战略的实施，还是国家“一带一路”战略的实施；无论是“孟中印缅经济带”建设，还是中国—东盟自由贸易区建设；无论是西部大开发战略，还是长江经济带战略实施，对云南省的首要要求就是建立互联互通的综合交通网络，这对云南的基础设施建设，尤其是公路交通建设提出了新的更高的要求。而云南省各等级公路加快建设过程中主要的矛盾是资金的问题和在投融资模式选择下项目风险的管控问题。换言之，风险问题的合理引入是云南省公路建设融资获得成功的基本要件之一。目前，国外对风险进行控制管理是项目融资不可或缺的内容，对每个投融资项目都要进行风险因素的识别分析、风险评估分析和风险应对策略制订，并最终贯穿于项目实践。与国外成熟项目融资风险管理系统应用相比较，项目融资在云南省的项目建设实践中还处于初期发展阶段，相对来说实践还不充分，风险管理更是滞后于项目融资大环境的要求。缺乏系统的风险意识和管理手段，这将会成为项目融资进一步发展的严重障碍。因此，在选择多种投融资模式加快公路建设步伐的同时，必须加强公路建设风险控制。

云南省公路建设风险控制有必要建立一套科学系统的评价体系，全面客观地反映不同投融资模式下的风险情况，促进我省加快建设互联互通的交通体系。有鉴于此，应当在认真学习研究学术界和理论界有关风险指标体系设计方面的资料，以及对我省地区进行深入调查研究的基础上，立足我省实际，就我省公路建设项目风险管理问题进行全面分析，从公路建设风险的类别特征入手，对风险进行识别分析、评价，进而对云南省现行投融资风险影响因素进行梳理，从而提出风险控制的建议，目的是为我省交通规划部门提高决策水平、完善支持政策提供决策参考。

二、云南省公路建设风险控制的具体目标

一是分析云南省在公路建设不同阶段风险的影响因素。本书课题组通过调研发现，云南省公路建设项目风险主要在时间维度上，项目的各个阶段都会有风险存在，其中部分风险将会贯穿于项目建设过程的始终，而部分风险只是存在于某个项目阶段，但是它涉及众多建设要素，并且各种风险相互影响并不孤立，同时绝大部分的风险并不是突然爆发的，而是随着项目的环境、条件和自身固有的规律逐渐发展和变化的。因此，有必要对公路建设各阶段中影响风险的因素进行分析归纳，有助于风险的识别和风险评价体系的建立。

二是建立云南省公路建设风险综合评价体系。云南省的公路建设尤其是次级公路的建设多采用政府投资，即非经营性的公路建设，风险控制主要集中于造价风险控制。而随着高速公路的加快建设，公路建设投融资方式日趋多样化，随着多种公路投融资模式的出现，使得公路建设过程中也出现更为复杂的风险控制因素，因此，有必要建立云南省公路建设风险评价体系，尤其是对不同投融资模式下的风险进行比较和分析，从而为规避防范风险提供服务和参考。

三是促使相关部门建立完善的风险监管体系。通过对云南省公路建设中的风险要素分析，风险的识别和风险评价体系的建立，本书课题组将向相关部门提出具体的政策建议，不仅能提供有益的政策参考，而且建立投融资模式选择方法及相应的风险管控机制。

三、云南省公路建设的风险特征及不同阶段的风险分析

通过调研及资料收集发现，云南省的公路建设尤其是高速公路的建设从设想、规划、选择、评估、决策、设计、施工到竣工验收、投入生产整个过程，总体上都遵循相应的规定和建设施工规范，但在各环节均有主观或客观风险因素存在。

（一）前期开发阶段的风险分析

项目的前期开发阶段主要包括项目建议书、可行性研究报告的批准立项，以及投资方合同谈判、筹资融资等工作。投资项目的可行性研究是在投资决策前对拟建项目有关的社会经济和技术等各方面情况进行深入细致的调查研究；对各种可能拟定的技术方案和建设方案进行认真的技术经济分析与比较论证；对项目建成后的经济效益进行科学的预测和评价。在此基础上，综合研究建设项目的技术先进性和适用性、经济合理性和有效性，以及建设可能性和可行性。据此提出一

个包括建设必要性、建设规模、资金来源、技术经济比较等方面的可行性报告，报请国家发展规划部门和交通主管部门审批。如果是高速公路，项目的前期开发阶段的工作还包括项目的初步设计以及施工图设计的审查、批复，主要是确定线路的走向、工程方案，路基、桥涵、路面及交通工程等各种构筑物的技术方案和设计，工程数量、项目概预算，建设周期安排，等等。其主要目的在于：通过社会经济、交通运输系统分析公路现状；科学预测交通需求；制定交通发展战略；明确建设目标；合理配置运力资源；确定路线及场站规模、布局；明确建设重点工程，恰当安排建设序列，避免公路建设决策、建设布局的随意性、盲目性及重复性所带来的投资风险。同时，在可行性研究中，主要应该涉及市场前景、技术、筹资等方面的风险预测，其中筹资风险的重点体现在融资模式，融资方的银行贷款风险、债券融资风险、租赁融资风险、联营融资风险等方面。具体风险描述见表 5－1 所示：

表 5－1　项目决策与设计阶段风险分类及其因素

阶段划分	风险类型	相关风险因素	风险描述
前期决策&设计、计划阶段	政策风险	公众反对	公众认为损害了公众利益，造成公众的反对而引起的风险
		相关法律变更	对现有法律进行修订、重现诠释或者颁布新的法律而造成市场需求、产品消费等因素随着变化，对项目的实施带来了损害，导致项目损失甚至失败的风险
		政治不可抗力	上级主管部门政策的调整，如取消原先重点规划项目，造成项目后期补助停发导致的项目失败风险
		项目审批延误	项目审批过于繁杂，造成审批时间和成本过高，审批后可能对项目进行调整，进而为项目正常运转带来了困难
		经济事件影响	单一经济事件引发的风险影响，如经济风险、政治风险等
		行业规范改变	由于行业规定或行业政策发生改变，造成项目面临更多不确定性
		政府决策程序失误	项目在决策过程中由于受到决策程序不规范、官僚作风或者信息不对称等原因造成项目决策失误等风险
		税则改变	相关政策引起的税率变动

续　表

阶段划分	风险类型	相关风险因素	风险描述
前期决策&设计、计划阶段	技术风险	技术失误	不完整的或者缺乏文件（如技术规格）或规划失误有关内容，导致过程、业务、工艺进度和额外费用或延误
		质量风险	设计质量的风险
		设计变更	难以预料的设计变更，由于当地设计习惯和惯例的不同而产生设计上的错误
	市场经济风险	利率风险	投资估算中采用当前银行贷款利率，存在利率变化的风险
		融资风险	是否能顺利融资：融资模式，融资方的银行贷款风险、债券融资风险、租赁融资风险、联营融资风险等方面
		唯一性	项目是否有相似或近似的项目而导致对项目形成实质性的商业竞争而对项目产生的风险
	管理风险	计划欠周全	由于项目计划程序、机制、决策机制不科学所导致的失误风险，以及对未来的不确定因素的考虑不足，缺乏对不确定因素的考虑和安排而造成的风险
	信用风险	信用因素	一方面是项目参与者无法兑现承诺造成的项目风险，另一方面政府部门不履行或者拒绝履行承诺或者合同规定的内容而造成危害
	自然环境风险	地质条件	地质勘测水平的风险

（二）建设阶段的风险分析

基础建设项目的建设阶段内，主要是投资者等私人部门资金运转的过程。这一阶段的风险主要集中在该工程实际成本与预算成本的成本控制、完成项目所用时间与预计完成时间的进度控制，以及完成工程质量与项目规划要求的质量控制上。设计不当、承包商选择不当、成本超支、工期延误、施工技术不当是公路建设项目建设期内的主要风险因素。这些因素如果处理不当，将会使风险隐患贯穿于项目的整个运营期间。具体风险描述见表 5 – 2 所示：

表5-2 项目建设期风险分类及其因素

阶段划分	风险类型	相关风险因素	风险描述
施工阶段	政策风险	政府终止项目开发	在项目建设期，政府主管部门因公共利益需要终止项目的开发
		实行征用和没收	由于政治、社会或经济压力，由当地政府接管私人公司经营，并且无设施用于合理补偿
	技术风险	设计失误	工程设计中由于对实际需要缺乏分析，导致工程在实施过程中受外界因素影响程度或对其他工程实施的影响程度超出预期，造成工程实施阻力增加
		建筑设计变更	意料之外的变化和施工错误或操作不当造成的设计变更风险
		建造成本超支	工作不足和材料浪费 法律变更、批准延迟等
		工程技术风险	技术的不成熟或未能够满足要求的不合理技术所引起的影响工程进度、质量和成本的风险
		完工风险	由于技术经济因指标使得项目建设延期，建设成本超支，项目达不到设计规定的技术经济指标，甚至项目完全停工放弃所带来的风险
		质量风险	来自于质量接受方（或生产方）的违约而导致的生产方（或接收方）损失，此即由于质量风险的概率结构而发生的风险
		地质条件	地面条件、支撑结构所造成的限制或地质结构发生变化
		场地可用性	场地赎回、使用期限、获得许可和社区联络等因素所造成的既往责任
		土地使用	土地权属所带来的争议问题
		材料浪费	不经济的使用建筑材料，从而造成建筑材料的浪费，工程造价上升的风险
施工阶段	市场经济风险	高财务成本	施工过程中，由于自身及外部未预料或控制因素的影响，使施工项目的财务收益具有不确定性，导致施工项目亏损的风险
		高融资成本	是指由于项目融资风险高，融资结构、担保体系复杂，参与方较多所导致的大量费用发生，以及较高风险因素所致的高项目融资利息所带来的风险

续　表

阶段划分	风险类型	相关风险因素	风险描述
施工阶段	市场经济风险	资金风险	是指由于利率及价格水平的变化所带来的资金收益的不确定性
		材料价格变动	由于市场环境变化造成材料价格的涨落所造成的风险
	管理风险	组织协调风险	有缺陷的时间规划或能力不足的描述，通信路径，应用程序和资源的人员申请，或不足控制分包商以及被忽视的控制职责和行政职能扰乱项目进程并导致延误或成本增加
		劳动力/材料可用性	是指能否在当地获得足够劳动力/材料，并且劳动力/材料相对成本情况所带来的风险因素
		现场安全	在现场作业过程中，因管理措施不到位、违反现场安全操作规定等原因，引起的人身伤害、设备损坏、计量差错等风险
		劳动争议	是指因劳动争议而引发的法律风险
	设备风险	配套设施风险	配套公用设施，如电力，水，建设，运营和管理所需未及时或以合理的费率提供所引发的风险
		设备/材料进口限制	因设备/材料的进口限制因素所引起的连锁反应所致相关风险
	自然环境风险	环境破坏	是在建设过程中对环境产生的破坏，建设方所采取的处理、处置方式，对建设成本的影响风险
		历史文物保护	在建设过程中遇到历史遗迹或文物保护引起局部调整所带来的影响项目进度、成本的风险因素

通过调研考察发现，我省的公路建设，尤其是高速公路建设在建设阶段的建设方选择和质量管理总体上较为科学、完善，但是成本管理上由于可行性研究报告的粗糙，材料价格波动等因素，超估、超概的情况经常发生，成为风险概率最高的部分。

（三）运营阶段的风险分析

运营阶段的风险管理目的是为已建成项目提出改进建议，以达到减少投资风险的目的。主要包括公路项目后评价、公路的养护维修管理、运营成本管理等。

表 5－3　项目运营阶段风险分类及其因素

阶段划分	风险类型	相关风险因素	风险描述
运营阶段	政策风险	行业政策改变	在项目经营期内，行业政策改变，例如经营期内收费标准的改变、经营期内对设备、管理等方面的政策改变
		资产所有权	由于经营情况变化造成相关收益的变动，以及由于资产限制、技术陈旧等造成的损失等
		政府引起的材料费波动	由于政府部门原因引起的市场实际购置价格与材料设备单价约定不符，由此引起的成本风险
	市场经济风险	运营成本超支	由于操作不当、错误计划进度编排或运行效率低所造成的超支风险
		市场需求变动	由于市场需求变化而引起的风险
		私营部门引起的材料费波动	由于私营部门原因引起的市场实际购置价格与材料设备单价约定不符，由此引起的成本风险
		通货膨胀风险	是指由于通货膨胀因素使项目成本增加或实际收益减少的可能性
		利率风险	由于不成熟经济或银行系统导致未预期的利率变动带来的风险
		外汇风险	货币汇率波动或可兑换的困难所产生的风险
	管理风险	运营能力低下	运营管理成本的高低也将影响总的项目风险 系统间衔接、配合协调性差
		工程/运营变更	设计工程量的增加、设计施工方案的改变、设计施工质量标准的提高、工程师对检验的指示变更、价值工程、进度计划调整和运营方式变更等因素引起的变更
		劳资争端	劳资双方之间的利益分歧所引起的风险
		盈利能力	通过该项目的运营获取利润的能力，若项目经营不善，长期亏损，则会导致相应风险
运营阶段	管理风险	环境破坏	是在运营过程中对环境产生的破坏，运营方所采取的处理、处置方式，对运行成本的影响风险
	设备运行风险	供应商违约	由于设备供应商提供的设备不能达到合同约定的功能要求，而造成的项目风险
		运营质量	由于设备运行、服务和管理等质量因素所引起影响正常运营，而造成的损失

续　表

阶段划分	风险类型	相关风险因素	风险描述
运营阶段	设备运行风险	高维护费用	由于付出过高的维护成本代价所造成运营成本和正常运营保障的风险
		高频次维护	由于频繁日常维修所带来的运营成本风险
		设施情况	为了延长设备设施使用年限，确保其功能正常发挥
	环境风险	设计不当造成的风险	在设计过程中没有考虑运营阶段存在的隐患，或设计文件存在技术隐患从而造成运营阶段的风险
		施工不当造成的风险	施工过程中由于违反工艺流程、错误程序、施工材料以次充好等施工遗留隐患所造成的严重损失
		运营技术存在的风险	是指设备在运营过程中，由于外部环境的复杂性和变动性以及主体对环境的认知能力和适应能力的有限性，而导致的运营失败或使运营活动达不到预期的目标的可能性及其损失
		环境因素的影响	是指项目区域自然条件和风景地理特征形成的风险包括自然环境和社会环境的破坏

总体上看，云南省的公路建设项目尤其是高速公路建设项目，重视运营阶段的管理，目的是降低后期的运营成本，在养护维修工作方面，能够保持公路的完整状态，及时修复损坏部分，保证行车安全、畅通、舒适，以提高运输经济效益和社会效益；还重视逐步采用现代化、科学化的管理措施与养护技术，提高管理养护水平；注意采用正确合理的劳动与技术组织措施，运用养路新方法、新工艺、新技术、新材料、新设备等，成效十分明显。但是在堵车或缩短堵车时间，提高公路使用率方面还有待改进，以期进一步减低投资风险。

加强对公路建设各阶段的风险分析，特别是针对云南省公路建设风险管理的现状，在对云南省公路建设的风险进行整体评估的基础上，提出有针对性和建设性的风险防范策略，对保持云南公路建设的持续发展具有重要的现实意义。

第二节　公路建设风险影响因素及风险控制绩效评价

围绕云南省公路建设风险控制研究的目标，结合云南省的实际情况。借鉴我国其他地区，以及发达国家的有益经验和深刻教训，在广泛调研的基础上，我们选择技术风险、市场风险、政策风险、管理风险和环境风险五个准则层指标、22个二级指标，构建了云南省公路建设风险及其绩效评价体系。在权重分配上，切实把握构建指标体系的基本原则，并采用模糊层次分析法确定权重。

一、风险指标说明

（一）技术风险指标

技术风险指标主要包括：（1）设计技术风险，在可行性研究阶段，由于设计技术不成熟，以及工程设计中对实际需要缺乏分析，导致工程在实施过程中受外界因素影响程度或对其他工程实施的影响程度超出预期，造成工程实施阻力增加；（2）施工、维护技术风险，即不成熟技术的风险和成熟技术的人为失误风险。作为投资方而言，技术风险俨然成为融资过程中的风险关键因素，因此，对项目技术的风险评估和设备保障的要求严格。作为建设方和运营方则要避免人为技术风险因素所造成的直接（技术方案选择和生产不确定因素）和间接（后期维修频繁、运营成本增高和减少项目运行寿命等）的损失。

（二）市场风险指标

市场风险指标主要包括：（1）利率风险，利率的波动带来的融资成本的提高；通胀风险；（2）成本上涨风险；（3）替代竞争风险；（4）车流量风险。如根据前期研究成果预测，到 2020 年我省车流量可达 2. 8 万辆/日，从不同通道交通量情况看，2020 年，昆明至瑞丽和至胜境关通道的交通量需求巨大，日均可超 5 万辆/日。因此，不同的路段、不同的方向会有不同的车流量风险，需要根据具体情况进行风险评估。

（三）政策风险指标

政策风险多以政治性质支持为基础，发展私人部门参与过程中所涉及的风险因素，但也包括国家性政策变动，对地方政府财政资金等方面的影响。私人部门所面临的政治性因素的改变都可能导致政治风险的产生。政策风险指标主要包括：收费政策风险、宏观规划风险、行业管制风险、行政管制风险。如通过调研，本书课题组发现，有地区在批准修建经营性高速公路后，又在同路段新建非经营性的高等级公路，致使高速公路投资方（建设方）停工，增加了建设完工风险。

（四）管理风险指标

管理风险指标包括：招投标管理风险、设计管理风险、拆迁征地风险、施工管理风险、监督管理风险、运营管理风险。例如运营管理风险，一方面是公路建设管理过程中涉及工程完工、经营维护等方面的风险，如建设工程设备、参建工人或者调整方案等人为因素导致无法按时完工、延期完工或者完工后无法达到预期标准。这种风险对公路公司就意味着利息支出增加、贷款偿还期延长和市场机会的错过。另一方面是公路建设运营后，由于经营管理缺乏统一要求和规范的程序，所有权与经营权分离，经营者不承担还贷义务，只管花钱搞建修，在工作中出现重大经营问题，如管理混乱、安全事故频繁，工作责任落实不到位，经常使运营计划形同虚设，预期收入无法实现，最终影响项目的获利能力，不能按期还债，债务人信用度下降。

（五）环境风险指标

环境风险指标主要指系统性风险，包括：地理环境风险、自然灾害风险、社会事件风险。由于我省地处高原，且地形复杂，公路建设的桥隧比很高；同时在建设过程中会出现非人为的干扰因素影响施工或管理。除此之外，还有由于在建设过程中对环境产生的破坏，建设方所采取的处理、处置方式对建设成本产生的影响风险。它贯穿于项目建设和运营阶段，并且随着世界环境标准的提升，而变的愈加严格。因此，这部分风险也被列为主要的风险指标。

二、指标框架设计

可以利用模糊层次分析法对公路建设项目融资风险进行评价，为了有效应用该方法，必须按照评估流程进行具体的风险评估。其基本流程为：建立专家组—风险集的选定—风险等级确定—风险综合评估。为了使评估更贴近项目实际，我们在对各级交通管理部门、建设单位的相关专家进行调研，收集专家风险评分表的基础上，结合公路建设项目的实际，提出了风险评价及相应的指标框架见表5－4所示：

表5－4　指标框架

目标层（A）	准则层（B_i）	二级指标层（B_{ij}）
公路建设风险	技术风险 B_1	设计技术风险 B_{11}
		施工技术风险 B_{12}
		维护技术风险 B_{13}

续 表

目标层（A）	准则层（B_i）	二级指标层（B_{ij}）
公路建设风险	市场风险 B_2	汇率风险 B_{21}
		利率风险 B_{22}
		通胀风险 B_{23}
		成本上涨风险 B_{24}
		替代竞争风险 B_{25}
		车流量风险 B_{26}
	政策风险 B_3	收费政策风险 B_{31}
		宏观规划风险 B_{32}
		行业管制风险 B_{33}
		行政管制风险 B_{34}
	管理风险 B_4	招投标管理风险 B_{41}
		设计管理风险 B_{42}
		拆迁征地风险 B_{43}
		施工管理风险 B_{44}
		监督管理风险 B_{45}
		运营管理风险 B_{46}
	环境风险 B_5	地理环境风险 B_{51}
		自然灾害风险 B_{52}
		社会事件风险 B_{53}

三、评价方法及应用

（一）综合计算

可以利用模糊层次分析方法在测定项目融资过程中公路建设的各类风险的影响和风险概率的基础上，实现对项目风险的评估工作。

项目融资风险分析看似是项目的一个阶段性风险，但从项目全局来看，任何一个非融资阶段的风险都将会对项目融资产生影响，这种影响有可能是致命的。所以，对项目融资的风险分析要从全过程性、全风险性及动态发展性的角度出发，体现公路建设基础设施项目在不同维度的风险影响程度。

表 5－5　比例标度表

两个因素互相比较	量化值
同等重要	1
稍微重要	3
较强重要	5
强烈重要	7
极端重要	9
两相邻判断的中间值	2，4，6，8

注：下表数据中两两比较，结果如果是反向，则数值为正向的倒数。例如，技术风险与市场风险相比较，市场风险相对技术风险稍微重要，则取值3，填写在第一列第二行的空格中，那么第二列第一行的空格中，则表示技术风险相对市场风险赋值为1/3。

根据表5－5的数字标度，将表4中的风险因素两两比较，可得判断矩阵 $B=(b_{ij})\ n\times n$ 满足 $B_{ij}+B_{ji}=1$。然后对模糊互补矩阵B进行一致性检验后进行排序。

（二）确定风险因子权重

通过请相关的专家，包括高速公路建设专家，风险管控人员等，对云南省公路投资项目风险的评价指标进行打分，得到模糊矩阵如下：

表 5－6　模糊矩阵

B_i层的模糊一致矩阵					
B_i	B_1	B_2	B_3	B_4	B_5
B_1	1.00	3.00	1.77	1.24	2.47
B_2	0.56	1.00	1.10	1.13	1.64
B_3	2.31	2.47	1.00	1.93	2.87
B_4	1.67	1.67	1.51	1.00	3.00
B_5	1.10	1.53	1.09	0.56	1.00
B层的模糊权重					
B_i	B_1	B_2	B_3	B_4	B_5
权重	0.182	0.221	0.186	0.174	0.236

B_1层的模糊一致矩阵			
B_1	B_{11}	B_{12}	B_{13}
B_{11}	1.00	2.04	3.40
B_{12}	1.40	1.00	2.33
B_{13}	0.41	1.50	1.00

续　表

B_1 层的模糊权重						
B_1	B_{11}	B_{12}	B_{13}			
权重	0.266	0.340	0.394			
B_2 层的模糊一致矩阵						
B_2	B_{21}	B_{22}	B_{23}	B_{24}	B_{25}	B_{26}
B_{21}	1.00	2.04	2.44	3.10	3.13	3.08
B_{22}	1.40	1.00	1.80	1.40	2.31	2.04
B_{23}	1.37	0.73	1.00	1.27	1.51	1.51
B_{24}	2.12	1.93	1.27	1.00	2.60	1.80
B_{25}	1.36	1.90	2.04	0.68	1.00	1.27
B_{26}	2.14	1.51	1.93	0.73	1.27	1.00
B_2 层的模糊权重						
B_2	B_{21}	B_{22}	B_{23}	B_{24}	B_{25}	B_{26}
权重	0.167	0.160	0.173	0.149	0.180	0.171
B_3 层的模糊一致矩阵						
B_3	B_{31}	B_{32}	B_{33}	B_{34}		
B_{31}	1.00	1.67	1.53	2.31		
B_{32}	1.13	1.00	1.40	1.80		
B_{33}	1.53	0.87	1.00	1.67		
B_{34}	1.77	0.73	1.13	1.00		
B_3 层的模糊权重						
B_3	B_{31}	B_{32}	B_{33}	B_{34}		
权重	0.256	0.222	0.242	0.280		
B_4 层的模糊一致矩阵						
B_4	B_{41}	B_{42}	B_{43}	B_{44}	B_{45}	B_{46}
B_{41}	1.00	2.31	2.20	2.47	1.63	2.07
B_{42}	1.77	1.00	2.47	1.40	1.64	2.60
B_{43}	0.71	0.87	1.00	1.13	1.24	1.67
B_{44}	0.97	0.87	1.67	1.00	1.93	2.20
B_{45}	2.04	1.53	1.67	1.51	1.00	1.80
B_{46}	1.11	0.57	1.13	0.71	0.73	1.00

续　表

B_4 层的模糊权重						
B_4	B_{41}	B_{42}	B_{43}	B_{44}	B_{45}	B_{46}
权重	0.158	0.149	0.179	0.160	0.162	0.192

B_5 层的模糊一致矩阵			
B_5	B_{51}	B_{52}	B_{53}
B_{51}	1.00	1.11	1.11
B_{52}	2.07	1.00	1.67
B_{53}	2.07	1.13	1.00
B_5 层的模糊权重			
B_5	B_{51}	B_{52}	B_{53}
权重	0.373	0.304	0.322

（三）计算 B_{11} ~ B_{53} 各因子的风险值

通过专家打分，采用主观概率法得出风险值。首先确定风险程度（很大、较大、一般、较小、很小），然后确定项目风险的计量标度。（专家问卷见附录）

表 5－7　项目风险计量标度表

风险评级	打分	说明
很大	100	有可能出问题，风险较大
较大	80	出问题可能性较小，有风险
一般	60	不会出大问题，风险较小
较小	40	不会出问题，基本无风险
很小	20	即将开发的项目，无风险

根据主观概率法来确定各个风险因素的风险标度（分数）：

B_1	B_{11}	B_{12}	B_{13}
R（B_1）	80	75	55

B_2	B_{21}	B_{22}	B_{23}	B_{24}	B_{25}	B_{26}
R	55	65	60	70	55	70

B_3	B_{25}	B_{26}	B_{31}	B_{32}	B_{33}	B_{34}
R（B_3）	55	70	90	80	75	70

B_4	B_{41}	B_{42}	B_{43}	B_{44}	B_{45}	B_{46}
R（B_4）	65	60	70	85	70	60

B_5	B_{51}	B_{52}	B_{53}
R（B_5）	60	80	60

各层次上的风险值：

$R(B_1)=\sum_1^n WiR(B_1)=68.445$

$R(B_2)=\sum_1^n WiR(B_2)=62.265$

$R(B_3)=\sum_1^n WiR(B_3)=78.556$

$R(B_4)=\sum_1^n WiR(B_4)=68.201$

$R(B_5)=\sum_1^n WiR(B_5)=66.085$

总风险值 $RB=68.358$，根据度量表得到总风险程度为一般偏高，风险控制绩效一般。

（四）评价结果及应用

一是在项目计划与设计阶段，政策风险和技术风险是最主要的风险，对项目的影响程度大，其中政策是最为重要的风险。对于项目前期来说，政策风险关系到项目能否立项，以及获得国家开发许可的各类手续。技术风险主要来自于项目设计所产生的风险，它包括设计失误、设计质量和设计变更等因素，造成对项目的影响。政策风险、技术风险都是高等级风险，需要对其加以足够的重视和采取相应的管理措施以规避风险或降低风险的影响程度，尤其是政策风险。

二是在公路项目建设阶段，管理风险与市场风险成为最大的风险。本书课题组在云南公路建设的调研情况中以及专家打分情况的分析中可以了解到，由于在建设过程中，不确定因素非常多，包括材料成本的突然上涨、政策补贴的突然中断、拆迁的困难度加大等。因此，这阶段的主要风险应在造价管理中进行规避，从而进行有效的风险控制，降低风险损失。

三是公路建设项目运营阶段的关键风险主要表现在环境风险和市场风险上，包括由于云南特殊的地形地貌引起的山体滑坡，造成的养护成本上升风险，以及相关的替代竞争行业，如航空、铁路等带来的运营风险等。

综上所述，我们可以确定公路建设风险值最高且关键风险因素为：政策因素、技术因素、管理因素。而从总体风险评价值来看，整体风险处于一般偏高（考虑权重因素和风险评价值两方面），风险控制的整体绩效一般。主要原因在于公路建设项目建设阶段涉及的参与者众多，风险防范与管理的难度大。经过调查分析，我们发现，建设阶段的风险系数加大的主要原因是设计或计划阶段没有按照流程和标准进行，而是因为赶工或行政原因，而使相关工作做得不充分所致，也是风险控制绩效最差的阶段。同时，不同的投融资模式也对风险控制产生重要影响，因为云南省主要的公路建设投融资模式还是以政府投资为主，导致了技术风险和管理风险的加大，以下将加以重点讨论。此外，公路建设项目风险系统中对建设阶段的风险需要给予更多的关注。

第三节　不同投融资模式对云南公路建设风险控制的影响

基于以上对整体风险的分析、评价，以下将重点对云南省在公路建设项目中的融资活动风险控制加以详细论述。根据投融资模式的不同，可以将云南省的公路建设分为两大类：即政府主导投资的非经营性公路建设和吸收社会资本投资的经营性公路建设，以此来进行比较分析论述。

一、公路建设中不同投融资模式的运作流程及参与主体

（一）政府主导型投资模式

政府主导型投资，通常是政府通过公共财政投入如财政拨款、“车购”“燃油”税、国外政府捐赠等方式，或以政府财政担保发行财政债券、从金融机构贷款等方式进行投资。通常情况下，政府主导投资的公路多为非经营性公路，如国道、省道、农村公路等。这类公路的特点是非盈利性，有正外部效应。其原因是由于其公共产品的属性，同时也存在对如农村金融市场的资金配置“诱导”作用等政策因素。由于单纯公共财政投入与贷款发债融资的公路建设对建设风险点的敏感度等有一定的差别，下面将分别讨论它们的参与主体和运作流程。

1. 公共财政投入的公路建设

公共财政投入模式下的公路建设参与主体即为政府及建设单位，运作流程相对简单：由政府出资—建设单位施工—政府相关部门验收—完工交付，如图 5 - 1

所示。

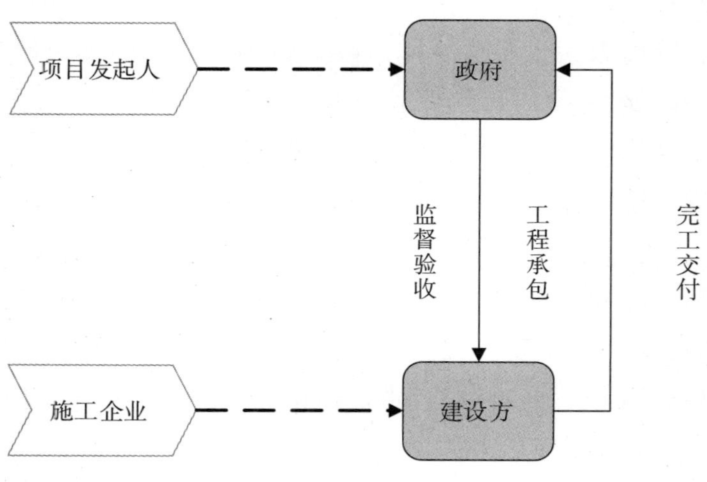

图 5－1　公共财政投资模式下的公路建设运作流程

2. 政府贷款融资的公路建设

政府通过金融机构融资的方式修建高速公路是比较常见的“贷款修路，收费还贷”的模式，但是由于国家取消养路费政策的实施，进而取消了省二级公路的收费，以及对非经营性公路还贷不能超过 15 年，15 年后不得收费的规定，使得这种方式只适用于经营性的公路建设，对于非经营性的公路进行贷款融资的情况越来越少。这种投融资模式下的公路建设参与主体，除政府和建设方外，还有金融机构。运作流程为：政府以工程项目向金融机构融资—建设单位施工—完工交付，如图 5－2 所示。

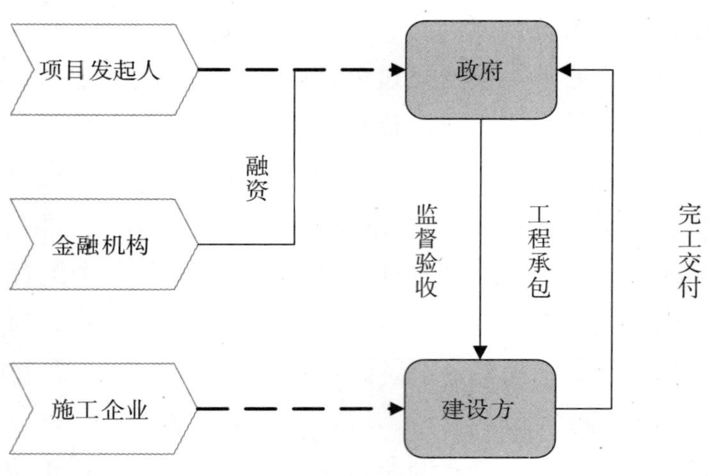

图 5－2　政府贷款融资模式下的公路建设运作流程

（二）社会资本投资模式

基于公路建设项目具有资金量大、周期长、收益较低但稳定等特点，政府财政远远不能满足其资金需求，加之，政府的服务提供者与管理者的双重身份，使自身利益与公众要求不能形成正向直接激励，因此在经营性公路建设中已经大量引入社会资本参与建设，从而规避一定的建设风险。目前，这类投融资模式主要包括以下几种形式。

1. PPP、BOT、BOO、BOOT 模式

无论是 PPP 模式还是 BOT 模式以及由此衍生的 BOO、BOOT，其实并无本质的区别，都是政府赋予社会资本投资者一定的特许期的项目收益，只是政府参与程度不同罢了，因此在此一并加以讨论。PPP、BOT 模式的参与主体主要有政府、项目公司（投资者、融资机构、政府共同组建）、运营公司、建设方等，可能会存在监理公司、保险公司，在这里仅讨论主要的参与方。其运作流程为：发起人招投标—中标人成立项目公司（负责资金筹集、项目建设、运营管理与维护）—项目公司移交项目给发起人，如图 5－3 所示。

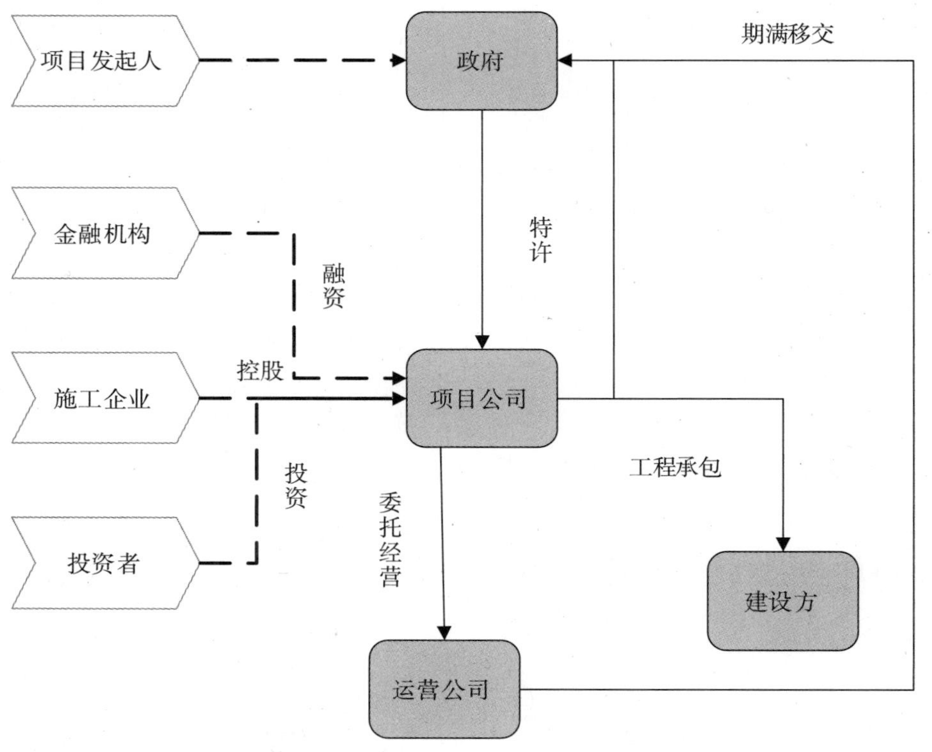

图 5－3　BOT 模式下的公路建设运作流程

2. BT 模式

BT（Build Transfer）即建设移交模式，也是在公路建设中常用的投融资模式之一，其资金的来源包括承包方自有资金、金融机构贷款和其他社会融资。这种模式中细化有分包、总包、垫资施工等模式，但其参与主体和运作流程总体相似，在此不作细化分析。BT 模式的参与主体主要是政府或其授权公司、承包方以及金融机构。其运作流程为：政府或其授权公司招标—承包方（即主要投资方和建设方）承包负责投融资建设管理—政府对项目进行回购，如图 5 - 4 所示。

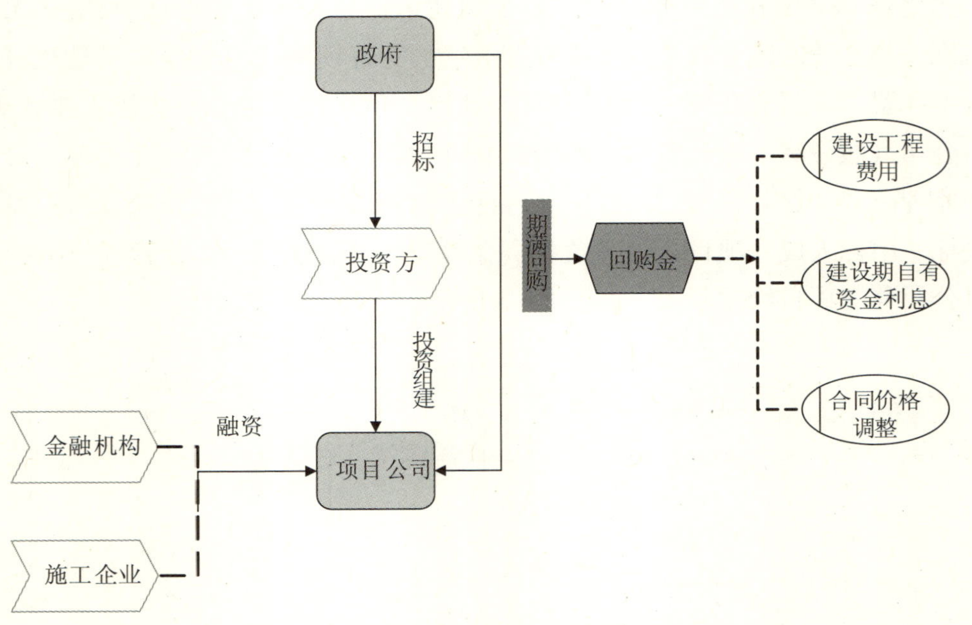

图 5 - 4　BT 模式下的公路建设运作流程

3. ABS 模式

ABS 即资产证券化融资方式，这种融资模式没有项目移交运作期，只是融资方式，对建设运营影响不大，但对融资渠道要求较高。其运作流程为：金融机构组建 SPC（Special Purpose Corporation）—与公路项目结合—公路资产获得预期信用等级—SPC 发行债券—SPC 用公路资产先进流量偿还债券本息，如图 5 - 5 所示。

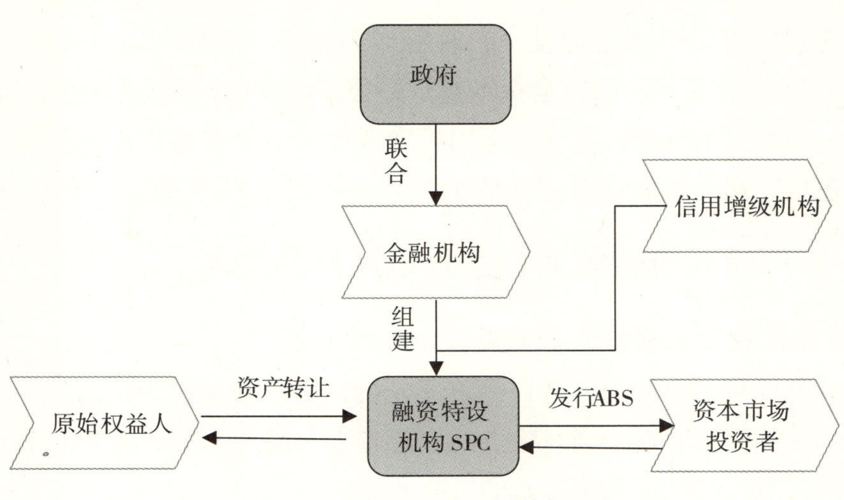

图 5 – 5　ABS 模式下的公路建设运作流程

（三）小　结

通过对不同投融资模式下的公路建设参与主体和运作流程的梳理，可以系统地分析出他们的共性特征和内在差别（见表 5 – 8）。

表 5 – 8　不同投融资模式下公路建设参与主体一览表

投融资模式	模式细分	参与主体	利益目标	风险承担体	共性特征	差　异
政府主导投资	公共财政	政府	撬动项目	全过程风险	政府作为投资主体承担公路建设全部风险	不同的投融模式下的公路建设基于其不同的参与主体和利益目标的差异，以及由此产生的不同运作流程，使其在对风险的影响，如风险敏感要素、公路建设各阶段的风险及风险分担方面都存在较大的差异
		建设方	承包工程	建设风险		
	贷款融资	政府	撬动项目	全过程风险		
		金融机构	本息收益	资金风险		
		建设方	承包工程	建设风险		
社会资本投资	BOT 为代表	政府	撬动项目	政策风险	对投资收益敏感，但可以有效撬动项目，高效风险分担	
		投资方	运营期稳定收益	投融资风险		
		运营机构	运营期管理权利	管理风险		
		建设方	承包工程	建设风险		
	BT	政府	撬动项目	政策风险		
		项目公司	回购收益	回购风险		
	ABS	政府	撬动项目	信用风险		
		SPC	债券收益	资金风险		

在政府主导投资的公路建设中，政府作为投资主体承担几乎全部的建设风险，而以 BOT 模式为代表的社会资本投资的公路建设中，投资方往往对预期收益比较敏感，但风险被分担。因此，不同投融资模式下公路建设的风险及其分担是不同的，选择不同的投融资模式将对公路建设的风险控制产生较大的影响。

二、不同投融资模式对公路建设风险的影响

（一）不同投融资模式对风险要素的影响分析

从投资方及参与主体的利益目标角度分析，不同的投融资模式对公路建设风险点的影响是不同的，对相同风险点的敏感程度也是不同的，下面将具体分析不同投融资模式对公路建设风险要素的影响及原因。

1. 政府主导型投资模式对风险要素的影响

一是政策风险方面。根据之前的梳理，政府主导型投资模式，或依靠财政拨款，或向银行等金融机构贷款，由于投资者单一，且利益目标为项目的实施与完成，因此受政策影响明显，即政策风险较高。如国家政策倾斜的调整、拨款侧重点的转移，很容易造成建设项目的完工风险。另外，政府作为债务负担的现实载体，其偿债能力成为最主要的风险影响因子，如果不能偿还贷款，则或者转嫁为银行等的不良资产，或者由中央财政事实上承担偿还责任。除此之外，对金融机构贷款依赖，对金融市场动向及国家的利率政策等市场风险反应敏感。

二是管理风险方面。政府投资的公路建设项目无论是采用自建制还是代建制方式运作，都存在建设管理风险，如工程变更较为频繁；工程价款结算与实际结算价格出入较大，尤其是随着经济的快速发展价格差异较大，导致总投资超过概算；建设工程款用于项目外的费用支出，或弥补行政经费的不足，或还以前欠款、办公费、职工福利费开支；等等。管理风险还来源于政府投资的公路项目的利益诉求可能是地方经济发展、政绩宣传需要等，往往忽视投资效益，因此在财政资金到位后轻视项目的管理，造成招投标不规范、合同不细化以及合同执行过程不严格。

三是技术风险方面。政府投资的公路建设由于人力方面不足、技术方法不到位等客观原因造成不能对建设项目进行专门系统的管理，代建项目的代建单位往往缺乏科学管理方法而使政府投资的公路建设项目在质量、进度、成本这三个主要风险点的控制上存在问题。这就间接造成了对后续运营维护阶段的风险。

2. 社会资本投资模式对风险要素的影响

社会资本投资在很大程度上分担了政府在公路建设中的风险，但由于具体的运作模式不同，对风险要素的影响也各有偏重。

第一，以 BOT 为代表的公私合营模式由于融资成本过高，加大了政府守信的不确定性，对信用风险较为敏感。比如，社会资本对项目的回报率的设计偏高，造成在很多 BOT 项目的合同中，政府守信的成本过高，加大了政府守信的不确定性，从而使购买协议无法兑现。尽管从短期看，吸引了资金，但却为项目的长期运营带来了很多风险。此外，BOT 模式对市场风险较为敏感。比如利率连续下调，按照当时所承诺的回报率，政府履行合同损失就很大。同时，BOT 模式对政策风险要素影响较大，公路建设周期长、投资大，而我国在经济体制改革的转轨时期，政策变化较快，因此这方面的风险也较大。财务风险方面，在项目的建设过程中，受到宏观经济环境、优惠政策、市场变化等多种因素的影响，可能造成投资估算外其他费用的产生，导致实际投资规模和建设费用超出估算，最终将可能影响项目投资方的经营收入和利润所得。

第二，BT 模式下公路建设的风险主要是地方政府的信用风险。投资方对政府（发起方）偿债能力的估计偏差会造成政府不能及时、足额回购，给投资方带来重大投资损失的风险。此外，BT 项目的资金来源往往是投资方企业自有资金和银行贷款两部分组成，而从贷款开始到项目回购款支付之间往往间隔时间为整个工期，因此金融市场利率波动对投资方融资成本影响显著。当然，如果有国际金融机构参与，那么市场风险还包括汇率变动风险。在公路建设项目的建设阶段，由于 BT 项目的投资方往往都是具有较强实力的大型施工企业，这些企业通常会同时承接多个 BT 项目，因此会面临较大的资金周转风险。另外，除征地拆迁等各类模式下都会出现的管理风险因素外，BT 项目的回购风险是影响最大的，从项目开工至项目竣工并实现回购期间，国家的经济形势可能会发生变化，给项目发起方支付回购款带来困难，从而降低投资方对项目的预期投融资收益。法律法规调整和变化可能会影响回购合同中的相关条款的履行，从而增加投资方投融资利益的不确定性。

第三，ABS 模式下的投资者是在资本市场上的债券购买者，在较大程度上分散了投资风险的同时，承销商信用风险也非常敏感。由于相关的法律法规不很健全，ABS 模式下的公路建设项目面临着较大的政治法律风险。同时，对于收益稳定性要求较高。

3. 综合分析

综上所述，政府主导投资模式下的公路建设风险最大，政府风险几乎涵盖公路建设的全过程，对项目建设的风险影响也较显著。社会资本投融资模式下的公路建设风险被分担，但根据具体投融资模式的不同，风险侧重也不同。为了更直观地反映各风险要素的影响侧重，汇总分析如表 5-9 所示。

表 5-9　不同投融资模式对风险要素的侧重

风险类别	风险细分	投融资模式				
		政府主导投资模式		社会资本投资模式		
		公共财政	贷款融资	BOT 等	BT	ABS
技术风险	设计技术风险	★	★			
	施工技术风险	★	★			
	维护技术风险	★	★			
市场风险	汇率风险		★	★	★	
	利率风险		★	★	★	★
	成本上涨风险	★	★			
	替代竞争风险				★	
政策风险	收费政策风险	★	★	★		★
	宏观规划风险	★	★		★	
	政治法律风险		★		★	★
管理风险	招投标管理风险	★	★			
	设计管理风险	★	★			
	拆迁征地风险	★	★			
	施工管理风险	★	★			
	监督管理风险	★	★			
	运营管理风险	★	★			
资金风险	偿债风险		★	★		★
	回购风险				★	

注：标星表示此种投融资模式受风险要素的影响大，没有标星的部分并不代表不存在相关风险。

（二）不同投融资模式对公路建设各阶段风险的影响

根据项目管理体系①将项目的生命期划分为：启动阶段、计划阶段、实施阶段、收尾阶段。启动阶段项目包括：调研、可行性研究、评估；计划阶段包括：范围规划、计划编制等；实施阶段主要是项目的实施与控制；收尾阶段包括：项目的完工与验收。采用这种划分方法主要是从项目建设管理的角度出发，以项目

① 参见中国项目管理研究委员会编：《中国项目管理知识体系与国际项目管理专业资质认证标准》，机械工业出版社 2002 年版。

建设的完成作为结束，结合公路建设项目的实际，通常在启动阶段会有一项非常重要的内容即为投融资，而在项目结束后期的运营维护也是项目生命期中非常重要的阶段。因此，根据公路建设项目的投资主体、筹资方式、建设经营管理模式、风险大小等方面的不同，可以把政府投融资模式下的公路建设项目生命期划分为：启动阶段、计划阶段、建设阶段、完工阶段、运营阶段；把社会资本模式下的公路建设项目生命期划分为：启动阶段、融资阶段、建设阶段、完工阶段和运营阶段。

从公路建设项目的生命周期特点看，政府主导投资模式下的项目与社会资本投资模式下的项目具有不同的风险特征。政府主导型的项目从项目顺利建设成功的角度讲，其在项目的建造阶段风险达到最大，因为这一阶段已经完成了项目的启动，正如上文分析，已经达到了政府的利益目标，那么随之产生的项目技术风险、管理风险等使项目建设成功的不确定性增加，从而直接影响项目的质量、进度和成本，进而影响项目的成功，项目完工后进入运营阶段时，又会由于项目建设阶段的质量把控问题，引发维护风险，如图 5 –6 所示。

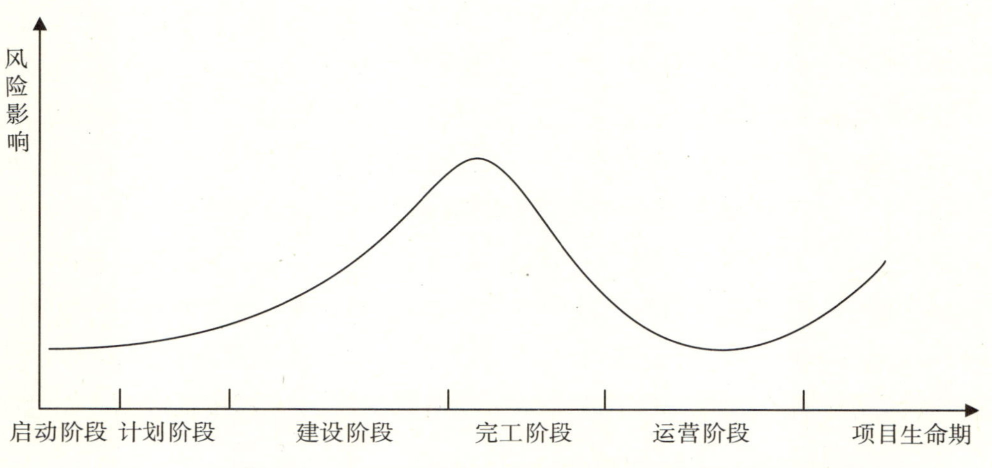

图 5 –6　政府投资模式下公路建设项目的生命期各阶段对项目的风险影响

在社会资本投资模式下的公路建设项目，由于筹资量大，首先是选择具体的投融资模式，因项目融资阶段的风险对项目影响较大。其次是在建造阶段，社会资本投资模式下，由于多采用成熟的技术和比较先进的管理，技术风险和管理风险虽然对项目的影响稍大，但风险事件发生的概率要低于政府主导投资模式下的公路建设项目；完工阶段由于直接涉及项目的收益，因此，这一阶段风险事件的发生直接影响到投资效果，所以对项目的影响也很大，如图 5 –7 所示。

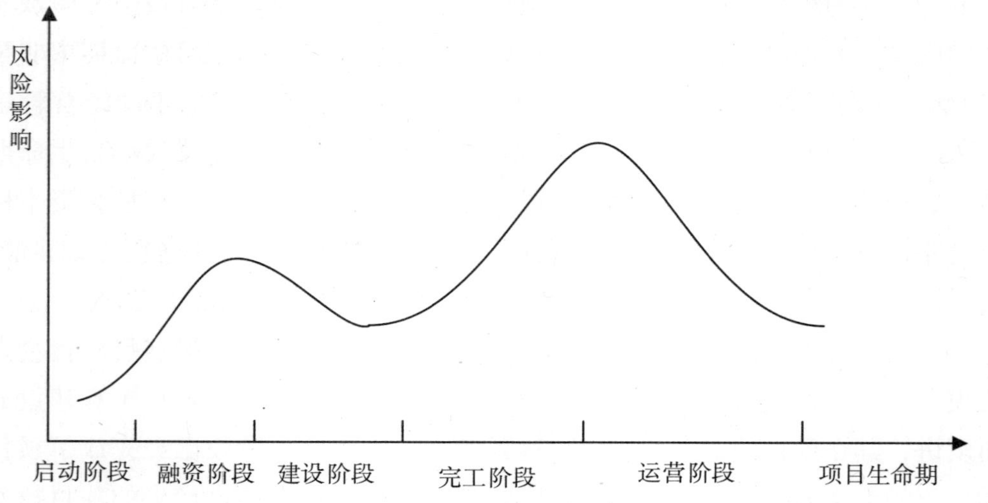

图 5－7　社会资本投资模式下公路建设项目的生命期各阶段对项目的风险影响

（三）不同投融资模式对公路建设风险分担的影响

1. 风险分担模型的假设

根据上文分析，我们把政府投融资模式和社会资本投融资模式下的参与主体归纳为投资人、政府、经营者三类，通过设计合同 $C(x)$，各自分担风险和收益。项目实施者接受合同 $C(x)$ 后进行融资。项目实施过程中可预见的结果为 $x(\alpha, \theta)$，x 的取值范围为 X，且 $X=\{x_1, x_2, \cdots, x_n\}$，项目产出为 $r(\alpha, \theta)$。

则政府、经营者和投资者的期望效用函数分别为：$g(r-s(x))$，$u(s(r))-c(a))$ 和 $w(r-s(x)$。其中 $g'>0$，$g''\leqslant 0$；$u'>0$，$u''\leqslant 0$；$c'>0$，$c''\leqslant 0$，即项目的参与主体均为风险中性者。政府和项目经营者的利益冲突首先来自假设 $\partial r/\partial \alpha>0$ 和 $c'>0$，这意味着除非政府能对项目经营者提供足够的激励，否则很难达到预期的结果。对于政府即为经营者的经营模式包括政府主导型投资模式，政府和经营者之间也没有相互冲突。

下面采用 Mirless（1974 年、1976 年）和 Holmstrom（1979 年）提出的分布函数参数化方法①建立模型。

① Donald Lien, *Optimal bidding and hedging in international markets*, Journal of International Money and Finance, Vol. 23, No. 5, 2004, pp. 785－798; Claudian Kwok, *An aggregate model of firm specific capital with and without commitment*, Journal of Monetary Economics, Vol. 48, No. 1, 2001, pp. 217－237; Matsumoto. G. T., *Financing power projects in emerging markets*, Fuel and Energy Abstracts, Vol. 37, No. 4, pp. 313－341.

2. 投融资模式选择过程的博弈

经营者提供融资合同 C^A = （D，E）供项目投资者选择，投资者接受或者拒绝该融资合同，其策略集为 C^I = （A，R），最后经营者选择努力水平 a，博弈双方根据各自对对方类型的信念及对方的策略集选择均衡战略，以实现各自效用的最大化。①

投资者的参与约束 IR 为：

$$D + E[\int(r,a,x,z)r(x)dx - D] \geqslant K + u_0$$

投资者最大化期望收益的激励约束为：

$$Max\{D + E[\int(r,a,x,z)r(x)dx - D]\}$$

一阶条件为：$E[\int(r,a,x,z)r(x)dx = 0$

项目经营者是否选择 α，项目投资者是否接受（D，E），则解最优问题如下：

$$Max\iint v(r - s(r,s))f(r,a,x,z)dx\ dz$$

$$s.t.\begin{cases} D + E[\int(r,a,x,z)r(x)dx - D] \geqslant K + u_0 & (IR) \\ E[\int_a(r,a,x,z)r(x)dx] = 0 & (IC) \end{cases}$$

设 μ 和 π 分别为参与约束和激励约束的拉格朗日乘数，构造下面的拉格朗日函数：

$$\mathrm{L} = \iint v(r - s(r,z))f(r,a,x,z)dxdz + \mu[D + E[\int f(r,a,x,z)r(x)dx - D] - K - u_0] + \pi E[\int f_a(r,a,x,z)r(x)dx]$$

一阶条件 $\frac{\partial L}{\partial x} = 0$ 得到：

$$\int v(r - s(r,z))f(r,a,x,z)dz + \mu f(r,a,x,z)r(x)dx + \pi E[\int f_a(r,a,x,z)r(x) = 0$$

$\frac{\partial L}{\partial z} = 0$ 得到：

$$\int v(r - s(r,z))f(r,a,x,z)dz + \mu E[\int f_a(r,a,x,z)r(x)dx + \pi Ef(r,a,x,z)r(x)dx = 0$$

---

① Demange, G., and G. Laroque, *Private Information and the Design of Securities*, *Journal of Economic Theory*, No. 65, 1995, pp. 233 – 257; Myers, s., *The Capital Structure Puzzle*, *Journal of Finance*, No. 39, 1984, pp. 573 – 592.

上述方程可用数学工具求解。

3. 不同投融资模式对公路建设风险分担的影响

上述模型应用博弈论，从委托代理的角度，对公路建设参与者之间的风险分担进行了研究，说明了在政府投融资模式和社会资本投融资模式下，由于项目参与主体之间的博弈对风险分担造成的影响。

在政府主导投融资模式中，由于项目发起者、经营者、投资者三位一体，因此不存在博弈问题，项目的全过程风险均由政府承担。

在社会资本投融资模式中，政府承担主要的政治风险，因为政府也就是项目发起方，对这部分风险相对容易控制，融资机构基于其更好的预测能力，承担融资市场风险包括利率、汇率等，项目建设方承担项目的完工风险，以使各方达到效用最大化。可见，社会资本投融资模式使公路建设风险分担更为高效合理。

三、公路建设风险管理及应对策略

公路建设风险管理的基础是选择合理的资本组合，也就是要根据项目特征、发展需要、各地区的实际以及能力需求这几方面要素，选择合适的投融资模式。通过上文分析可知，投融资模式的选择实质上也是项目管理模式的选择。

首先，对于社会资本投资为主的公路建设项目，应完善金融环境，拓宽投资渠道，鼓励更多的市场化、专业化基础设施基金投资基础设施和公共事业。多元的投资渠道才能有效选择与公路建设投资特征包括投资规模，项目周期，收益情况等相匹配的投资模式，以便为后续的风险管理提供良好的基础。

其次，在确定了投融资模式后，针对不同模式下公路建设的风险影响侧重，进行风险识别与评价，明确风险分担主体。通过设计项目决策管理流程对风险点进行规范性控制，尤其是项目的前期调研和可行性分析应该认真规范，细致进行。

最后，建立项目风险控制体系。建立完善的项目风险控制体系是规避风险最有效的措施之一，一般包括事前、事中和事后控制三个步骤。事前控制，就是要制定完善的内控管理制度，通过对风险要素的识别，评价建立分级决策控制模式。事中控制，就是要建立风险预警机制，对项目建设全过程进行实时监控。风险防范的实施部门应该具备搜集信息做出快速响应的能力，根据项目需要建立风险预警的信息统计和分析系统，通过技术手段达到有效风险管理的目的。事后控制，是对风险发生后的评估，是经验借鉴的过程，以便为今后的项目建设建立科学有效的应急机制。

第四节　云南省公路建设风险管理中存在的主要问题

云南省在公路建设中尤其是经营性公路的建设的风险管理中，存在着较多根源性的客观和主观因素风险。表现为：有些风险可预见却无法避免、有些风险无法识别、有些风险管控不到位等问题，需要系统性梳理和解决，主要包括但不限于以下几个方面。

一、诸多客观因素造成风险管理困难

设计阶段往往是风险管控的最关键阶段，直接影响着后续阶段的风险水平，然而我省的现实情况是，往往由于行政方面的原因，使得前期工可、工程设计等粗浅，“边立项、边设计、边施工”，建设期间各类变更多，增加了建设成本并影响工期。在公路建设过程中，社会风险突出，如根据国家相关规定，征地拆迁的补偿面积以“被征地的正投影面积”为准，与百姓要求存在差异；特殊单位较难协调，如铁路部门、军队等；集体林地实行家庭承包经营制后，征收集体所有的林地，要依法足额支付林地补偿费、安置补助费、地上附着物和林木的补偿费等费用，安排被征林地农民的社会保障费用，给征地拆迁带来了较大的压力；“耕地上山”在新修公路不断向山区推进的过程中也给征地拆迁增加了不少压力；社会上一些不良风气的助推，如一旦涉及拆迁，被征地者往往漫天要价，索要远远高出正常标准的征地补偿费等。以上这些客观因素，直接影响着我省风险管理效率，增加了风险管理的难度。

二、风险管理意识比较薄弱

在公路建设各部门和单位中，还有一些人员的风险管理意识不够强，缺乏风险管理的高度责任感，对风险缺乏应有的敏感度，有的追求效率却忽视风险管理。比如没有能够认真分析规划公路沿线经济环境情况，造成预测偏差；观测的交通量数据不够准确，造成路线选择、技术标准等不合理；对施工条件和技术评估不充分，征地拆迁量、桥隧数量和物价等确定不够准确，使投资估算有偏差；没能根据项目的目的、性质、总投资和盈利能力确定完善的项目投融资方案；等等。

三、风险管理组织体系不够完善

我省公路建设风险管理的问题还表现在没有将风险管理的相关责任和工作措施落实在具体的部门工作中，缺乏较为成熟的考评制度和操作流程安排，风险信息缺乏有效的共享机制，缺乏信息化风险管理平台、人员配备不足等。比如，工可的设计标准的制订、优化没有明确规定，没有设计变更控制。而这方面的根本原因又要追溯到规划设计时限等管理问题上。

四、先进的风险计量和管理工具开发不足

目前，我省公路建设尚未使用风险管理工具，而多采用静态定性分析模式。对经济和行业信息收集不完善，对事前风险防范缺乏手段，风险评估和制度设计不到位，因此难以对各类风险做出预见性的分析判断。同时，风险管理应依靠大量正确的数据信息，然而缺乏准确的数据统计，且政府职能部门之间的信息共享仍然处于较低的水平，这些外部环境的欠缺都直接影响着风险管理水平。加之我省公路建设具有风险点面广、量大的特点，依靠现有的手段缺乏有效的识别和计量工具，很难做到真正有效的风险管理。

第五节　进一步完善云南省公路建设风险控制的措施

公路建设中投融资风险的发生是不可避免的，特别是云南省地处边疆、山地多、桥隧多和自然灾害多等导致公路建设具有成本高、投资收益不确定。不同投融资模式下云南省公路建设更是面临着难以预料的风险和损失。因此，只有通过更有效地管理风险，找到减少不确定性和防范风险的有效措施，降低或避免各类风险发生的概率和损失，才能使云南省公路建设健康发展。以下将对政府主导投资的非经营性公路建设风险和经营性公路建设风险对策分别进行分析，而对经营性公路建设风险的研究分别从不同类型风险和不同阶段风险两个方面进行阐述。

一、应对非经营性投资风险对策

云南省公路建设的投资主体仍然是以地方政府投资为主。地方政府的投融资平台成为最为活跃的负债主体。而其投资资金大部分来源于银行贷款，信贷规模的不断扩张加大了地方政府的债务负担，同时也对公路和银行经营风险形成了显

著的潜在压力。过度负债的地方投融资所形成的风险是多元化和多方面的，其一是地方投融资平台的融资状况很不透明；其二是统借统还，责任主体不明确；其三是平台为应对建设中资本金不足的问题，往往通过积极变通来补充资本金（如通过委托银行发行理财产品来补充资本金，然后再继续要求银行贷款）；其四是信贷高速增长的大规模地方投融资，增大了财政的隐形负担；其五是大规模的地方投融资负债客观上促进了土地财政，抬高了土地价格；其六是地方政府主导公路建设决策造成了经济和产能过剩风险等。这些风险的化解需要对地方政府投融资决策、过程、方式和平台等进行控制，以降低风险概率和损失。

（一）地方政府投融资规范化、市场化和透明化

银行应当充分使用审慎监管措施对贷款资金进行严格监控，推进市场主体进行全面风险管理。对政府财政预算进行硬约束，实行地方政府投融资责任制度，要求地方政府的债务规模与财力相匹配，严格管理地方政府担保行为。使用债券融资、资产证券化和融资结构安排等方式筹资，引入现代市场机制进行规范和监督，形成较高的市场透明度和较严格的约束机制，从而降低投融资建设公路的风险。对地方政府主导投资的公路建设项目中的投融资情况应当及时公开披露，使得政府信用担保的隐性负债转变为显性负债，信息透明化可以减少逆向选择、道德风险和委托代理等问题。

（二）转变政府在公路建设投融资事务中的角色

目前，云南省的公路投资市场仍然是政府机构或企业主导的政府性市场，在这一领域，市场配置资源的作用还没有得到充分发挥，政府机构在未来较长的时间内仍是云南省公路建设投资的主角，政府部门既要代表国家从事行政管理又要代表出资人进行投资管理，这也是云南地区的主要表现之一。从建立社会主义市场经济的总目标来看，政府应进一步加强社会管理与服务的职能，今后一段时间里，云南省政府及其所属机构有必要也可以做到逐步转变在地方公路建设投融资中的角色。

1. 公路投资理念差异化

各级政府及其机构转变投资建设理念，在发挥作为公路建设规划、监管职责的同时，创造条件尽量动员社会资本进入公路建设领域，尤其是经营性公路建设项目。不必把所有经营性收费公路建设的投资责任和偿还贷款的风险全部集于一身，要尽量进行风险的分担。

2. 公路投资信息透明化

政府及其机构可定期定点对社会公众适当公开政府控制的公路建设项目规划

和投融资的相关信息（涉及国家秘密的除外），用这些信息以吸引外部其他战略投资者和社会民营资本，使其成为公路项目的投资人或合作伙伴。

3. 监管收费性公路

从公众利益维护和地区性金融风险防范的角度考虑，依法加强对云南省收费公路投资主体的监督管理，切实要求经营性收费公路项目投资人自负盈亏和偿还贷款，适度地公开收费公路投资主体的车辆通行费收支情况，特别是政府交通主管部门及其机构收取的车辆通行费使用情况。

4. 投资决策程序化

政府决定建设收费性公路项目时，宜提前制定长远规划，公开征询社会各方意见，减少政府领导意志影响的权重，出台法定措施，避免关系地方长远利益的重大公路建设项目仓促上马。

（三）维护和推行稳定的公路建设投资引导政策

健全的法制对于吸引外来投资者和金融机构的信贷资金进入公路建设领域非常有效，透明的法治对于降低公路项目单项投资风险、防范地区公路建设投融资活动可能产生的整体风险和促进云南省公路建设事业进入良性循环的轨道至关重要。维护和稳定云南省的公路建设投融资引导政策，使公路建设行业内部和外界人士增强对于云南省未来10～15年经济发展的信心，达成对云南省公路建设行业未来可能发生的投融资风险进行应对的意志十分必要，具体地说可做两方面的工作。

1. 研究并完善公路投融资政策法规

研究并完善云南省公路建设投融资的相关政策法规，着重要研究现行公路建设投融资政策规定中相互衔接不够甚至各管一片的问题，并在征求各方意见后提出解决问题的方案或比选方案，重大的政策和体制问题通过广泛讨论决定。

2. 依法稳定收费公路收费政策，确保投资者和债权人的合法利益

公路收费政策的确立和调整，既涉及公路使用各方的利益分配，又涉及公路投资者和债权人的利益变化，不能用简单的民意测验结果来代替法律政策规定，发达国家或地区的经验是先制定法律和邀请投资人谈妥条件后再开工建设运营，这里说的法律往往是针对需要建设经营的特定公路订立一部法案或政府同投资者及债权人签订的协议，政府无权更改已经签订的协议或法例。为了确保公路建设项目投资方和公路使用方的利益平衡，通常的做法是为公路经营公司在较长的年限中设定一个合理的固定回报率，然后据此进行调整政策。总之，对于公路建设投融资各方，地方政府要讲诚信，要约束自己的权力，同时也可以降低政府自身

的信用和资金风险。

（四）开放和培育更多公路项目开展多元化投融资

现阶段，降低云南省公路建设项目投融资潜在风险的主要思路还是应该放在如何提高项目资本金结构性比例；如何更好地推动公路建设项目在资本市场上直接融资；如何利用好现有公路资产存量和如何利用好外国资金上来，有效可行地拓宽云南省公路建设项目投融资渠道的措施可从以下几个方面入手。

1. 制定更加开放的吸引内外资政策法规

目前的问题，是没有足够有效的（稳定和双赢）政策来保证国内外投资者将资金投向公路项目的信心，云南省有不少政府及部门的文件涉及云南省公路建设项目的招商引资优惠政策，这些政策需要进一步上升到地方性法规的层面，国家的法律法规只解决了公路建设投融资的部分问题，加之政府及部门的文件会以更新的文件来改变或解释，因此，一般机构很难有胆量或气魄直接投资公路，云南省公路招商引资更需要加强立法，以完善的法治为投资者创造良好的投资经营环境，需要政府以更加开放的心态去保证投资者的基本利益。

2. 积极拓展资产证券化

资产证券化是云南省公路建设投融资发展的一个方向，尽管现在还不具备大规模直接运用的条件，但要加以重视。公路资产证券化的方式之一，是利用云南省的优质公路资产通过发行股票方式在国内外上市融资，要积极策划、认真创造条件，争取早日开展此项工作。

3. 吸引保险资金和社保基金进入公路建设领域

2006 年 3 月 14 日，《保险资金间接投资基础设施项目试点管理办法》（中国保险监督管理委员会令 2006 年第 1 号）正式出台，这预示着保险资金进入公路建设领域成为可能，为国内公路建设投融资开辟了新的渠道。云南省相关部门和单位应积极创造条件争取早日成功引进保险资金投入到云南省公路建设，同时还应努力推动国家出台允许社保基金投资基础设施的政策，因为我国日益增长的社保基金也正在寻找可靠和长期的保值增值项目。

（五）定期对公路建设项目的风险进行评估和分析

如果要对云南省公路建设项目投融资可能出现的潜在风险作出评价并做出必要的反映，目前还存在一些问题需要解决：第一，未建立起完善的云南省公路项目投融资主要信息收集、整理制度，特别是各区、县一般公路项目未纳入统计；第二，未对收集到的数据或信息进行全面客观的分析评价，仅仅做到了有限的反映；第三，未能向公路建设投融资的相关决策层和投资人及债权人给予必要信息的通报；第四，有关方面对此类工作还不够重视，有关部门和投资单位对这方面的建议反馈不够及时。

需要对公路项目信息收集评价工作的重要性达成共识，并从以下三个主要方面改善这项工作。

1. 收集、整理全省公路投融资项目债务和通行费收支信息

国务院《收费公路管理条例》第四十一条规定“收费公路经营管理者应当按照国务院交通主管部门和省、自治区、直辖市人民政府交通主管部门的要求，及时提供统计资料和有关情况”。这为云南省政府及决策者对公路建设投融资情况的掌握提供了法律保障，非收费公路的投融资资料一般政府各级交通部门已经掌握，只要建立全省公路建设投融资信息统计收集、整理制度、确定信息收集范围、指定或配备专门机构和人员（也可以委托专业机构做），定期收集、整理需要的公路建设投融资信息和其他有价值的数据以便云南省对未来的公路债务风险予以应对就成为可能。

2. 委托有关科研或中介机构按年调研评估公路项目风险

云南省政府及有关部门和相关投融资的机构作为公路行业的内部人士本身具有对公路建设投融资风险的判断能力，但由于国家考核制度的局限性，许多公路业内人士和机构通常会从单一的角度作出有利于自身利益的表达。所以适当借助公路建设行业外部智力对云南省公路建设投融资工作信息进行分析或评估甚至提出工作改进的建议，是一种“跳出行业看行业”的有效做法，以一年评估一次较好，这项工作可轮换委托给不同的机构或组织承担。政府安排专门经费委托外部熟悉某行业的相关科研或中介机构对特定领域工作现状开展专门研究是一种推动行政效率、节约行政资源和提高行政决策质量的重要方法之一。

3. 征询有关部门和投资及债权机构的反馈意见

经过相关部门或独立机构分析评估甚至提出的工作建议实际上也存在一定的局限性（如信息不完整或不真实、理想化思维、受委托人影响、缺乏从业经验等）。所以在这个分析评估制度设计之初，就需确定如何避免在分析评价云南省公路建设投融资工作特别是贷款偿还风险等重大问题时产生片面的结论和建议。可由省交通厅牵头征询事前确定的公路建设投融资各部门和单位及业内人士的意见和建议，相关资料向上级报告时，外部分析评估机构和业内单位及人士的意见应当得到同时反映，云南省交通厅作为省政府的交通主管部门有责任向省政府提出公路建设行业管理意见。

（六）建立全省公路项目风险和信用危机管理体系

风险或危机管理的主要目的是在风险发生时控制风险（避免风险扩大和导致连锁反应）、化解风险或在风险中生存。风险或危机管理的主要内容是，既事前建立一套可行并具有约束力的制度作为控制风险的预防性措施，同时也建立一套可行的方案作为危机真正到来时相关单位和人员的行动指南或行动参考。本书课题组认为，建立云南省的公路建设投融资风险和信用管理体系，对云南省公路建设管理事业的健康发展有着举足轻重的现实意义，对于云南省未来10年的经济和政治稳定至关重要。

尽管依靠资本市场及其规则可以有效地防范、控制融资风险，但这依赖于发达、透明的金融市场。我国在金融市场处于不完善的状况下需加强对地方政府融资风险的控制，形成有效的风险预警及控制体系。首先，要建立完整有效的风险预警及监控指标体系，如负债率、偿债率、偿债准备金余额比例等指标体系。其次，完善地方债务市场体系。形成独特的信用评级方法及体系，加强对风险的识别；通过利用保险市场机制，逐步引入政府债务的保险业务；引入为地方政府融资服务的市场担保体系及机制，避免地方政府债务过于庞大的局面。再次，完善地方政府债务的信息披露机制，及时披露政府融资数据及交易细节；加强地方政府债务审计的标准化程度；加强对地方政府融资信息披露的立法；等等。

二、应对不同类型风险的主要对策

依据对云南省公路建设风险评价指标体系构建中技术风险、市场风险、政策风险、管理风险和环境风险等五种不同的风险类型，应当采取相应的风险控制对策。

（一）技术风险对策

第一，在公路设计和施工过程中，科学论证技术方案和施工方案的可行性和适用性，特别是对于高速公路特许经营项目中需要修建的特大桥梁和隧道建设等要采用成熟的技术，从源头上控制技术风险的发生。

第二，在公路设计或承建合同中订立技术更新补贴条款和严格的惩罚性条款，以保证技术方案的可行性和建设质量。

第三，在公路承建合同中要求承建商出具履约担保和质量性能担保，期限一般延续到完工后的几个月甚至几年。

（二）市场风险对策

1. 汇率和利率风险

对于汇率风险，可以同政府或结算银行签订远期兑换合同，事先把汇率锁定在一个双方都可以接受的价位上。另外，可采用外汇风险均担机制，即特许经营投资者与政府之间洽谈商定一个基本汇率，然后定出一个中性地带，在中性地带内，双方各自承担外汇风险，一旦外汇汇率变化过大，超过了中性地带，则双方按一定百分比来分担风险。

对于利率风险，一方面，高速公路特许经营投资者可以寻求政府的利率保证，由政府为投资者提供利率保证，在项目特许期内利率增长超过规定的比例时，投资者可以得到补偿。另一方面，可以采用固定利率的贷款担保方式，这样有利于减少由于利率波动带来的风险。

还可以通过建立相应机制减轻风险发生的损失。一是建立利率与汇率锁定机制。利率风险指在项目运营过程中，由于利率的波动直接或间接地造成高速公路收益受损的风险。而汇率的波动则会对高速公路项目运营公司的债务结构产生影响。高速公路项目的收入一般是单一币种，而建设期投资使用的银行贷款可能是几种货币，这样，其中任何一种汇率变化都会影响项目的偿债能力和实际收入。高速公路项目运营公司预防汇率波动风险的最好办法是与政府签订远期兑换合同，事先把汇率锁定在一个双方都可以接受的水平上。二是建立利率与汇率风险分担机制。对于利率、汇率风险，贷款机构有更好的预测能力和控制能力，因此应由贷款机构来承担。对特许经营项目，可在协议中列出根据通货膨胀率调整收费价格的条款，或规定项目公司可以根据物价指数，自行提高通行费收费标准，但调整的基础必须建立在严格核算的基础之上，并经政府批准方能生效。

2. 通胀风险

对于通胀风险，可以在特许经营协议中规定相应条款，作为对收费标准进行核查的依据，然后按公认的通货膨胀率进行调价或延长特许经营期限。

3. 成本上涨风险

对于成本上涨风险，可以充分考虑、谨慎预测在项目所在地购买材料的可行性以及价格变化趋势；与承建商、供应商签订固定价格的协议等，削减市场变化带来的风险。

4. 替代竞争风险

对于替代竞争风险，可以与政府的特许协议中明确不能建设竞争性高速公路以保证最低的车流量，并要求政府承担一定的保证义务。应当争取获得政府的特许来开发相关的配套设施及沿线服务区，包括加油站、汽车维修、餐饮、旅游服务及广告等相关产业，作为对初期通行费收入偏低的一种补偿。

5. 车流量和通行费收费标准变更风险

对于车流量和通行费收费标准变更风险，应做好可行性研究和车流量的预测，对项目做出科学的评估，合理安排项目的收入和支出。高速公路项目运营的投资效益主要取决于其提供的通行服务情况，即通行车辆多少。当通行车辆减少时，风险将增大，主要体现在盈利能力和成长能力风险预警指标中。由于高速公路的运营期大多在十几年以上，所以很难在项目初期对价格和需求量有一个比较准确的预测。通行费收费标准和通行车辆数量的变化都可能影响到高速公路的盈利水平，直接影响到项目运营公司的利益。为了保证运营公司相对稳定的现金流量，政府一般要和运营公司签订协议，对高速公路通行费收费标准和相关竞争公路的修建等做出约定，由政府和项目运营公司共同合理分担风险，实现双赢。

（三）政策风险对策

第一，特许经营项目投资者应加强与政府有关部门特别是国家交通和财政方面的主管部门的联系和沟通，争取政府对公司的政策支持；加强对政府有关方针、政策的研究，特别是深化对通行费率政策、通行费拆分政策、路网结构变化等方面的研究，及时收集政府最新的政策信息，提高企业的预警水平和应对能力，争取对政府政策的改变提前做出应对措施，减少政策变化对特许经营公司经营产生的不利影响。

第二，对于税收政策的变动是投资者所无法控制的，因此，项目投资者可以建立相应的预防基金，防止因税率的提高而使得项目的预期利润大幅下降。预防基金可以从每年的总收入中提取一定比例的金额来设立。

第三，对于国家可能实施的加强环保治理的政策，在设计时，避免大填大挖的方案；在建设时，考虑恢复或改善水系，满足河流的排洪和农田灌溉的需要，以防发生环保问题引起建设成本的大幅度上涨和工期的延长；在运营和维护时，应通过加大高速公路绿化率、改善路面材料质量、提高收费站工作效率等措施来减少汽车噪声和因汽车怠速引起的有害气体的排放量。

第四，高速公路特许经营者可以与政府签署一系列互相保障协议，彼此在自己的权利范围内做出某种担保或让步，达到互惠互利的目的。比如，项目公司可以签署进口限制协议、劳务协议、诉讼豁免协议以及劳动仲裁协议等来寻求法律上的保护，在设备原料进口、人员雇佣等方面享受一定的优惠，在诉讼仲裁方面享有一定的特权。同时，政府应当尽快出台规范高速公路特许经营的专项立法，详细界定特许经营的法律性质，规定特许经营项目的审批、准入、运作，政府保证责任，特许经营期限以及对特许经营项目的征收、国有化和补偿问题，促进项目的顺利开展，增强高速公路特许经营投资者的投资信心。

（四）管理风险对策

第一，充分发挥市场竞争机制的作用。地方政府通过竞争招标确定投资者，中标投资者同样也要通过竞争招标来选择建设商、运营商和维护商。公路建设领域应逐步放开项目运营及维护市场，加强培育多元化的项目建设、运营市场，引入市场适度竞争机制。在建设领域应不断完善“代建总承包制”，进一步采用“交钥匙”工程等建设方式；逐步实现“网运分离”的运营方式；采取管理合同、服务合同、租赁合同等方式加快市场化进程。

第二，树立良好的风险防范意识，重视风险防范和控制。为了加强风险管理，需要建立专门的风险管理机构，广泛咨询和听取专家们的意见，对项目各阶段、各方面风险进行系统的识别和分析，采取有效的风险防范措施，建立完善的风险控制机制。

第三，建立主体行为激励与约束机制。高速公路项目建设中的行为主体（竞争者除外）之间本质上是一种基于合同的合作关系。但是合作的各方又都有追求自身利益最大化的动机，存在利益冲突，因而可能违反规则，做出各种增加整体风险的行为。为了平衡各主体之间的利益冲突，需要制定一系列的契约合同规范各主体的行为，使各方有更大的动机维护契约合同的正常执行。

第四，优化高速公路项目运营管理体制。高速公路项目运营中的很多主体行为风险都与高速公路的运营管理体制有关。高效、合理的高速公路项目运营体制可以调动各主体的工作积极性，减少他们的不当行为，从而降低高速公路项目运营的风险。

第五，建立严格的安全保证体系和相关制度，落实各级安全质量责任人，通过一系列的安全工作指南、安全工作培训体系、安全工作监督检查制度以及重大安全问题的报告和处理机制，来消除整个项目的安全隐患。

第六，选择对特许经营项目及其高速公路产业比较熟悉、具有良好的资信与管理经验的项目经理，对项目经理采取利润分成或成本控制的奖惩制度，形成有效的激励机制。重视人才的培养和引进，培养和引进既懂高速公路工程技术、高速公路建设管理，又懂金融、经济、法律、贸易知识的各种复合型人才，并给予相应的待遇，吸引人才，留住人才。

第七，建立主体行为风险预警系统。控制高速公路项目运营过程中主体行为风险的一个重要措施，就是建立高速公路项目运营主体行为风险预警机制，可在风险事件发生前发出预警信号，促使高速公路项目运营公司的管理层和员工采取适当措施，避免、转移风险事件的发生，或降低风险事件的损失，把风险控制在运营公司能承受的范围内。

（五）环境风险对策

1. 地理环境和自然灾害风险

对于云南省这样一个自然灾害多发的区域，其主要对策是通过保险机制进行风险转移，使得巨灾风险保险转移机制发挥作用，通过保险（如建筑工程综合保险、设备物质运输保险等）将自身面临的风险转移给保险公司或出口信贷机构，让其承担风险，从而将不确定性化为一个确定的成本。大多数的巨灾风险仍属于保险合同中的承保范围，如洪水、地震等，保险转移机制的作用是明显的。对于高速公路项目运营可能发生的自然风险，保险公司还可以采取再保险进行风险分散的手段来进一步转移风险。运营公司若预测巨灾风险发生概率有变大的趋势，可以采取风险回避方法。

2. 交通和社会事件风险

可以通过保险对交通和社会事件风险进行转移，如投保第三方责任险、工伤事故赔偿保险等，还可以建立社会事件风险预防机制。对于存在一个人与自然相互作用中的风险来说，可以通过各种预防措施减小风险发生或损失。例如，加强高速公路气象预报工作，防治恶劣天气对高速公路安全运营的影响。它涉及高速公路管理部门、高速公路项目运营公司、交警和气象部门，应当按照“部门之间协调配合、互为补充”的原则，积极探索高速公路安全运营应对恶劣气候影响的机制，以防社会事件的发生。同时，高速公路项目运营公司要加强沿线气象条件监测系统建设，根据各项目的特殊地理位置进行实时监控，并通过监测数据及时做出安全运营决策。

3. 各方协商分担风险

对于那些无法确定成本、不能投保或不能按照合理的保险费投保的风险，高速公路特许经营投资者应当在项目谈判时就这类风险与政府达成协议，由政府提供某种形式的资助和担保。例如，在高速公路特许经营项目遭遇不可抗力的自然风险时，适当延长特许经营期限以保证投资者还清项目贷款并获得一定的投资回报。

对于尚在贷款偿还期间的风险发生费用，可以由政府、项目发起人、债权人等参与方按照事先约定的比例分担损失；如果在贷款已经还清的运营期间，则由政府和项目发起人按照事先约定的比例分担损失。还可通过建立应急反应机制，根据预警信号采取相应的应急措施，使自然风险事件一旦发生都能得到迅速、有效地处理，快速恢复运营秩序，从而防止更大的损失和由此引发的危机事件。

三、应对不同阶段风险的对策

不同投融资模式对于公路项目参与各方所面临的风险种类范围是不同的，但对各个具体风险发生的概率和损失程度影响较小。基于此，我们可以将公路建设分为六个阶段，分别为：前期规划阶段、招投标阶段、设计阶段、施工阶段、运营阶段和移交阶段。有的投融资模式可能不存在某些阶段，如政府直接投资自建模式就不存在移交阶段，但是也只是将移交阶段面临的风险转移到了建设和运营时期，这些风险仍然是存在的。另外，本部分所指公路包括了高速公路、高等级公路、县乡公路和农村公路等，但由于不同投融资模式下高速公路建设面临的风险基本涵盖了其他公路建设风险，故以高速公路建设面临的风险为基准给出风险控制措施。

按照公路投融资风险的三维结构来组织，如图 5 - 8 所示，一是时间维，二是风险要素维，三是组织机构维。

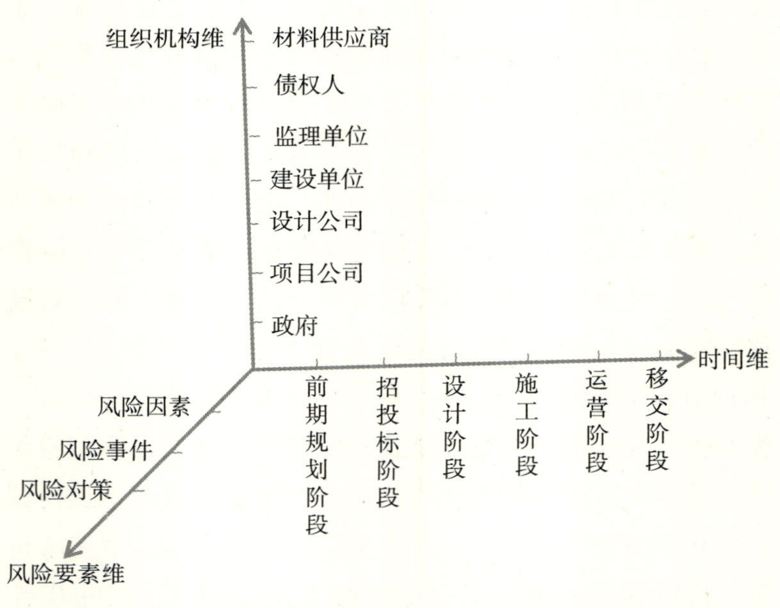

图 5 - 8　不同投融资模式下云南省公路建设风险控制三维结构图

按照公路建设阶段的时间先后顺序，时间维划分为六个阶段：前期规划阶段、招投标阶段、设计阶段、施工阶段、运营阶段和移交阶段，每个阶段都必须进行风险控制，各阶段风险应对与预警重要性不尽相同。一般来说，越早发现和控制风险因素，风险控制的效果越明显，因此，规划设计阶段的风险管理最为重要，如果这个阶段风险预警和控制措施处理得当，就能大大降低风险发生的概率和频率，依次类推，其他各阶段风险管理也是如此。同样，在每个阶段内部，根据工作程序的先后也存在着这样的情况。

每个阶段面临的各种风险，按照风险要素（风险事件、风险因素和风险对策）之间的关系对其进行分析，采取相应的风险控制措施。

组织机构维是公路建设中进行风险预警和应对的主体，主要牵涉政府、项目公司、设计公司、建设单位、监理单位、材料供应商和债权人等。每个具体的风险牵涉的主体不同，从而也有不同的风险控制措施。比如，高速公路企业主要通过风险管理的规章制度对项目进行风险管理；金融机构采取金融监管措施管理投资风险；政府通过政策法规，社会机构通过社会监管等对公路项目风险进行管理。

（一）规划设计阶段风险控制

政府有意向对某段公路进行投融资修建时，需要对这段公路的投融资模式、路线和投资估算等相关问题的必要性和可行性进行技术经济论证，具体包括：项目建设建议书、可行性研究报告的确定，以及提出工程估算。这一阶段的风险事件主要是项目不能立项和投资估算有偏差。

云南省公路建设面临的主要风险之一就是行政命令。部分领导决定建设某个线路的公路后，常常限定时间必须建成，可能造成前期工程规划、设计粗浅，公路建设匆匆上马，直接导致“边立项、边设计、边施工”，建设期间各类变更多，增加了建设成本并影响工期，这也是“预算超估算，结算超预算”的原因之一。

此类风险根据不同情况应当采取风险避免、风险预防和风险抑制等不同风险控制方法。各级行政机关应尽量减少或避免规定期限的行政命令式的工程项目，提前做好国家、省（自治区、直辖市）、州、县和乡等公路规划，预判国家和地方经济发展形势，根据线路重要程度先后进行建设。而对于确实需要紧急上马的公路建设工程，应当为前期可研和设计留有足够的时间，论证充分后再进行建设。

具体来说，其风险因素和对策为：

（1）可行性研究、计划任务书得不到批准。应科学、认真地论证和编制可行性研究报告、计划任务书，认清项目的必要性和可行性。①运用风险避免的终止法。如果拟建公路工程项目风险事件发生的可能性太大，风险损失太严重，而又无其他策略可用时，可以采用风险避免的终止法措施，放弃该公路项目建设或者改变该公路工程目标，从而避免风险事件的发生。②运用风险避免的改变法。如果可以通过改变路线、流程等方法降低风险发生的频率和损失程度，则可以用风险避免的改变法重新编制可行性研究报告和计划任务书。也可以实行风险自留从而终止项目。

（2）沿线经济、社会、环境、人口条件现状分析及预测偏差。应对拟建公路沿线经济、社会、环境、人口条件现状分析及预测偏差较大的，应参照《公路工程技术标准》（JTG B01—2003）、《公路建设项目环境影响评价规范》（JTG B03—2006）和《公路项目安全性评价指南》（JTG/T B05—2004）等文件，严格按照风险预防的程序法重新分析和预测，即以标准化、制度化和规范化的方式一步一步认真执行，在战略上减轻损失。

（3）勘测不准，所观测的交通量数据不准，原始数据处理方法不当。应按照《公路勘测规范》（JTG C10—2007）、《公路勘测细则》（JTG/T C10—2007）、《公路工程地质勘察规范》（JTJ 064—98）、《公路工程地质遥感勘察规范》（JTG/T C21－01—2005）、《公路工程水文勘测设计规范》（JTG C30—2003）等要求进行勘测。对那些原始数据处理方法不当的应当重新选择适当的处理方法，或者利用招投标等方法选择多家研究单位进行分析，防止埋下隐患，预防风险发生。对观测和采集的交通量数据不准确的，应当重新补充和采集数据，或者采用统计处理方法补充和修正数据。

（4）路线选择、道路等级、技术标准、主要控制点不合理。应严格执行《公路工程技术标准》（JTG B01—2003）的要求对路线选择、道路等级、技术标准、主要控制点等关键问题进行慎重选择。对于风险发生概率大且损失严重的应当采取风险避免。

（5）对施工条件和技术评估不充分，征地拆迁量、桥隧数量和物价等确定不准确，投资估算有偏差。首先是按照《公路工程基本建设项目概算预算编制办法》（JTG B06—2007）、《公路工程概算定额》（JTG/T B06－01—2007）、《公路工程预算定额》（JTG/T B06－02—2007）、《公路工程机械台班费用定额》（JTG/T B06－03—2007）等要求编制预算，还要出台与时俱进的“概算编制办法”，此标准根据各地不同情况可以有一定浮动。其次，在前期准备阶段工程估算过程中，征地拆迁工程量、立交数量与方式、物价等因素都会对估算价格产生影响。如果这些因素在前期准备阶段估测时与实际情况误差较大，那么在后期项目实施的过程中，会带来较多的变更，增加多元化项目的风险与政府的工作量。因此，政府要从以下几个方面进行风险预防：

①征地拆迁量的确定。征地拆迁金额计算主要考虑征用土地的种类、数量和

权属；房屋、林木及经营设施、电力及通信线路、人口等。政府在做这些拆迁估算时，要全面掌握项目所在地的有关资料，充分考虑建设期间预留价格浮动系数，尽可能提高估算的精度，以减少项目公司在实施征地拆迁工作时的风险。征地拆迁面积以土地证、房产证、宅基证等法律文件上的面积为准；征地拆迁人口以户口证明、长期居住证明等法律文件上的人口为准；商业用地以通过当年年检的营业执照为证明等。

②立交数量和方式的确定。立交数量和方式是项目在实施过程中产生变更时增加成本的部分，所以为了减少实施过程中的设计变更，政府在估算阶段进行可行性研究和初步设计时，要分析当地经济发展状况、预测交通量、立交间距等，对立交修建的合理性进行分析，是否符合设立立交的要求。并充分征询项目沿线地区群众和其他受影响单位的意见，如公布线路走向和立交设置情况，召开沿线群众座谈会等，以增加设计的可行性，减少变更。

③物价水平的确定。物价水平的确定会对政府估算准确性和可用性产生很大的影响。政府在进行估算时，要全面考虑市场经济等因素，适当考虑开工后价差影响，将价格制定在一个合理的水平，以减少项目实施过程中因物价波动造成项目成本波动过大，增加政府的变更负担和项目公司的风险。

④投资估算须经有资质的造价咨询单位提出评估意见，投资主管部门要认真审查估算。既要防止漏项少算，又要防止高估多算，使投资估算真正起到控制总价的作用。

⑤对不同投融资模式面临的风险认识和分析不足，投融资模式决策不当。

可以利用风险预防方法。在对公路项目目的、性质、总投资和盈利潜力等全面掌握的基础上确定投融资模式。因此，在制定融资方案时必须掌握项目特点，了解有关政策后再与金融机构接触，权衡利弊，制定切实可行的投融资方案。

（二）招投标阶段风险控制

招投标阶段的风险事件主要是中标单位不是最合适的项目承包人，或者流标，或者合同中遗漏公路建设中面临的重大风险。

根据招投标阶段的各类风险的具体情况可以分别采用风险预防、风险转移、风险自留等风险控制措施。政府通过资格审查挑选经验丰富且具有较强管理能力的投资人，在准备资格审查文件时，对投标单位的资质进行规定，主要包括：银行信誉等级、盈利能力、融资能力、投资经验、营运管理经验和初步融资方案，不符合规定的单位不得中标。对于农村公路建设的招投标工作，按照《云南省交通厅关于重申加强农村公路招投标管理工作的通知》（云交基建〔2007〕510 号）

文件执行。

1. 资格预审

工程项目正式投标前，对愿意参加前期资格审查的投标人进行资格审查。政府要在招标的资格预审中，邀请对项目有兴趣的公司参加资格预审，参加资格预审的公司应该提交资格申请文件，包括对投标单位的筹资来源构成、融资能力、管理及投资经验、商业信誉、初步融资方案等相应证明文件。通过这些文件，政府可以详尽地了解各投标人的实力，从而择优选择最合适的公司作为项目投资人。经预审可以淘汰不合格的投标人，因此可以吸引有实力的大公司来投标；还能减少评标工作量；使招标人事先了解潜在投标人的数量、水平和竞争情况；为不合格潜在投标人节约资金。对于国家重点工程建设项目或者大中型工程建设项目，一般都要采用资格预审。但是由于预审后投标人数量较少，容易出现借资质挂靠和串标的不法现象，破坏招投标的公正与公平。对此，应该严格相关机制。

2. 资格后审

工程项目开标后对投标人进行资格审查。资格后审扩大了投标人范围，增加投标人数量，不容易出现串标现象。但是增加了评标工作量。

3. 政府需要在项目投资建设协议中把握好关键风险因素

政府需要在项目投资建设协议中把握好关键风险因素，关于项目公司的成立、各方责任、特许经营期的期限、投资回报率、项目改扩建、不可抗力风险、保险和项目移交以及对特许权协议的监管等几个主要环节。

具体的风险因素和风险控制措施如下：

（1）招标文件有错误或遗漏，投标报价错误。招标文件和投标材料是招投标时重要的项目评价依据和表达，相关单位应当认真、科学地编制，以防对方理解错误发生风险。

（2）中标人前期对项目建设把握不足、概预算失误，过低估计建设造价。应当通过对材料和人员等做出科学评估，预防风险发生。

（3）假招标、投标人串通、违标、违法分包和转包等。风险预防方面，应当严格按照招标程序进行招标，严格审核投标材料审查公司背景、能力等情况，可通过多方材料审核预防此风险发生，对分包和转包作出明确规定。风险抑制方面，政府与中标人签订合同加以列明，如果招投标过程中有虚假材料、舞弊等行为的，将给予严厉惩罚。对违法分包和转包的，合同中明确处罚规则。

（三）设计阶段风险控制

设计阶段的设计方案可能并非最优设计方案，如工程造价不合理；也可能出现施工阶段修改设计的情况。

应按照《公路工程技术标准》（JTG B01—2003）、《公路环境保护设计规范》（JTJ/T 006—98）、《公路路线设计规范》（JTG D20—2006）、《公路路基设计规范》（JTG D30—2004）、《公路排水设计规范》（JTJ/T 018—97）、《公路沥青路面设计规范》（JTG D50—2006）、《公路桥涵设计通用规范》（JTG D60—2004）等要求对不同类型道路进行设计。在项目设计完成后，项目施工过程中最容易因为变更增加项目成本的是立交数量的增加和大型构造物基础（桥梁、隧道、高边坡、大型挡土墙等构造物）的变更，所以在设计的时候要尽量全面考虑道路沿线的实际交通量和地质情况，以进行必要的设计，使设计方案更加具有合理性与经济性，保证质量的同时控制好造价。可以通过以下几个风险控制措施，减少或避免风险事件的发生。

第一，实行设计方案招标或方案竞选。设计招标有利于竞争和设计方案的选择，通过招标可以扩大选择设计方案的范围，从而一定程度提高了设计的先进性、合理性、准确性，设计招标还有利于控制项目建设投资，缩短设计周期，降低设计费用，通过设计招标评定出技术先进，功能全面，结构合理，安全适用，造型美观的设计方案。在设计阶段应采用科学的理论方法加强经济论证，对设计方案进行优化选择，在技术与经济相结合的前提下进行充分的论证。在方案比选时，可以采用定性或定量的方法分析，在满足工程结构及使用功能的前提下，依据经济指标选择设计方案。

第二，推行限额设计。限额设计是将整个项目依据设施部位或功能的不同，分为若干单元，设计人员根据限定的额度进行方案筛选与设计。限额设计可以促使设计单位改善管理，优化结构，提高设计水平，真正做到用最小的投入取得最大的产出，从而有效地控制整个工程的造价。要保证项目设计达到使用功能的前提下，按分配的投资限额控制设计，严格控制技术设计和施工图设计的不合理变更，保证总投资额不被突破。

第三，做好工程设计变更控制。工程设计变更发生的越早，损失越小，反之就越大。因此，必须加强设计变更的管理，尽可能地把设计变更控制在设计阶段。设计变更可能由设计单位自行提出，也可能由建设单位提出，还可能由项目公司提出，不论谁提出都必须征得建设单位同意并且办理书面变更手续，凡涉及施工图审查内容的设计变更，必须报请原审查机构审查通过后再批准实施。

第四，认真进行设计交底与图纸会审。设计交底的目的是对施工单位和监理单位正确贯彻设计意图，加深其对设计文件特点、难点、疑点的理解，掌握关键工程部位的质量要求。图纸会审的目的有两方面：一是使施工单位和各参建单位熟悉设计图纸，了解工程特点和设计意图，找出需要解决的技术难题，并制订解决方案；二是为了解决图纸中存在的问题，减少图纸中的差错，将图纸中的质量隐患消灭在萌芽状态。

具体的风险因素和风险控制措施如下：

（1）施工设计图有遗漏，如施工图水文地质资料不全、取土场或取石场选定不适合、结构物设置不合理。风险预防方面，应当在设计施工图过程中，科学论证技术方案可行性和适用性。在风险抑制方面，应在设计合同中订立技术更新补贴条款和惩罚条款等。

（2）设计人员经验不足、设计公司管理能力不强、设计公司实际能力与其资质不符等。风险预防方面，应对设计人员进行定期培训和实践实习，对管理层进行再教育等培训，由富有管理和设计技术经验的员工进行指导等。风险抑制方面，设计公司对自己不熟悉的领域经过批准后方可以分包。项目公司与设计公司签订合同条款中需要明确设计不足时的惩罚措施。

（3）地质勘查失误、地质勘探粗糙等。在风险预防方面，政府、项目公司和地质勘探部门等相关方应当形成监督机制，预防地质勘探中出现问题。在风险抑制方面，应要求合同中明确严厉处罚条款，对勘探问题进行严格处罚，并影响其以后的此类勘探资格等。

（四）施工阶段风险控制

施工阶段风险事件主要有三个方面：一是路线变更、设计变更、造价变更；二是建设资金不到位，出现财务风险；三是发生安全事故、工程延期、质量问题。

总体上来说，施工阶段的风险可以从以下几个方面加以控制：

第一，发挥政府监管职能。政府在项目施工阶段的工作主要是发挥监督管理作用，定期对工程质量、进度及工程造价进行检查与控制，同时根据实际情况进行不定期的抽查，确保工程质量，保证项目顺利运营移交。在工程竣工时，政府监管部门与项目公司共同进行竣工验收，确保工程质量合格，确保工程如期进入运营阶段。

建设单位应把所有与工程有关的合同分门别类，统一存档，便于政府抽查。政府应定期不定期地检查合同的执行情况，一旦发现工程承包商或材料设备供应商没有履行合同文件，应根据合同规定，及时行使政府的监管权力。

第二，严格按照各种标准和规定等执行。严格按照《公路工程技术标准》

（JTG B01—2003）、《公路工程混凝土结构防腐蚀技术规范》（JTG/T B07 - 1—2006）、《公路土工合成材料应用技术规范》（JTJ/T 019 - 98）、《沙漠地区公路设计与施工指南》（JTJ/T D31—2008）以及公路、桥隧、交通等的技术规范和评价标准对各类型公路施工。对于农村公路，严格按照国家和省政府制定的交通运输部《农村公路建设管理办法》（交通部令 2006 年第 3 号）、《农村公路建设指导意见》（交公路发〔2004〕372 号）、省交通运输厅《云南省农村公路建设管理办法（试行）》（云交基建〔2007〕904 号），以及《农村公路建设质量管理办法》《云南省农村公路建设质量监督办法》等规章和规范性文件，实行“政府监督、法人管理、社会监理、企业自检”的四级质量保证体系和质量责任追究制，建立和完善“政府监督为主，群专结合”的质量监督体系，加强质量管理，抓好基本建设程序。

第三，现场鉴证。现场鉴证是工程建设过程中一项经常性工作，许多工程由于现场鉴证的不严肃，引起工程造价失控。严控现场鉴证管理，应该做到：

（1）严格四方鉴证制度。所有的现场鉴证必须经施工单位项目经理、总监理工程师、设计单位代表、业主代表四方共同签字方为有效。

（2）鉴证内容必须与实际相符。

（3）鉴证的范围必须正确，不能盲目鉴证。在有效的时间里做好现场鉴证的手续，不能使鉴证在有效时间内失效，或者手续不全等，影响工程结算，造成成本增大。

具体来讲，这一阶段的风险因素和风险防控措施如下：

（1）沿线政府和居民变更征地条件。应尽量获得地方政府支持，及时处理征地的各种纠纷；云南省相关部门可以制定公路建设征地拆迁补偿标准，降低公路建设成本，努力做到在既保护农民利益，又不影响国家重点工程建设的前提下，制定符合云南实际的高速公路征地拆迁补偿标准。

（2）关键施工技术选择有偏差，设计变更。项目公司可以主动派工程技术人员深入现场调研，加强对设计变更的预见性，提前考虑工程设计变更和技术选择问题，在施工前确定设计和技术。应与设计单位在项目前期做好约定，由于地质勘察失误、设计不完善和错误，造成超过一定比例的费用增加，由设计方负责增加部分费用开支，并承担工程赔偿等。

（3）建设资金不到位。需要提前考虑、有应急之策，确保建设资金准时到位，不致影响工期。

（4）项目参与单位管理不善、缺乏高速公路项目管理经验，影响工期和质量。应注意选择信誉良好、经验丰富、技术可靠的承包商合作；对于各类检测和实验应当按照公路土工试验规程（JTJ E40—2007）、公路工程水泥及水泥混凝土试验规程（JTG E30—2005）等一系列试验和操作规程进行。也可设置履约保证金和误期损害赔偿费等合同条款向承包商转移部分风险。

（5）发包模式、总包设计单位、分包设计单位存在问题，合同条款不明确或有违三公原则。首先应公开、公正和公平地对项目设计、建设等进行招投标，杜绝关系户和项目腐败发生，避免此类风险的发生。应努力形成政府和项目公司等对项目设计和施工的分包监督管理机制，对重大工程、关键技术和层层分包进行严格审查和监管。还可通过保险、分包等转移风险。

（6）没有按照规定完成水土保持方案、环保评估、地震评估、文物勘探。应严格按照《公路建设项目环境影响评价规范》（JTG B03—2006）等规定完成施工前的勘探工作，预防风险发生成本增加。

（7）分包商财务风险。应择优选择设计、监理、材料供应和设备等供应商，最好通过公开招标方式选择，中标者订立合同。在分包商财务风险发生后，如不能继续执行合同，则通过其他方式及时寻找替代者。

（8）劳务争端、罢工、安全事故。应加强企业管理，及时处理劳工纠纷，及时排除安全隐患，施工工序严格按照程序法执行并予以监督。还可通过保险转移风险。

（9）破坏沿线生态环境，增加恢复成本和边际成本。应通过对相关人员生态环境保护的教育和现场指导等措施，注重对沿线生态环境的保护；参照退耕还林政策，对公路沿线实施退耕还林，确保路产的长期稳定安全，形成公路生态安全工程。

（10）投融资政策变化，利率、汇率变动，影响造价和工期。应尽量选择固定利率贷款，形成利率与汇率锁定机制。项目公司、施工单位等与贷款金融机构签订远期兑换合同，实现将汇率锁定在一个双方都能接受的水平上；通过政府担保、贴息等方式，积极争取国际金融组织、国内政策性银行、商业银行对云南交通建设的贷款支持。也可通过保险、期权等转移风险。

（11）项目边界发生较大变更，工程变更导致索赔。要认真做好工程索赔记录。如果工程设计变更造成工程费用增加，工期延误等，应做好记录，以书面形式向工程师、业主代表发工作函（或工程设计变更洽谈），然后进行费用、工期的索赔。当工程施工中，出现合同内容之外的自然因素、社会因素引起工程发生事故或拖延工期等，建设单位应及时收集文字依据，认真分析，提出索赔报告，追补损失。根据施工合同做好工程的索赔工作，索赔工作应是全部竣工结算的内容之一，建设单位还应当重视索赔的理论和方法。

（12）市场风险，如建筑材料、人工、工程、设备和其他费用大幅涨价。应合理估测在项目所在地购买材料的可行性以及价格变化趋势。力争与承建商、供应商签订固定价格协议等。也可事先建立市场风险基金，自我承担风险。

（13）施工方案不合理、施工工艺落后、施工技术不合理。应科学论证施工方案可行性和适用性，如对于特大桥梁和隧道建设等使用成熟技术，从源头上控制风险。各类施工技术按照《公路沥青玛蹄脂碎石路面技术指南》（中建标公路〔2002〕1号）、《公路冲击碾压应用技术指南》（交公便字〔2005〕329号）和《微表处和稀浆封层技术指南》（交公便字〔2005〕329号）等一系列技术指南执行。也应当在合同中订立技术风险补贴条款和惩罚条款等，适当转移风险。

（14）工程质量评定结论不准确。应认真比较和选择工程质量的评定人员和方法，评定小组须有能力独立进行工程质量评定。评定组织单位对评定结论负责，如果评定结论与实际有偏差，给予相应惩罚。

（15）工程竣工文件不齐全、竣工决算不严格、多头审计等。应严肃决算，竣工决算是反映建设工程实际造价和投资效果的文件。及时、准确地对竣工决算审核，对于总结分析建设过程的经验教训，提高工程造价管理水平及积累技术经济资料都具有重要意义。竣工验收应当按照《公路工程竣（交）工验收办法》和《公路工程竣（交）工验收办法实施细则》等进行。在结算时不能只是对图纸和工程变更的计算审核，要深入现场，细致认真的核对，确保工程结算的质量，提高投资效益。事后审计作用不大，应将审计深入到平时工作之中，设置一个审计主管部门，克服多头审计问题。

（16）质量监督机构工作不负责。监理单位应按照《公路工程施工监理规范》（JTG G10—2006）等对施工进行监督。实行总监负责制，做好监理信用评价和监理工程师登记工作，对监理工程师进行继续教育等。还要对监理质量、监理人员的经验、技能、敬业精神进行监督，一旦发现监理机构或监理人员不称职，就予以更换。还要完善监理激励约束机制。在确保工程质量的前提下，提前竣工可以给承包商、工程监理单位必要奖励，如果不能如期竣工，则给予惩罚，比如支付延期罚金等。

（17）不可抗力风险，如战争、内乱、社会动荡、自然灾害（地震、暴雨、泥石流等），影响工期、造价和工程质量。应进一步加强实施云南公路安保工程，采取积极预防措施，对重大公路泥石流、水毁、滑坡等灾害性事故做好预案，将安全事故降到最低。还可对相应的风险用保险的方式转移风险。

（五）运营阶段风险控制

运营阶段风险事件主要表现在三个方面：一是收费标准和收费年限变动；二是道路严重损坏，养护不足；三是收费遗漏。

总体上来讲，这一阶段的风险控制要求：

第一，转变重建设轻养护的观念。切实转变重建设轻养护的观念，将公路建设和养护管理放在同等重要的地位，推进养护体制改革，加大养护管理资金投入力度，确保公路水运养护管理工作取得良好成效。提高养护技术水平，建立科学合理的公路养护市场管理体系，提高路网畅通水平。

第二，加强监督和检查。在项目运营阶段，政府拥有监督和检查的权利，因为项目最终要由政府或其指定机构接管并在相当长的时间内继续运营，所以，必须确保项目的运营和维护都完全按照政府和中标人在合同中规定的要求进行。按照《收费公路联网收费技术要求》（交通部〔2007〕第35号）等进行管理，当项目公司因某些客观原因未能实现预期回报，可以按照签订的特许权协议申请延期经营，或者要求政府给予财政补贴。同时，政府在项目公司递交的财务分析中，对于在合理收益水平内的视为正常资金回收期，对于超出合理收益水平的资金，政府可进行收回作为项目“发展资金”用于弥补运营期出现的亏损；若发现项目公司存在暴利的情况，则有权在运营期满前收购项目公司股份或调整项目协议中某些条件。

第三，强化设施保养与维修。按照《公路养护技术规范》（JTJ 073－96）、《公路水泥路面养护技术规范》（JTJ 073. 1—2001）、《公路沥青混凝土路面养护技术规范》（JTJ 073. 2—2001）、《公路桥涵养护规范》（JTG H11—2004）、《公路隧道养护技术规范》（JTG H12—2003）和《公路技术状况评定标准》（JTG H20—2007）等养护管理规范，以及《公路桥梁加固设计规范》（JTG/T J22—2008）、《公路桥梁加固施工技术规范》（JTG/T J23—2008）等加固设计与施工规范进行道路养护。

在整个项目运营期间，项目公司应按照协定要求对项目设施进行保养，确保移交阶段的顺利进行，保证政府可以继续运营。如果项目公司对道路及基础设施的保养达不到合同规定水平，政府为了自身利益，可自行养护，由此产生的费用由项目公司承担。

具体的风险因素和风险对策如下：

（1）工程质量不高，日常维护和大修费用增加，收入减少。应加强对公路进行定期常规维护，及时处理路面问题，预防风险发生。

（2）破坏沿线生态环境，增加边际成本。应在日常维护中注重生态保护和修复等。

（3）维护管理不善，运营成本增加。应加强道路管理，推进道路日常监控网络建设，拓展服务功能，建立高效、有序的信息采集和发布机制；做好高速公路的维修和养护，定期检查和清洁保养；加强路况监控，发现道路问题及时处理；大修工作安排在车流量淡季进行；加强质量管理和成本管理，提高服务质量；克服“重建轻养”，代之以“以养代建”。也可选择有经验的公路运营管理和维护管理机构进行合作，签订运营维护合同，适当转移风险。

（4）财务管理不善，资金成本增加。对于融资结构风险，需要对各种融资方案成本和难易程度进行认真估算，满足资金需求；应合理分配公路配套设施和沿线服务区，包括加油站、汽车维修、餐饮、旅游服务和广告等，作为对通行费偏低的补偿。还要加强高速公路联网管理，尽快形成全省统一规范的管理格局；加快覆盖全省的电子不停车收费系统建设，大力发展 ETC 用户；加强收费稽查，严厉打击抗逃费行为。

（5）人力资源管理不善，项目运行效率低。应加强公路运营管理人员队伍建设和培训，建立治超长效机制，提高管理人员素质和管理水平。提高路政装备、设施水平。

（6）项目运营组织结构、管理体制存在问题，运行效率低。应进一步优化运营管理体制和企业组织结构，建立合理的激励与约束机制，建立运营主体行为风险预警机制。

（7）利率、汇率、金融政策变化，财务费用增加。应尽量选择固定利率贷款，形成利率与汇率锁定机制。政府与运营公司签订远期兑换合同，实现将汇率锁定在一个双方都能接受的水平上。此外，可以在项目合同中规定收费价格调整条款，根据通货膨胀率或者物价指数调整收费标准，经政府批准后实施，以适当转移风险。

（8）所得税、营业税等税收政策变化，成本增加。项目投资者可以从每年的收入中提取一定比例资费建立预防基金等。

（9）通货膨胀导致原材料、新增设备、工程、人工成本增加和维修费用增加。应尽量争取与原料供应商签订长期固定价格合同，或者储备一定材料、设备。当通货膨胀过高严重影响成本时，可考虑在政府批准下提高通行费。

（10）自然灾害频发。云南大部分是山地，重特大自然灾害频发，对交通运输安全应急保障和反应能力提出了更高要求。而且，云南省交通运输安全应急保障建设还存在：安全监管和救助设施总量不足，尤其是救助基础设施薄弱，应急救援经费与设备、装备匮乏；应急物资存储不足，物资采购、更新、征用、补偿、调拨机制不完善；监管手段落后，安全管理应急反应能力差等问题。必须进一步加强高速公路气象预报机制建设，加强沿线气象条件监测系统建设和实时监控等。建立应急反应机制，也可使用保险等方式适当转移风险。

（11）车流量达不到设计要求，收入较少。应通过政府和项目运营公司签约共同分担风险，还可适当提高费率等加以防范。

（12）收费政策变化，收入减少。应积极推进税费改革以及取消政府收费还贷二级公路政策加以防范，企业和政府应密切配合，积极建立非收费公路发展的新体制、新机制。还可争取适当调整车辆通行费率，或者加大财政补贴等补偿。

（13）区域交通环境变化，车流量减少，收入减少。应争取政府提供资助、担保或者补贴等，比如可以适当延长特许经营期限减少损失。

（六）移交阶段风险控制

移交阶段风险事件表现在三个方面：一是移交时公路状况差；二是资料缺失；三是技术过时、财务纠纷等。

在这一阶段政府要做的就是要明确移交过程。项目移交应明确约定移交前过渡期安排、移交范围、移交验收程序、技术培训、风险转移等。规定移交的范围，如合同，资料（软件）证、照，配件与材料，设备档案，债权债务（担保）；规定移交的时间地点；规定清盘审计的方法、人员；规定违约方的赔偿方法，如非不可抗力和投资人原因等。如因政府政策、动乱、行政干预造成损失者，可约定用延长特许期来赔偿相应损失等。

严格按照《公路工程质量检验评定标准》《基本建设项目档案管理暂行规定》等相关标准和规定进行检测和评定。

具体来说，风险因素及应对对策如下：

（1）公路施工质量不高，养护不足。应当要求项目经营者出具履约担保和质量性能担保。

（2）项目公司组织结构不完善，管理能力不高。应当依照现代企业管理方法组织企业结构，还要加强对管理人员的定期培训。

（3）政府监管不足。应当强化政府相关人员的风险意识，切实做好监督管理工作。

第六章　经验与案例

第一节　国外公路建设投融资模式实践

一、美　国

地方所有、联邦资助的分权模式构成美国公路的建设和管理体制，美国境内各州级公路主要由联邦政府负责资助建设，再由各州对建成后的公路实行养护和管理。因此，美国公路建设的主要资金来源是联邦资助，该项资金在整条公路建设资金来源中的占比约为90%，其余10%来自州政府的资金。除上述政府投入的公益性公路外，也有部分收费公路的存在，而收费公路的建设资金主要来自于民间渠道，同时，也有多元化的融资模式。发行公路建设债券是美国公路融资的传统方式，该项债券主要为地方政府根据公路项目的建设需要而发行，而其购买来源也极为多元化，主要由非银行金融机构（保险、信托公司等）、银行、个人资金和外资等。美国的多条高速公路均通过发行债券形式获得建设资金，其中以佛罗里达州的奥兰多和加利福尼亚州较多。同时，也有如弗吉尼亚州的杜勒斯国际机场至利斯堡的收费高速公路，通过 BOT 的方式融资，以全额私人银行及保险公司资金获得总投资约 3.24 亿美元的全额建设资金，而州政府并未提供任何担保，仅以 42.5 年的收费经营期作为主要的投资收益保障，且经营期内收费标准不得提高。

另外，美国建立了 IF（Impact Fee）、SAD（Special Assessment District）和 TIF（Tax Increment Financing）等三个收费系统和 BOT 融资形式来解决政府在筹措公路交通等基础设施的建设资金方面的问题。IF 收费系统中，当地政府划出某一块区域作为发展区域之后，要求进军该区的开发商们一次性支付相关的交通影响费用；SAD 系统中，当地政府向被划定为持续发展地区中的企业，征收公共设施改善费用；TIF 系统通过发行证券，获得改善公共设施的资金，然后依靠资产增长税进行偿还。BOT 是私人资金参与基础设施建设的一种方式，当地政府通过征收财产税、一般基金、地方公路使用税等筹集公路建设维护资金。

二、英　国

英国完全依靠国家投资建设高速公路，自1919年颁布道路法以来，英国实行国家预算拨款来资助收费公路。随后英国政府又建立了道路建设基金来资助收费高速公路，该基金由汽车牌照税和燃油税组成。1989年，英国政府出台了《通往繁荣之路》和《新手段建设新道路》两个文件，宣布政府将更为直接地允许私人集资建设和管理道路。此后英国吸引非政府渠道资金的收费公路项目逐渐增多，融资方式除了推行BOT以外，还出现了PFI融资方式。英国是PFI的倡导者和先行者。1986年3月，英国首都伦敦泰晤士河上的Dart Ford大桥开始实施，这是世界上公认的第一个真正意义的PFI项目，该项目于1991年竣工并投入营运，特许营运期为25年。

三、法　国

1955年4月，法国颁布了建立收费高速公路新体制的高速公路法。1969年国家又对高速公路法进行了修改，目的是吸引更多的资金来投资高速公路建设，特别是私人资本投资高速收费公路。这次法案的修改带来的一个重大变化是通过吸引私人资本和发行非国家担保债券，开辟了高速公路建设资金的新来源。1982年法国政府决定，对特许经营高速公路的融资和管理制度进行改革，这表现出政府对高速公路管理观念的转变，即从重视个别地段的高速公路，转变到重视整个高速公路特许经营事业。法国高速公路特许经营公司的资金来源发展到现在，主要由公司自有资金、发行公债取得的资金、中央政府给予的预付款和地方政府给予的无偿补助金构成。

四、澳大利亚

澳大利亚的高速公路融资模式类似于美国，国家设立专项基金资助制度。1989年建立“道路信托基金”，由汽油附加税和柴油税组成，并由《ABRD信托基金法》规定了用于国家干线公路、城市干线、乡村干道、地方道路项目的比例。近年来，澳大利亚也出现了BOT融资方式，而且政府还制定了一套完整的BOT项目管理法规。可以看出，政府对收费高速公路吸引非政府渠道资金的趋势持有肯定的态度，并在积极地参与、引导和规范。

五、日　本

日本于1952年制定了道路建设特别措施法，建立了由国家及金融机构贷款建设高速公路的形式，并在高速公路开通后收取通行费，以偿还贷款的收费公路制度。最初实行这项制度的是国家和地方公共性组织，后来为了更广泛地吸引民间资金，日本开始设立能够综合有效地经营收费高速公路的专门机构，这就是1956年成立的日本道路公团，自此日本高速公路的资金来源主要靠贷款和政府发行国内外建设债券。从1997年开始，日本政府鼓励民间资本进行高速公路等公共项目开发建设，同年10月由通产省设立了“民间资本主导型公共项目开发研究会”，此后陆续出台了一系列与PFI相关的政策法规，扫清了实施PFI的障碍，极大地缓解了财政压力，又对提高基础设施的质量和水平发挥了重要的作用。

六、韩　国

从20世纪七八十年代开始，韩国政府就开始注重农村公路建设的开展，并用了十多年的时间改建了6万多公里农村公路，新建了6 000多公里。到20世纪90年代，韩国政府先前的农村公路建设使命已经基本完成，不再全力全面支持和推进农村公路建设，但是政府仍然十分重视农村基础设施的投资建设，并积极地出台相关的政策支持措施。1994年6月，由当时的金泳三总统主持召开的“推动农渔村及农政改革会议”研究制定了有关促进农渔村发展的14项40条政策措施，其中就包括对农村公路投资建设的政策措施，提出对当时3.4万公里农渔村公路中的2.7万公里重新铺修，将铺修比率从当时的26%提高到85%，为了修建农渔村公路，提出了提高地方养路费所占比率的措施。

韩国在其农村公路建设投融资方面的经验可概括为：首先，农村公路建设在投入方面需要国家法律法规提供法制化的环境保障，还需要持续的国家战略和鼓励优惠政策加以支持。只有法制化的农村公路建设环境，才能保障资金提供方的利益，才能保障农村公路建设资金来源的稳定。其次，中央财政在农村公路建设中仍应承担主要责任，发挥主导作用。最后，要充分调动公路建设各方的积极性。

第二节　我国公路建设投融资模式实践

一、广东省

（一）加强与银行的合作

广东省人民政府采取收费还贷方式和借贷担保方式，通过适度贷款，扩展筹资能力，解决广东省公路建设资金紧张的问题。“十一五”期间，广东省新增贷款98亿元用于公路建设。广东省公路局向省交通运输厅、省政府提出合理化的意见建议，以省公路局作为融资主体，利用燃油税增值部分公开向13家银行招标融资250亿元（15年期贷款）。

（二）建立公路建设投融资平台

广东省于2000年成立了广东省交通集团，当年6月广东省交通厅将原下辖的86家企业整体移交广东省交通集团管理，负责对广东省内的高速公路进行整体的投融资建设和经营管理，以项目建设业主及投融资主体的身份对其公路建设资金进行筹集。广东省通过整体打包转移的方式，形成了以政府为背景的大型融资平台。

（三）吸纳社会资本投资公路建设

通过证券市场、股票融资的方式对公路建设资金进行投融资，是目前广东省公路建设资金筹集的一种较普遍及有效的方式。广东省交通集团曾采用发行总额15亿元的企业债券和30亿元的短期融资债券方式来筹措公路建设资金。

二、贵州省

（一）选择BOT投融资模式

厦蓉高速公路中的贵阳至都匀段属于尚未纳入国家规划的路段，因此建设资金需要自筹。该条高速公路贵州省采用招投标模式，由中交集团中标并负责该段高速公路的投资、设计以及施工总承包，亦即采用BOT的模式对该段高速公路进行建设资金的筹集，有效解决了项目建设筹资难的问题。该条高速公路的筹资模式开创了贵州省公路建设的历史先河，同样在全国范围内，也打破了原有高速公路建设设计完成后再进行投融资和施工总承包的模式。

（二）投资与施工统一筹资

公路建设的市场中，普遍存在施工竞争激烈，但投资领域冷淡的局面。贵州省交通行业管理部门合理利用时下的国家政策，有机地将上述两个冷热市场相结合，开创性地把投资及施工融为一体。也就是引入共同投资人六盘水开发投资有限公司，并与贵州高速公路开发总公司一同出资，成立了水盘高速公路有限公司，再用该项目公司向社会公开招标，选择总投资约70亿元的水盘高速公路的投资与施工的总承包单位。

（三）深化银企合作，深度发挥银行融资的功能

中国建设银行贵州省分行与贵州高速公路开发总公司深入合作，在运用传统

的银行贷款融资功能外，探索出了一条运用传统贷款融资方式以外的信托产品创新融资模式。贵州高速通过发售信托产品“利得盈”，销售范围面向全国，在发行初日成功募集到3.2亿元，该产品总共募集资金5亿元，为贵州高速公路开发总公司获得了充足的资金用于贵州境内贵遵公路扎佐至南白段（西南出海大通道）的改扩建工程。

（四）投融资模式的不断创新

贵州省公路建设投融资原有模式为单一的政府投资，现已成功转变为以财政资金为根基、银行贷款为主体、社会投资和外资作为有效补充的结构，主要的融资渠道仍然依赖目前相对成熟的中长期信贷市场、股票市场和债券市场。逐步形成目前的“三多”趋势——多样化的融资渠道、多元化的投融资主体、多元化的融资结构。

三、四川省

（一）利用证券市场进行股权融资

四川成渝高速公路股份有限公司成立于1997年8月17日，当时该公司主要是为经营管理成都—重庆的成渝高速公路而成立的。该公司是我国基础建筑类中第一家在香港上市发行H股进行股本融资的高速公路公司。1998年3月，经国家外经贸部批准，公司转制为中外合资股份有限公司。成渝高速公路是中国西部第一条高速公路，是西部第一条利用世界银行贷款修建的高速公路，也是西部至今第一条和唯一的一条成功利用H股融通建设资金的高速公路。筹集的资金为地方高速公路建设滚动发展、为高速公路完善配套设施设备提供了雄厚的资金支持，同时把中国内地的高速公路经营项目推向了香港和海外金融市场。香港联交所按国际标准要求发布的财务报告，对中国内地的高速公路建设、管理和运营提出了更高的要求，有利于提高中国大陆高速公路企业建设生产的管理水平和经济效益，为中国高速公路融资向世界打开了一扇窗口。

（二）政府以“转贷”的形式履行担保人责任

四川成（都）—南（充）高速公路是国家规划的“五纵七横”国道主干线上海至成都公路（支线）的一段，是连接川中、川东地区的重要通道和支援三峡工程建设和四川省内外物质交流的干线公路。1999年2月23日亚洲开发银行与四川省人民政府、四川成南高速公路有限责任公司签署了一笔金额达2.5亿美元的项目贷款协议。贷款期限为20年，约定将此笔资金通过四川省人民政府、四川省交通厅“转贷给公司（成南高速公路公司）”，实际上四川省政府和四川省交通厅将履行担保人的责任（我国担保法规定政府和行政机关不能作为担保主体），协议授权成南公司代表交通厅负责成南高速公路项目的建设、营运及管理。借款人每年要交纳0.75%的承诺费，每年收一次，贷款利息和其他费用每年付一次，高速公路建成运营一年后开始还本金。协议还规定500万美元以上的土建工程和50万美元以上的设备和材料采购应实行国际招标。在附加条款中要求使用该贷款时要实施一个接通计划，“该计划应包括约300公里省县道改造”，最后约定该笔款额经中国国务院批准方可生效。

从贷款协议的运作来看，该融资项目体现出以下特征：（1）对风险控制的要求很严，以国家和地方政府为担保方，对资金的使用数量和程序作了严格甚至苛刻的规定，标准由亚行制定，我方被动，还本付息的时间要求很高，具体到某一天，贷款方有较大的还款风险。（2）对工程要求国际招标，有利于提高我方的管理水平和建设水平。（3）在设备和材料采购方面，对使用该贷款设定了一些附加条件。世界银行和亚洲开发银行对第三世界国家的贷款具有扶贫和经济发达国家对发展中国家的资金扶持和反哺的意义，国际金融组织的贷款项目虽然没有过高的获利要求，但对国家政府和项目执行企业的诚信要求很高，对项目执行过程中的工程设计理念、施工管理、材料采购、工程质量验收、工程监理、工程款拨付都要求严格按合同执行，按预算执行。

第三节　公路项目投融资案例分析

一、BOT模式

（一）泰国曼谷二期高速公路项目融资

曼谷高速公路是泰国高速公路管理局（ETA）规划的一条围绕城市的环形收费公路，二期工程从曼谷市北的廊曼（DON MUANG）机场开始，向南经过闹市区与一期工程相连，还包括一条短的东西向支线和另一条长约4公里的支线。1987年8月，泰国政府决定二期高速公路将采用BOT方式招标，有两家财团进行投标，一家是曼谷高速公路有限公司，另一家是泰国高速公路合资企业。1988年2月，曼谷高速公路有限公司与一家日本工程承包公司组成“曼谷高速公路财团”（BECL），制定并向ETA提交了一份由其获得项目特许权的建议，4月进行谈判，12月泰国政府批准BECL获得该项目特许经营权。该项目特许权期限为30年，从1988—2018年。从该项目的运作来看，其成功经验可作如下总结：

（1）项目资金来源。

项目总费用10.6亿美元，其中2.16亿美元为股本金，约占20%，由项目公司采用发行股票的方式筹措，其中政府认购49%；另外8.44亿美元，约占80%，由项目公司通过11家银行实行有限追索权贷款，贷款于2009年到期，自1996年起偿还。该项贷款除以BECL资产作为向贷方偿还贷款的保证外，还要建立公司债务联营，其中包括有保证贸易合同商按照主权贸易合同履行职责的履约保证书。

（2）收费标准及收费分成。

协议规定，初始的收费标准定为1.18美元，以后每5年按通货膨胀率调整一次，但在第一个15年内增加部分不超过0.8美元。泰国政府与项目公司分享公路建成27年运营期的过路费收入，该项收入包括新建高速公路收费以及原有高速公路的收费，双方分成比例（BECL/ETA）为：第一个9年为6:4，第二个9年为5:5，第三个9年为4:6。

（3）政府支持。

土地方面，政府发布法令，使ETA能得到修建高速公路所需的土地，再提供给BECL，建设开始时无需支付土地费用，但BECL必须在特许期限的第二个15年内偿还土地费用以及期间的利息。税收方面，政府给予高速公路项目融资一定的优惠，包括从开始获得收益的第一天算起，在8年内免征市政当局所得税并免征利息税。

（二）武邵高速公路项目

福建武（武夷山）邵（邵武）高速公路是由中国水利水电建设集团公司、中国水电建设集团路桥工程有限公司、南平市高速公路发展有限公司三家单位共同投资的福建省首家BOT项目和交通运输部“设计+施工”总承包的试点项目。就BOT项目而言，项目公司——福建武邵高速公路发展有限公司（以下简称“武邵公司”）由中国水利水电建设集团、中国水电建设集团路桥工程有限公司和南平市政府共同组建。从该项目的运作来看，其经验可以从政府承诺和银行贷款方式两个方面进行总结。

首先，从政府承诺来看，作为甲方的南平市政府与作为乙方的武邵公司签订了《福建省武夷山至邵武高速公路项目特许经营协议》，南平市政府在该协议中所作出的承诺主要包括：

（1）特许经营期的延长。在特许经营期内如果投资方没有收回投资，经有关部门核准可以延期特许权经营期。

（2）税费的返还。

项目正式运营后10年内，项目公司交纳的各项税费属地方留成部分将全部返还。若项目公司亏损，应全额用于弥补亏损；若公司盈利，应全额归中国水电建设集团路桥工程有限公司。

（3）政策变更后的协调。

若甲方或其所属各级政府与部门颁布了与本合同相冲突的规范性文件，可能造成乙方损失的，甲方应积极协调并尽量减少乙方损失。

（4）收费费率的执行。政府承诺按规定收费费率区间高值执行。

（5）优惠条件的给予。

政府承诺在特许经营期内，给予其管辖范围内的其他同类高速公路项目所享有的优惠政策也同样给武邵项目。凭借此项优惠条件，确保了政府对武邵项目运营补亏的支持和肯定。同时争取到地方政府参照南平地方邵光高速公路土地优惠政策，最终确定补偿武邵高速公路土地674亩，补偿总净价值不低于6.74亿元。

（6）限制竞争条款的确定。

甲方承诺，本项目达到设计通行能力之前，除本次招标前国家和南平市已规划的公路项目外，甲方不得审批建造可能与本项目形成竞争关系，并对本项目车流量造成重大分流影响的同等级的高速公路项目。甲方确认，在本协议签订之时，已规划批准的公路项目中，不存在与本项目形成竞争关系的项目。

（7）经营权或项目公司股权的转让。

乙方在项目竣工验收合格前不得转让该项目的特许经营权。乙方在项目竣工验收合格后转让项目收费权或服务设施经营权的，应取得甲方事先书面同意，并应按照《中华人民共和国公路法》《收费公路管理条例》等法律、法规的规定办理。要对外转让时，甲方在同等条件下享有优先受让权。乙方的转让虽经甲方同意，但不因此免除乙方在转让前依据本协议应向甲方承担的各项义务和责任。

其次，从银行贷款方式来看，融资管理的目标就是通过合理化的筹资安排确保工程款能及时足额支付，在此基础上大力减少沉淀资金、降低利息成本。

以国有银行为主，股份制银行为辅。贷款银行的开发主要集中在几大国有银行身上，这样能保证无论何时都能取得充足的资金，并在宏观环境宽松时适度开发一些股份制银行，争取一些条件优惠的贷款资金。

（1）尽量总额合同，争取利率下浮。

签订总额合同能使得贷款手续大大简化，只凭借据就可以实现贷款的发放，节约融资时间，在银根收紧的年份，更是能优先获得贷款规模。基准利率下浮

10%是现今银行贷款所能取得的最优惠利率条件。武邵项目在筹资艰难的2008 年仍然保证了建设银行合同利率为基准利率下浮 10%，虽然付出了一定的贷款承诺费和财务顾问费，使得 2008 年贷款的实际筹资成本达到基准利率上浮 10%，但2009 年宏观形势转好后，这些中间业务费用都不再收取，相当于仅付出了一年的高利息成本。2008 年工商银行多笔贷款是按基准利率或基准利率下浮 5%签订的合同，但2009 年宏观形势转好后，公司通过转贷或变更贷款合同，将所有贷款合同的利率都调整为基准下浮 10%。这种努力不仅建设期受益，更使得运营期还款压力减轻，公司粗略计算后得知基准利率下浮 10%的利率条件比基准利率在运营期节约利息成本约 2.45 亿元。

（2）银团贷款，长短搭配。

组建银团贷款能突破一家银行贷款规模有限的不利条件。长期贷款还款压力比较靠后，短期贷款利率条件更加优惠，在筹资工作中努力协调合理搭配这两者，在保证竣工前可以将全部贷款转为长期固定资产贷款的前提下，利用建设期间适量的短期流贷来节约贷款利息，既保障了资金安全也节约了筹资成本。

（3）计划申贷，按需取贷。

除日常管理费开支外，大笔的资金支出都是按照武邵项目公司签订的各合同条款约定的支付时间和金额进行的，由此形成一套以需求定计划的融资管理体系，每月底由各合同的支付进度制订下月合同支付计划表，列明合同支付的时间和金额，再加上日常管理费开支和保底资金余额，就可以估算出下个月资金的总需求量，然后根据账上的资金余额，确定下个月的贷款金额和贷款时间，提高融资计划的精确度，既能防止资金断链，又能避免账户上长期沉淀大量资金，有效消除存贷双高的风险。

二、TOT 模式

（一）成渝高速公路重庆段

成渝高速公路重庆段路长 114.2 公里，1994 年 10 月 18 日建成通车，该路段经营权转让的受让人是香港益兴股份有限公司。该公司购买了全部公路评估资产的 49%，并且在签字后 50 天内分期将大约 12.5 亿元人民币付给重庆市政府，经营权转让期限为 25 年，25 年内的净收入按中外双方投入资金比例分配。25 年之后，将公路经营权返还重庆市政府，并保证公路不低于当前的质量水平。该 TOT 项目基本上贯彻了风险共担、互惠互利的原则，重庆市政府可以立即得到一大笔资金投入另一条高等级公路建设，而港商也得到了较高的资金回报率。

（二）渝涪高速公路

渝涪高速公路由渝长高速和长涪高速两部分组成，总长 118 公里。渝长段（重庆上桥至长寿桃花街）85 公里于 1996 年开工，2000 年 4 月全线通车；长涪段（长寿桃花街至涪陵天子殿）33 公里于 1996 年开工，2000 年 12 月全线通车。2003 年，重庆市政府把渝长高速和长涪高速作为一个整体推出向社会招商，寻求经营权或转让。

重庆高速公路发展有限公司与重庆国际信托投资有限公司经过谈判，确认渝涪高速公路的整体收购总价为 58.5 亿元，以渝涪高速公路的资产净值进行转让。经政府批复同意由重庆高速公路发展有限公司（出资 30%）与重庆国际信托投资有限公司（出资 70%）共同成立合资公司——重庆渝涪高速公路有限公司（注册资本 20 亿元），经营管理渝涪高速公路，渝涪高速公路现有负债主体也相应变更为合资公司，随后政府授予合资公司经营管理渝涪高速公路特许权，经营年限为 30 年，自 2003 年 9 月 30 日零时起至 2033 年 9 月 29 日 24 时止，包括渝涪高速公路收费权及沿线服务设施的经营权。并规定转让金进入市级财政专户，全额返回用于弥补高速公路建设资本金的不足。

根据《重庆市人民政府关于同意授予重庆渝涪高速公路有限公司经营管理渝涪高速公路特许权的批复》，渝涪公司在特许权经营期限和范围内享有以下权利：第一，享有独立对渝涪高速公路进行经营管理的权利。第二，享有渝涪高速公路及其桥梁、隧道车辆通行收费的权利以及相关服务性收费的权利。第三，享有渝涪高速公路沿线规定区域内建设的饮食、加油、车辆维修维护以及其他综合服务设施进行有偿服务的经营权，并按规定办理相关手续。第四，对占用、使用和利用渝涪高速公路设施的，有权按规定收取费用。第五，享有对市政府规定的特殊车辆以外的所有过路（桥梁、隧道）车辆不予减免通行费的权利。第六，享有渝涪高速公路及附属设施的综合管理权，渝涪公司应制定有关管理办法，如涉及公路经营中的重大安全管理的问题，需要制定特别管理办法的，由渝涪公司报市政府或授权主管部门审查批准。第七，经市政府同意，渝涪公司有权将渝涪高速公路经营管理特许权全部或部分转让给第二方，并履行法定手续，未经市政府批准同意，渝涪公司不得全部或部分转让特许权。第八，经市政府同意，渝涪公司有权基于经营目的，以渝涪高速公路经营管理特许权对外提供担保，但应符合国家和市政府的相关规定。

58.5 亿元的转让金中，包含 30 多亿元负债，除去渝涪高速的母公司高速公路发展有限公司所占的 30% 的股份，重庆国际信托投资有限公司要出资近 19 亿元。这 19 亿元中，包括重庆国投从全国 19 个大中城市募集的 14 亿元信托基金，其他的则是由自有资金和银行贷款组成。而根据渝涪高速公路的最新资本变局，2006 年 11 月，重庆路桥股份有限公司宣布，已委托重庆国投以 5 亿元信托方式，溢价收购渝涪高速公路 21.55% 的股权，每股 1.16 元，即 4.31 亿股权，该单一信托存续期为三年，预计年收益率为 60%。与重庆路桥同时进入的还有一家重庆润江基础设施投资有限公司，投资 11 亿多元持有渝涪高速公路 48.45% 的股权。2007 年 9 月 4 日，重庆路桥股份有限公司联合重庆渝富资产管理公司共同投资 11 亿元收购渝涪高速公路 55% 的股权，其中路桥出资 5 500 万元收购 2.75%。

重庆市政府通过此次经营权转让，实现了一举多得：将基础设施一次性变现，收回 18.55 亿元的转让金，保证了国有资产保值增值；转移银行债务 38.5 亿元，减轻了财务负担；回收的资金随即转为修建其他高速路的资本金，从而缓解了建设项目资本金短缺的矛盾。

三、PPP 模式——重庆江津长江公路大桥

重庆江津长江公路大桥是全国第一座县级单位公私合作修建的长江大桥，该项目于 1993 年 6 月经交通部批准立项。该特大型桥梁由香港满景国际有限公司、马来西亚南发集团和江津区人民政府合资设立的重庆市江津长江公路大桥建设发展公司采取 PPP 模式联合出资建设，日常经营管理由上述三家企业共同出资设立的中外合作经营企业——重庆津发长江公路大桥建设有限公司负责。持股比例为：香港满景持有津发公司 10% 的股权，南发集团持有津发公司 70% 的股权，江津发展公司持有津发公司 20% 的股权。

该项目仅用 16 个月的时间完成了前期准备工作，创造了至今为止长江大桥前期准备工作的最快速度。1994 年 8 月大桥引道工程破土动工，12 月大桥主体工程动工。1997 年 11 月 20 日大桥建成试通车，12 月 20 日大桥正式通车。大桥完成的日期比中外合作合同工期提前四个月。江津长江公路大桥也是第一座中外合作建设的长江大桥。原预算总投资 3 亿元，实际投资 2.75 亿元，外方投入资金 2.2 亿元人民币，中方投入资金 5 515 万元。

江津长江大桥是目前前往江津的必由之路，双向收费，每次 10 元，每年该桥收费两三千万元；到 2007 年该大桥已收费 10 年，按原计划继续收费 15 年。但是，由于该公路桥梁收费较高，影响了江津南北两岸的顺畅联系，制约了江津经济的发展和全区“一江两岸”发展战略的实施。2003 年，当时的市委、市政府站在打破瓶颈制约，为江津进一步发展创造更加有利环境的战略高度，启动了与马

来西亚南发集团和香港满景国际有限公司协商回购大桥，收回大桥自主管理权的谈判。为此，江津区决定采用由江津发展公司收购津发公司外方股权的方式，实现回购江津长江大桥股权，调整、整合江津区内收费站点，以达到改善投资环境，推动江津经济社会又好又快发展的目的。

四、PFI 模式——英国森德兰市街道照明和公路标志项目

英国森德兰市议会（SCC）采用了私营主动融资（PFI）的方式对市内街道的照明、标志和街道设备进行设计、安装、运营、维护和融资。所涉区域服务了约 400 万居民，原照明、标志和设备有新有旧，SCC 打算首先翻新和复原由其确定的优先区域，然后扩展延续到其他区域。成功竞标者将接管原有的员工、场所、照明灯柱、标志和街道设备，特许期结束后，再把“如新一样”的设施移交给森德兰市议会负责人。

特许权协议最终授予了项目公司（SPV）——Aurora，它是 Balfour Beatty 上市公司的全资子公司，即 Aurora 的唯一投资者。该协议是为 5 年的核心投资计划和 25 年的维护计划专门签订的。在特许期的前 5 年，Aurora 将获得一次性付款用于支付所消耗的电力和运营现有设施的人工。贷款和股本将用作这个时段新增设施的经费，一旦这些新增设施投入使用，将获额外的一次性付款。

这个项目吸引了 3 150 万英镑的 PFI 信贷，并在 2003 年 9 月完成所预期的 2 800 万英镑资金价值的融资。9∶1 是这类项目中很典型的贷款和资本金比例。投资公司 Dexia 为该项目提供了 2 550 万英镑的高级贷款，即如果项目绩效不能令人满意，Dexia 有介入权利，余下部分由 Balfour Beatty 以资本金形式进行融资。

第三方收入来自广告，每年约 8 万英镑，Aurora 通过营销代理处理各种不同的广告合同来减轻风险，从而保证了这一收益。

同时，Aurora 通过与法国电力公司谈判，获得了与 PRIX（the Retail Prices Index Excluding Mortgage Payments，扣除抵押浮夸后的零售物价指数）利率挂钩的电力购买协议为街道照明线路供应电力。

该项目的激励措施是基于维护计划制定的，即照明设施在发生故障之前更换。在某一特定时间内不能正常工作的路灯数量可能导致对 Aurora 的财务罚款；同时，满足绩效标准中所规定的运营标准会获得事先商定的报酬。如果 Aurora 未能按照建设投资计划交付项目，违约将导致合同终止发生。一旦新照明设备和标志安装完毕，Aurora 就会获得一次性支付的报酬。但是，Aurora 必须遵循融资完成时签订的建设投资计划，安装好新照明设备和标志。新设施的年度审计也是建

设投资计划合同的一部分。

五、ABS 模式

（一）珠海高速公路

1996 年 8 月，珠海市人民政府在开曼群岛注册了珠海市高速公路有限公司，成功地根据美国证券法律的 144A 规则发行了资产担保债券。该债券的国内策划人为中国国际金融公司，承销商为世界知名投资银行——摩根斯坦利添惠公司。珠海高速公路有限公司以当地机动车的管理费及外地过境机动车所缴纳的过路费作为支撑，发行了总额为 2 亿美元的债券。所发行的债券通过内部信用增级的方法，将其分为两部分：其中一部分是年利率为 9. 125% 的 10 年期优先级债券，发行量为 8 500 万美元；另一部分是年利率为 11. 5% 的 12 年期的次级债券，发行量为 11 500 万美元。该债券发行的收益被用于广州到珠海的铁路及高速公路建设，资金的筹资成本低于当时从商业银行贷款的成本。

（二）广州—深圳—珠海高速公路

广深珠高速公路的建设是和合控股有限公司与广东省交通厅合作的产物。为筹集广州—深圳—珠海高速公路的建设资金，项目的发展商香港和合控股有限公司通过注册于开曼群岛的三角洲公路有限公司在英属维尔京群岛设立广深高速公路控股有限公司，并由其在国际资本市场发行了 6 亿美元的债券，募集资金用于广州—深圳—珠海高速公路东段工程的建设。和合公司持有广深珠高速公路 50% 的股权，并最终持有广深珠高速公路东段 30 年的特许经营权直至 2027 年。在特许经营权结束时，所有资产无条件地移交给广东省人民政府。

六、其他模式

在各国公路建设项目投融资活动的实践中，并非所有的项目都只是运用上述项目投融资方式中的某一种，也会有所调整和创新。

（一）承包商预融资方案——Cipularang 收费公路二期项目

承包商与融资方案（Contract's Pre - Finance，CPF）和常规的项目融资或 BOT 等其他融资方案的区别：CPF 方案中，项目不需要寻找投资者为项目融资，在建设阶段并没有对提供贷款的银行负债，因为承包商直接从银行借款，这些债务只有在项目完成并移交给项目业主后才会被项目业主承认。只要项目还处于建设阶段，就由承包商对贷款负全责。项目结束之后，项目业主有责任在其与银行商定的期限内偿还由承包商获得的贷款。而常规的项目融资要求项目业主直接向银行贷款，聘用承包商进行项目的建设，通过贷款为项目融资；BOT 模式要求项目业主通过招标程序寻找投资者协助为项目融资，与投资者组成特许经营公司。

印度尼西亚的 Cipularang 收费公路二期项目总计长 41 公里，它连接 Purwakarta 的北部和位于 Padalarang 西边的 Cikamuning，并可连接 Padalarang 至 Bypass 收费公路和雅加达至 Cikampek 收费公路。1994 年印尼政府最初聘用当地私营公司 PT. Citra Ganesha Marga Nusantara（CGMN）作为 Cipularang 收费公路二期项目的主要投资者和承包商。随后 CGMN 与英国投资者 Trafalgar House、印尼国有代理 Jasa Marga（印尼国营公路服务公司）以及其他本地小投资者组成联合体特许公司。CGMN 是联合体的领导者，并获得 Jasa Marga 的授权协议，负责这条收费公路的融资、建设和运营。Trafalgar House 提供额外的资金支持和建设技术。

1997 年的金融危机，印尼政府根据第 39/1997 号总统法令，对本项目和其他几个基础设施项目进行重评估。由于联合体没有取得重要的进展，项目被中止，导致联合体的终止，包括投资者 CGMN 的退出。在 2000 年，印尼政府发布第 64/2000 号总统法令确认该项目继续进行并指派 Jasa Marga 作为项目的主要发展商。

由于印尼将于 2005 年承办在万隆召开的第 50 届亚非会议，时任印尼总统梅加瓦蒂・苏加诺普特丽通过公共工程部要求 Jasa Marga 加快工程进度，确保项目于亚非会议之前完工。为了满足这一要求，项目被划分为 9 个区段进行招标以加快工程进度。通过招标程序选出 9 个本地承包商，从 Jasa Marga 挑选 9 个项目经理分管上述各部分。这些项目经理由项目主管协调，还聘请若干咨询师为项目经理提供专业的协助。此外，在项目设计、建设阶段还聘用来自不同专业机构的专家小组就项目所遇到的问题为 Jasa Marga 提供专业的咨询建议。

在项目融资方面，由于工期紧和资金流动性有限，在本项目中 Jasa Marga 代表的印尼政府面临资金有限的困难。考虑到这一状况可能导致的后果，Jasa Marga 制定了一套新的融资策略，以保证项目融资的安全，并维持公司现金流的良好状况。因此，建立了承包商与融资方案（CPF）。

在这个方案中，若干当地银行（国营和私营的）向 Jasa Marga 承诺，通过向 9 个选定的承包商提供贷款为项目提供资金。此外，这些银行同意全部贷款在还本付息期内采用固定利率。之所以这些银行同意提供这样的承诺是因为 Jasa Marga 担保项目一定要建成且在建设阶段的任何时候都不会中止。换句话说，银行获得担保，无论项目发生什么情况，都能收回贷款。该协议进而以安慰函（信心保证书）的形式形成，承包商用安慰函向这些银行申请贷款。

（二）BOT + EPC——贵阳至都匀高速公路

EPC（Engineering Procurement Construction），即工程总承包合同，是指公司受业主委托，按照合同约定对工程建设项目的设计、采购、施工、试运行等实行全过程或若干阶段的承包。通常公司在总价合同条件下，对所承包工程的质量、安全、费用和进度负责。

贵阳至都匀高速公路全长约 78 公里，根据《贵州省贵阳至都匀公路投资人招标文件》投标邀请书第一条，贵州省人民政府决定采用 BOT 方式实施该项目，并委托贵州省交通厅通过邀请招标方式确定该项目的投资人，说明该项目投资人的招标得到贵州省人民政府的批准。从招标文件来看，该项目实际采用 BOT + EPC 的投融资模式，招投资人的同时，也确定了设计、施工单位。

针对行业的具体情况，如果在投资决策阶段采用 BOT 的投资模式建设，那么 BOT + EPC 的投融资建设方式对投资人来讲非常有利。BOT + EPC 包含管理、融资、设计、采购、施工、运营和移交、系统承包模式，体现全方位价值链创新，将行业价值链前端和后端延伸，带动从设计、施工到运营的一体化经营，形成完整的产业链，提供整体盈利能力，通过资本运作调整资产和经营结构。

BOT + EPC 的投融资模式特别适合行业内上、下游产业链齐全的企业。在某种程度上，这一模式可以有效控制施工进度和成本。通过 BOT + EPC 的投融资模式，投资方可以在设计阶段就控制项目成本。由于投资、管理、施工都是一家单位承担，可以避免由于业主与施工单位利益冲突或分配不均引起的内耗，同时可以按照最节约的方案施工或修改设计，减少工程造价，提高项目的投资效益。

（三）项目综合集成融资模式

项目综合集成融资模式，将综合考虑 BOT、TOT 和 PPP 等融资模式的优缺点，通过单一融资模式的综合应用，根据项目的具体特点，组合使用各种融资模式，达到项目融资风险最低、综合效益最大的目的；或者通过各种单一融资模式的结构重组，综合集成各种单一模式的优点，形成一种新的项目融资结构，该结构可以充分发挥原先各单一模式的优点，克服各单一模式的缺点，实现项目融资风险的最小化和综合效益的最大化。

一般化的基于混合开发策略的 BOT - TOT - PPP 综合集成融资模式结构如第 195 页图所示。

对于一个大型的综合项目，可以在项目早期就按照项目的未来现金流的强弱程度，分为几个融资项目，分别采用不同的项目融资模式，并指定其中主要的一个子项目作为项目的主合同，其他所有的子项目最终都通过租赁或者有偿转让协议转交给该子项目的项目公司运作。比如图 3－10 中所示，项目发起人（政府）把一个大型的项目进行综合集成项目融资。总项目根据施工和运作特点以及未来现金流的强弱程度科学、合理地分为 3 个子项目，分别由 3 个项目公司运作，并采用不同的融资模式，同时确定子项目 3 为项目的主要子项目，其他几个项目分别通过租赁合同和转让合同与项目公司 3 建立联系。此时，项目公司 3 暂时承担了监督和协调的职责，近似一个虚拟的利益协调机制。第一个子项目采用 BOT 模式，那么第一个子项目和第三个子项目之间就形成了 TOT 模式；第二个子项目采用 PPP 模式。这样，整个大项目就采用了综合集成的项目融资模式。

当然，使用项目的综合集成融资模式使得合同关系复杂。但是也能清楚地看到，综合考虑了项目各部分的具体特点，分别采用了适宜的融资模式，这样有利于减少项目融资过程中的不确定性，减少项目风险，使得项目总体利益最大化。同时，出于主要合同位置的项目公司 3 同时兼担利益协调人的角色，增加了项目的利益协调机制，使得整体项目的运作更加顺畅，利于实现项目效益的“帕累托”最优。

BOT、TOT、PPP 两两集成融资模式的运行体系基本与三者集成模式相同，只是相对简单一些。

云南省红河个旧—大屯（个屯）公路隧道项目就采用了 BOT－BT－TOT 集成融资模式。红河哈尼族彝族自治州人民政府与云南路桥股份有限公司双方自愿采取 BOT 模式建设该公路隧道，收费年限为 30 年，项目估算资金总额约为 7.516 2 亿元，其中国内贷款 4.885 5 万元，自有资本金 2.630 7 万元，2005 年年底完工，2006 年年初正式运营通车。

但由于种种原因，经测算，以 BOT 模式进行建设的收益预测达不到赢利目的，计算 2011—2030 年个屯公路隧道项目的年净现金流量，经折现加总后收益倒推计算特许权转让费为 6.523 亿元。对调节影响收益的客观因素进行观察，达到的效果无法直接影响收益发生巨大变化，动态投资依然无法在特许经营期限内回收，说明项目在此时的状态下不可行，故采用 BT 融资模式进行回购。该项目的政府回购流程中存在地方政府、项目公司及银行的资金互相流动，地方政府承诺回购，提供政策性支持，支付回购资金 8.79 亿元。

政府回购后，评估制定了相应的特许经营权转让方案，再次以 TOT 模式移交出去。首先，方案一为政府移交的底线——覆盖成本，即回购价 8.79 亿元；其次，方案二为在保底基础上盈利 10% 左右；最后，考虑到该地区经济飞速增长，加之有资源性产业的支持，促进经济的发展和隧道公路车流量的增加，确定方案三为保底基础上盈利30%左右。

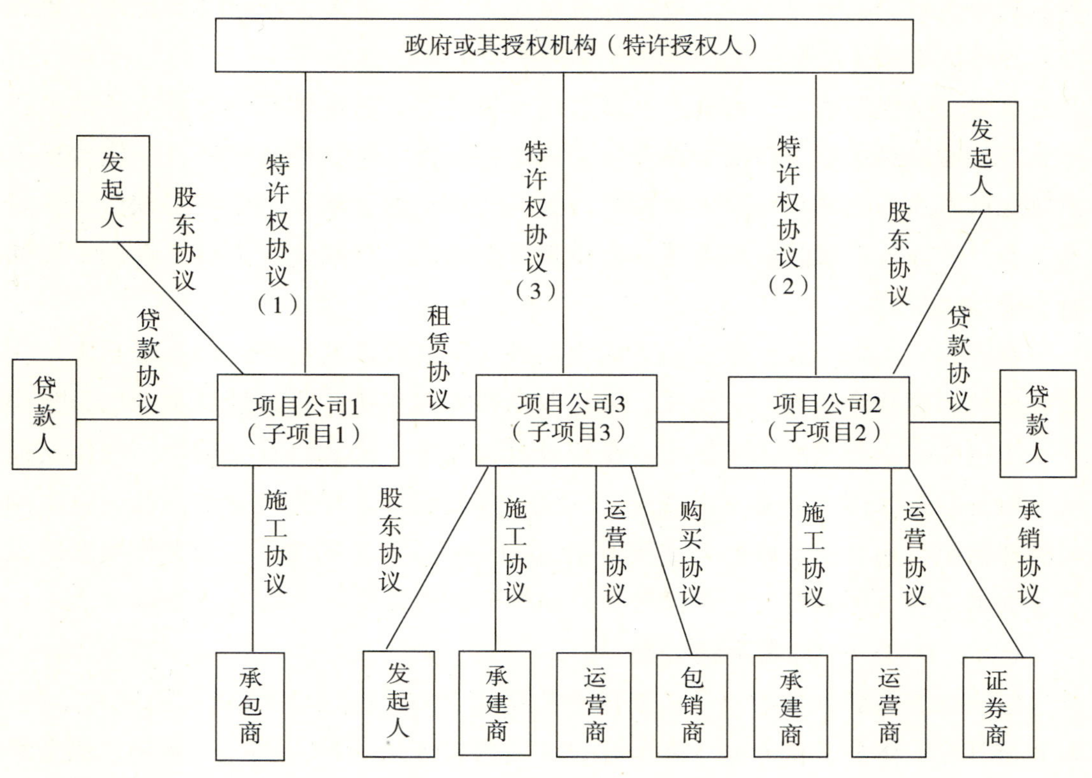

BOT－TOT－PPP 项目集成融资模式图

第四节　云南省公路建设投融资模式实践

一、地州公路建设实践及启示：以红河哈尼族彝族自治州为例

（一）BT＋捆绑融资——建水县通建高速公路建设

在建设建水县通建高速公路时，将该公路与1 000多公里的农村公路捆绑进行招标，合同期为3年。通过招投标，最终确定由3个建设方联合组成的一家投标方进行建设。当时农村公路的建设成本约为60万元/公里，根据相关政策，将获得中央财政补助35万元/公里。同时，建水县政府将为建设方提供250吨/公里的水泥作为支持。但是，在合同执行一年之后，《集中连片特困地区交通建设扶贫规划纲要（2011—2020年）》发布，根据该政策，中央补助资金须投入到“集中连片特困地区”。对于红河哈尼族彝族自治州而言，也就意味着中央补助资金

须向州内的七个贫困县（不含建水县）集中。对于建设方而言，也就意味着不能再获得中央任何的补助资金，导致其资金压力剧增，最终无法维系而退出了该项目。该 BT 项目以失败告终。

从这一案例来看，一方面，合理利用政策优势，将不能获得政策支持的公路项目与能够获得政策支持的公路项目捆绑进行招标筹资，确实能够在一定程度上激励民间资本参与建设公路的积极性；另一方面，由于政策稳定性的缺失，一旦相关支持政策发生变化，将给建设方带来巨大损失，也在一定程度上抑制了民间资本的积极性。

捆绑融资方面，蒙自至文山、砚山项目（蒙文砚高速公路）起自蒙自东，止于砚山北，路线全长约 131 公里，采用双向四车道标准，设计速度为 80 公里/小时，工可估算总投资约 156 亿元。在省政府领导下，经云南省交通厅与中国交通建设股份有限公司（下称“中交建”）进行多轮磋商，将蒙文砚与嵩昆、宣曲两条高速公路打包，由省政府与中交建于 2014 年 3 月 13 日在京签署合作投资建设协议。据了解，国家对这三条高速公路建设资金的补助将达 15% ~20% 。

（二）BOT——锁蒙高速公路

红河哈尼族彝族自治州是云南省率先运用 BOT 模式为公路建设融资的地区。2006 年 12 月 28 日，经过近 3 年的建设，云南省首条 BOT 公路——弥泸二级公路正式建成通车。之后，个屯一级公路和鸡蒙高速公路都采用 BOT 模式顺利融资。在这些经验的积累之上，红河州政府又再次成功通过 BOT 模式为锁蒙高速公路建设融资，该条高速公路还被云南省交通运输厅授予云南首条“科技示范路”荣誉称号。

锁蒙高速全长 78. 759 公里，项目概算 41. 69 亿元，是国道主干线（GZ40）二连浩特—昆明—河口公路、国家重点公路汕尾—清水河公路云南省境内的重合路段，同时也是云南省连接我国西北、西南及通向东南亚、南亚各国的主要公路通道。2010 年 9 月 26 日，山东高速集团公司（下称“山东高速”）与云南省交通运输厅、云南省公路局、云南久保投资有限公司就收购锁蒙高速公路签订了一揽子协议，并重新组建了云南锁蒙高速公路建设管理机构——云南锁蒙高速公路有限公司（下称“锁蒙公司”），全面负责锁蒙高速公路的建设和管理工作。根据协议，云南省公路局为锁蒙高速公路的项目法人，锁蒙公司为云南省公路局全资公司，山东高速以委托贷款方式参与锁蒙高速公路的建设与管理，锁蒙公司受山东高速委托予以代管。

在融资方面，锁蒙公司开展了多银行、多渠道、多品种、长短期融资平台相结合的融资战略。2011 年，山东高速向锁蒙公司拨付工程款 5 000 万元，同时，锁蒙公司还在建设银行、中国银行、云南农村信用社开展短期融资 1.35 亿元。

（三）TOT + BOT + 土地置换——羊鸡高速公路

为了建设羊鸡高速公路，红河州以"利用存量资源和未来收益"的原则积极开展招商引资，利用 TOT + BOT 融资方式，配合土地置换，成功引进山东高速集团有限公司主持修建该条公路。经测算，羊鸡高速公路建设成本为 15.9 亿元，亏损为 7 亿元。一方面，州政府委托山东高速经营鸡石高速公路和通建高速公路，委托经营期限为 10 年 10 个月，同时还提高了这两条高速公路的费率，山东高速将向州政府返还 8 亿元的收益。另一方面，州政府以成本价出让 50 亩城区土地和 500 亩羊鸡高速公路沿线土地给山东高速进行开发，羊鸡高速公路沿线土地将被用来建设工业园区，打造成为物流基地。

从这一案例来看，"收费权"和"土地资源"是地方政府在公路建设融资过程中的重要资源，合理利用地方政府掌握的现有资源吸引公路建设资金，引进有实力的企业参与当地公路建设，也不失为一种可行的融资模式。

二、公路建设生态化的典范：思小高速

思小高速公路是国家西部大开发八条通道之一的兰州—成都—昆明—磨憨公路（国家 213 线）在云南省境内的重要路段，同时也是昆明至曼谷国际大通道的组成部分。它的建设不仅对建立中国—东盟自由贸易区，加强我国与南亚、东南亚各国经贸往来具有重要的战略意义，而且对于加快云南省自身经济社会发展具有巨大的推动作用。

（一）思小高速概况

思小高速公路是思茅至小勐养的高速公路，《国家高速公路网规划》中重庆—昆明高速公路（M51）联络线昆明—磨憨高速公路（M519）的一段，是昆曼公路连接中国的第一站，路线全长 97.7 公里，其中普洱市境内 25.1 公里，西双版纳傣族自治州境内 72.6 公里，按山岭区四车道高速公路标准建设，路基宽 22.5 米，设计荷载汽车 - 超 20 级、挂车 - 120，概算总投资 39.95 亿元，平均每公里造价为 4 090 万元，项目总工期 3 年。公路于 2003 年 6 月 20 日正式开工建设，2006 年 4 月 6 日通车。思小高速公路全线土石方 1 628 立方米；防排水工程 88 万立方米；大桥单幅计 31 410 米（147 座）；中、小桥单幅计 11 639 米（195 座）；隧道单幅计 8 985 米（30 座，其中连拱隧道 13 座、分离式 2 座）。桥隧里程占路线总长的 26.4%；互通式立交 5 处、半互通式 3 处；涵洞 8 093 米（284

道)。思小高速公路是中国目前唯一一条穿越热带雨林的高速公路，

(二) 工程特点

思小高速公路工程建设具有5个方面的特点：

(1) 全线有37.21公里从小勐养自然保护区边缘次生林带穿过，其中18公里穿过自然保护区的试验区，沿线的生态保护成了思小高速公路建设的重中之重。

(2) 公路地处热带雨林区，高温多雨，全年平均降水量1 212.4～1 540.9毫米，降雨日数170～195日，占全年的53%，可利用施工时间短。

(3) 挖方数量少，桥隧比例大。思小高速公路共有土石方挖方900万立方米，平均每公里9.21万立方米（只相当于云南山区三级公路每公里的挖方量），路堑边坡垂直高度均控制在40米以内；全线桥梁、隧道累计长度为25.8公里，占路线总长的26.4%。

(4) 软基路段多，处治难度大。全线软土（软弱土）总长20.59公里，占路线总长的21.3%。

(5) 新老路干扰，保通压力大。全线需改移老公路31段，共计长度近10公里。全线新老路交叉点34处。

(三) 建设与管理的创新

思小高速公路于2003年6月20日正式开工建设，2006年4月6日通车。从开工建设到通车历时34个月。该公路建设项目紧扣时代脉搏，学习国外和国内中、东部地区先进经验，引进、应用新技术、新材料、新工艺，在云南公路建设与管理史上创下了多项“第一”。

(1) 思小高速公路是中国首条穿过热带雨林的高速公路。

(2) 思小高速公路引入公路养护中的乳化沥青稀浆封层技术，在水稳层上采用稀浆封层。钻芯取样证明，这一措施，使水泥稳定层与沥青层结合更加紧密。

(3) 桥梁施工中，桥面混凝土表面容易出现浮浆层，影响与沥青面层的结合。为确保工程质量，思小高速公路在沥青路面铺筑前，用铣刨机对桥面水泥混凝土浮浆层进行铣刨。

(4) 思小公路全线有9个收费站点。这些收费站生活区采用了土壤净化系统，对生活污水进行净化处理，使其达到三类水的排放标准。净化后的污水进入一块人工湿地，进一步净化，用来浇灌花草和冲洗场地之用。

(5) 野象谷隧道旁原来是一段箐沟，隧道施工过程中，这段箐沟成了弃土场。12万立方米隧道弃渣，填出了一片18亩多的空地。思小公路建设指挥部精

心规划，将其建成一个独具特色的休闲园区。在思小公路沿线，像野象谷这样利用弃土场、荒地等设置的临时停车区、港湾式停靠站点就有 8 对 16 处。

（6）由于普洱和西双版纳森林覆盖率高，雾天较多。为了确保交通安全，思小公路建设指挥部在云南首次开发主动发光标志，安装在桥梁、隧道及一些重点路段。

（7）在直线路段安装语音提示系统，提醒驾驶员注意行车安全。

（8）公路绿化坚持乡土化本土化，全部采用本地物种。

（9）思小公路土石方挖、填总量 1 628 万立方米，平均每公里 16.65 万立方米，是云南挖、填方量最少的一条高速公路。

（10）在上边坡处治中，取消石砌护坡，思小公路成了云南第一条基本没有石砌护坡的高速公路。

（11）在水泥稳定层铺筑中，思小公路引进高吨位压路机械，在云南首次采用全幅超厚度一次辗压成型工艺。

（12）引进“宽容”理念，将排水沟加深 60 厘米，改为埋置式水沟，盖板上填土种草，拓宽了公路的宽度，使公路自然地过渡到周边环境中。

（13）思小公路是云南第一条实行计重收费的高速公路。

（14）思小公路是云南第一条全线标志标牌采用中英文对照的高速公路。

（四）经验及启示

1. 确定建设目标，转变发展方式

思小高速建设之前就确立了“建设一条人与自然和谐发展的生态环保高速公路”的总体方向和“保护自然、回归自然、融入自然、享受自然”的工作思路，并从始至终贯穿这一理念。

热带雨林是地球上生物种类最多的一种森林群落，享有“地球之肺”的美名。但是在人类扩张土地、贩卖木材等行为中，地球上的热带雨林逐年减少。我国只有海南、云南等几个省（自治区、直辖市）拥有热带雨林，其中云南省西双版纳的热带雨林面积居全国之首，小勐养自然保护区的热带雨林保护区又居版纳之首。在这片保护区内，生长着 5 000 多种植物和约 600 种脊椎动物，其中有许多濒危动植物，且有一些是该地区所特有的，为此，联合国教科文组织将其列为“国际生物圈保护网”。作为昆曼大通道的重要路段，思茅至小勐养高速路约 1/3 的路段要从小勐养自然保护区边缘次生带穿过。对雨林的穿越无法回避。既然穿越不可避免，那么就要让其对生态的影响降到最小。

从 1997 年开始筹建到 2003 年进场开工的 6 年间，反复比较，精心挑选，打

磨出一个对生态破坏最小的施工方案。在线形布设上，思小公路尽量顺应地形，平面线形曲化，全线曲线总长近70公里，占线路总长的约70%。近百公里长的一条高速路，直路还不到19公里。山随路转，不仅使公路的线形更加平顺优美，减少了对山体的大开大挖，也保护了大量植被。基于“宁隧勿挖，宁桥勿填”的理念，隧道从原方案设计的1座增加到15座，桥梁从50多座增加到300多座。全线桥、隧总长超过27公里，在线路总长中的比例超过了27%。尤其是在亚洲象经常出没的野象谷地段，更是“桥连隧，隧连桥”。这一段路虽然总长仅为4.437公里，但是共有桥梁22座（单幅计）、隧道2座（单幅计），桥隧里程占了总里程的75%以上，且桥梁比原有213国道和山箐高出8～15米，为野象留出了通道。超常规地设置密集的桥梁和隧道，实现了基本不动自然保护区的植物、植被，高速公路穿越自然保护区。高速公路与保护区完全分隔，野生动物上不了高速路，车和人更是到不了保护区。施工中，通过高填方改桥减少了对3.4万多平方米植被的破坏；深路堑改隧道，使17.5万多平方米地貌得到了保护。高比例的桥隧设计，使占全程1/3的保护区路段投资占了路基工程总投资的70%，以“不破坏”实现了对生态最大的保护。有了生态的设计方案，还要有生态的施工措施。科学数据是行动的依据。根据水保、环保部门对思小公路全线水质、空气、噪音排放情况的监控和检测结果，及时掌握全线水保、环保等情况。从而在建设中更好地采取了有效措施，及时解决了公路建设与水土保持和环境保护的矛盾问题。尽管增加了一些施工成本，但换回了明显的生态效益。

制度是保护生态的保证。思小高速建设指挥部编制了《云南思小高速公路项目水保、环保实施管理办法》，并与其他17个管理办法一道作为合同文件的组成部分，在与施工单位签订阶段责任目标时，把水保环保纳入了考核范围，水保环保考核不合格视为阶段目标考核不合格。保护生态成为与工程质量、工期进度同等重要的内容。为此，指挥部和施工单位实行了不少创新之举。桥梁桩基尽量采用人工挖孔，以减少对环境的破坏；将桥梁预制场设在已经成型的路基或隧道之内，减少了对土地的占用和对环境的污染。在隧道施工上，提出“零开挖进洞”理念，做到早进洞晚出洞，适当延长洞口，让隧道洞口周围的植被得到妥善保护。边坡采用开放式防护措施，以框格为坡面骨架，植树种草，使坡面融入自然。混凝土实行集中拌和，一个项目部只能设一至两个混凝土拌和楼；桥梁梁板预制实行工厂化施工，避免了混凝土拌和时“遍地开花”的现象，有利于确保工程质量和环境保护。还采用突破常规的施工安排化解因减少土地开挖而带来的施工场地狭窄问题。指挥部要求施工单位先进行桥梁的路基施工，从而为桥梁施工提供场地。全线52处桥梁梁板预制场就有48座设置在正线路基上。在11－2合同段甚至还把梁板预制场设在隧道内，充分利用路基组织施工，减少开辟施工场地约10万平方米，有效地保护了周边环境，防止了水土流失。总之，在思小公路建设中，对生态的保护意识已渗入到每一个细节。施工单位通常会在自己的标段附近开辟土地、建立营地，这样既便于施工，也比较省钱。但在思小公路却专门规定，具备租赁条件的单位租用沿线已有的房子作驻地，不得重新动土建驻地；通过自然保护区的一段，禁止使用公路用地范围之外的临时用地。开工建设过程中，思小公路全线除两家施工单位因前不沾村、后不着店而不得不新建驻地外，15家施工单位、6家监理单位、4家路面施工单位、两家检测单位、4家路面施工单位、3大系统施工与监理，包括指挥部都租用当地现有的住房办公，租用面积达2.5万多平方米，减少了对环境的破坏和对土地的占用。

除了能保护的尽量保护、能减少开挖的尽量减少开挖，对弃土的综合利用是思小公路生态保护的又一个亮点。为了实现对弃土的综合利用，第二、四合同段施工时根据实际地形条件，将废弃土场改造成为良田。而用开挖野象谷隧道时留下的12万立方米弃渣，把隧道旁的弃土场填成了港湾式停靠站。傣族民居小楼、休闲观光亭、停车场精心安排，大王椰等西双版纳特有树木点缀其间，俨然是一个袖珍公园。据统计，各显神通的弃土综合利用，使约占全线挖方总量64%的挖方实现了有效利用。点滴的节约，最后化为一个可观的数字：修路3年，思小公路土石方挖方量为900万立方米，平均每公里约9万立方米。只相当于云南山区三级公路每公里的挖方量，是云南每公里挖方量最少的一条高速公路。

不添新的污染源是对生态的另一种保护。思小公路全线9个收费站点全部采用了土壤净化系统，全部生活污水通过净化后均达到中水标准。对一条从自然保护区边缘通过的高速公路来说，“静悄悄”是将“不破坏就是最大保护”理念逐一落实后所达到的效果。施工期间的思小公路上，听不到“大干快上”之类的口号，也见不到挑灯夜战等红红火火的场面。必要的施工设备和很少的施工人员，平稳地推进着整个工程进度。今天一棵桥桩立起，明天一个边坡完成，不惊醒林间晚起的小鸟，不惊扰小溪中嬉水的野象，日积月累，路在悄悄地延伸，由于保护措施得当，思小公路减少的植被破坏面积达30%～60%，对珍稀野生动物的影响降到最低程度，有效减少了高速公路建设对西双版纳热带雨林自然保护区的生态环境影响。

2. 力图精益求精，确保工程质量

“天下大事，必作于细。”高品质是高速路应该具备的。而从细小处入手，是提升品质的关键。为此，建设者们从“小”处做起，从细节做起，管理者要实行精细化的“无缝隙管理”，施工人员则要“精心施工，精雕细刻”。路面质量是公路质量的根本。在路面施工中，指挥部派出工程技术人员，两个人负责一个标段。派出的技术人员吃在工地，住在工地，督促施工单位逐一落实路面平整度、沥青混合料的温度、压实度、清洁度、摊铺厚度等要求，哪个环节达不到要求，当即返工。按规范要求，铺筑路面抗滑层时，沥青混合料的出厂温度必须控制在170℃～190℃之间。有家施工单位运到工地的6车沥青混合料温度超过了200℃，把关的工程技术人员和监理工程师毫不含糊，将这6车料作废料处理。由于油路面铺筑与中央分隔带绿化几乎是同时进行，中央分隔带绿化时，施工者就在附近路面铺上塑料布或土工布，不让绿化用的泥土污染路面。油路面要铺筑3层，每一层铺筑前，都用高压水将路面冲洗干净，确保清洁度，以免路上的尘土和其他杂物影响路面质量。施工现场不仅设有专门负责测沥温度的技术员，也有专门数压路机碾压遍数的工作人员，确保对路面8次碾压一次不少。在抓好企业自检、施工监理、政府监督3个环节的基础上，思小公路建设指挥部采用招标的方法，引入第三方对混凝土结构等隐蔽工程进行检测。通过声波透测、地质雷达检测等手段使全线3 729棵桥梁桩基和15座隧道实现了隐蔽工程透明化，带来的是由内到外的高质量。

在直接关系公路质量的基础工程方面，建设者们精益求精，在不影响工程质量的细小之处，同样高质量完成。

思小公路全线有300多座大小不同、桥型各异的桥梁。原设计中这些桥梁上的防撞墙各不相同。与桩基、墩柱、梁板相比，防撞墙算不上桥梁施工的重点和难点，但却是公路通车后桥梁上最显眼的混凝土工程。建设者们统一认识后，采用统一形式、集中批量生产的施工方案，规范了原先五花八门的防撞墙，给人以协调的美感。除此之外，思小公路还在桥梁防撞墙上做了一处看似不显眼的改进：在桥梁防撞墙与边坡之间采用圆弧过渡，改变了用一段三四十米的波形护栏做过渡的常规作法，让防撞墙自然与山体相连，与环境有机结合。

公路排水沟也不算复杂工程，常规做法是与路缘同高，并盖上水泥混凝土盖板。善于创新的思小公路建设者采用宽容理念，在有条件的路段，将排水沟加深60厘米，改为埋置式水沟，排水沟盖板上垫上50厘米厚的泥土，培植草坪。这种做法使生硬的水泥盖板被巧妙地掩埋起来，在无形中拓展了公路的宽度，同时也使公路与边坡很自然地连成一体。思小公路线型整体平顺，急弯陡坡不多，可是建设者们并没有因此减少对行车安全隐患的关注。在7处坡陡弯急的路段，将路面超高从设计的6%调整至8%～9%，以利于车辆平稳转弯，较好地解决了速差给行车安全带来的隐患；在13.8公里长上坡路段，将路面结构层中的水稳层增加6厘米，以增强路面结构的耐久性。这些不起眼的小改进，增加了公路的美感和安全感，给驾乘人员带来的是一种舒适的心理感受和视觉享受，其综合效应无法估量。

3. 坚持自主创新，创建“科技高速”

高速公路往往是公路修筑新技术、高科技集中展示的博览会。思小高速路也不例外。多山的瑞士代表着世界公路隧道修筑方面的最高水平，在思小公路施工现场，前来考察的瑞士公路隧道专家看到全线连拱隧道之多、工程难度之大，在叹为观止之余，发出了“是否有必要修这么多连拱隧道”的疑问。答案是肯定的。一座110米长的隧道按普通方式修建的话，需要挖30多万方土，而采用连拱隧道修筑技术，不仅可以减少8万多立方米的挖方，还可以保护多达30多万平方米的植被。当然，修连拱隧道的难度比常规隧道大得多。为此，指挥部开展了《连拱隧道地质超前预报及施工控制技术》《自然保护区高速公路边坡生态恢复工程技术研究》《思茅至小勐养高速公路建设环境保护与工程对策研究》《云南山区高速公路沥青路面质量控制关键技术研究》《高速公路雾区安全保障技术》等九大课题研究，并将研究成果应用于建设实践，从开工之日起，思小公路就一直在求解这些问题。

热带地区高温多雨，这是对公路路面的一个严峻考验。沥青有遇热变软融化的特性，为此，思小公路在路面施工中，引入公路养护中的乳化沥青稀浆封层技术，在水稳层上采用稀浆封层。钻芯取样证明，这一措施，使水泥稳定层与沥青层结合更加紧密。桥梁施工中，在沥青路面铺筑前，用铣刨机对桥面混凝土表面容易出现的浮浆层进行铣刨，使混凝土表面与沥青层更紧密地结合在一起。在水泥稳定层铺筑中，思小公路引进高吨位压路机械，实现了全幅超厚度一次碾压成型工艺。全线路面铺设时，上面层采用SMA改性沥青，中面层采用SBS改性沥青铺筑。这些新工艺、新工序的使用，在我省高速公路修筑史上均属首次。

除了高温，多雾是热带亚热带地区的又一个特性，由于森林覆盖率高，普洱和西双版纳地区大雾天气较多。特别是在以茶叶闻名的大渡岗一带，一年中有200多天被大雾笼罩。对茶叶生长来说，大雾是最有利于其生长发育的天气条件，对高速公路来说，大雾却是造成许多交通安全事故的罪魁祸首。如何有效地降低大雾对行车安全造成的隐患是思小公路建设中的重要课题。为探索大雾条件下的行车安全问题，思小公路在云南首次开发主动发光标志，并在桥梁、隧道及一些重点路段进行安装。设置能见度监测器，并每隔50米设一个雾灯，在直线路段安装语音提示系统，提醒驾驶员注意行车安全。通过这些安全装置的设置，在雾区高速公路安全保障方面进行了有益的探索。

相对于普通人来说，有些专业的施工工艺更能给人留下深刻印象，包括全程监控、计重收费等。思小公路监控中心内，近百个彩色屏幕全天候显示着各个路段的情况，一有风吹草动，身处监控中心的工作人员立即就能尽收眼底。思小公路全线设有132台摄像机，其中隧道中有76台。它们时时记载着高速路附近的各种突发事件，并实现与监控中心的同步信号传送。监控中心实时了解全线行车安全情况，根据需要及时采取应对措施。在思小公路起点的刀官寨收费处，不起眼的全自动计重收费装置是思小公路的又一个亮点。该装置可对每辆通过这里的货车进行计重，然后按照相关费率标准自动进行收费核算。多载多交费，少载少交费，这不仅更符合车主的利益，也从源头上有效控制了超载现象。作为我省首条对货车实行计重收费的高速公路，思小公路将在高速公路管理方式革新方面作出有益的探索。

思小公路在生态化方面亮点还有很多。在小勐养附近的边坡上，种下的短蛾飞叶已经长高。这是我省高速公路绿化美化中采用本土化的结果。以往的高速公路绿化美化都是采用国外草种、树种，不仅难适应当地自然环境，也增加了外来物种入侵的可能性。为了不破坏热带雨林的生物多样性和避免外来生物入侵，指挥部请了7位教授、6名研究生、7名大学生组成的课题组，在思小公路沿线采集了3 000多种植物标本，从中选出140多种待选植物，经过深入研究，又从这140多种植物中筛选出38种，在近百亩试验基地进行试验，然后再用于公路沿线的绿化美化。在全省高速公路绿化美化中，率先迈出了乡土化本土化的步伐。全线9个收费站点的生活区采用了土壤净化系统，对生活污水进行净化处理，使其达到中水排放标准，并用于浇灌花草和冲洗场地。对收费站的污水进行净化处理，这在云南高速公路建设中也是第一次。思小公路是云南省第一条全线标志标牌采用中英文对照的高速公路，也是第一条设置观景台的高速公路。思小高速公路作为“生态高速公路”所特有的品质，彻底改变了“大开大挖”“先开挖再治理”“先破坏再恢复”等修筑高速公路的传统做法。

为了给野生动物的迁徙、植物的生长和沿途的村民留出足够的空间，思小公路采取了与环境立体相交的设计，整个工程桥隧通道达80%，并专门设立“野象通道”的设计，保障了亚洲象等野生动物的迁徙；为保护村庄和河边的佛珠树、酸角树，百花山隧道原为开挖明槽，后改为隧道；为使一棵距桥梁梁板只有20

厘米间距的古树不受损，重新制订了架桥施工方案等，这样的事在思小公路的建设中不胜枚举。除了最大限度地保护沿途原有的野生动植物和自然景观外，建设者们还精心地选择种植每一棵树，为了让人们在休息的时候能听到鸟叫，他们在观景台种上了小叶榕，一位当地人告诉他们“雀最爱吃小叶榕的果子”。每一个细节都用心良苦。思小公路路面采用首都机场跑道的工艺技术，使噪音降低、摩擦增大、车后水雾减少，在很多细节上都暗含“以人为本”“生态优先”的筑路理念。思小公路还是一条民族文化长廊，既通过对文化的选择体现了对民族文化的尊重，又通过对文化的展示实现了对民族文化的宣传。一步一景，步步入画，“车在路上行，人在画中游”。有这样的意境，思小高速公路当之无愧是一条人文之路。

4. 践行管理创新，服务“旅游高速”

自思小公路建成以来，持续不断地对公路管理进行创新。在公路常规养护方面，建立了“两管、三保、四化”新机制，即管好安全生产和环境保护；保证计划执行、保证工程质量、保证道路畅通；实现养护管理信息化、数据化、程序化、标准化。改革保养方式，将人工清洁与机械养护相结合；大力推广高速公路养护工作新工艺、新技术、新材料新设备的应用，尽可能地减少对植被、景观及周边环境造成的影响；建立规章制度，如《养护管理制度》《养护巡查办法》《突发事件应急预案》等一系列办法，做到养护投资精打细算、计量支付精确核算、养护管理精益求精，确保思小高速始终处于良好技术状态；重视档案建设，建立了养护技术档案，沿线设施养护维修档案，及时更新技术数据，并根据资料内容分为技术档案、养护记录、专项工程监管记录、文书等，做到有据可查。思小高速运行近 9 年来，路基、路面和沿线各项设施都处于良好技术状态，路基、边坡稳定，边线顺直，路面平整，路容整洁，设施坚固。一系列的管理创新提高了公路管理效益。

附　　录

附表1：云南省公路水运交通运输“十二五”发展目标

	指标	2010年	2015年
基础设施	公路总里程（公里）	209 231	222 660
	高速公路里程（公里）	2 630	4 500
	一级公路里程（公里）	733	890
	二级公路里程（公里）	5 772	10 800
	高等级公路里程（公里）	9 135	16 000
	高等级公路比重（%）	4.4%	7.1%
	有铺装路面	37 863	678 600
	有铺装、简易铺装比重	24%	36%
	国省道总体技术状况（MQ1,%）	53.07%	70%
	农村公路总里程（公里）	176 701	186 000
	乡镇公路通畅率	90.16%	100%
	建制村公路通达率	98%	100%
	建制村公路路面硬化率	23.80%	70%
	内河水运里程（公里）	3 109	4 000
	四级航道	365	960
	五级航道	179	240
	生产性泊位	190	220
运输服务	营运中高级客车比例（%）	11.80%	80%
	营运重型车、专用车、厢式车比例（%）	25.13%	50%
	公路甩挂运输拖挂比	1:0.96	1:1.13
	乡镇通班车率（%）	96%	100%
	建制村通班车率（%）	67%	80%
	国道平均运行速度（公里/小时）	30	40
	内河船舶平均吨位（吨）	98	150

续　表

	指标	2010 年	2015 年
运输服务	船型标准化率（%）	15%	30
	干线航道船型标准化率（%）	30%	50
科技与信息化	科技进步贡献率（%）	45	50%
	重点营业性运输装备监测覆盖率（%）	99.01%	99.9%
	高速公路电子不停车收费平均覆盖率（%）	4	30
绿色交通	营运车船单位运输周转量能耗和二氧化碳排放下降率（%，基年：2005）	10、11	
	营运船舶单位运输周转量能耗和二氧化碳排放下降率（%，基年：2005）	15、16	
	营运客、货车单位运输周转量能耗下降率（%，基年：2005）	6、12	
	港口生产单位吞吐量综合能耗下降率（%，基年：2005）	8	
	国省道单位行驶量用地面积下降率（%，基年：2010）	5	
	港口单位长度码头岸线通过能力提高率（%，基年：2010）	5	
	总悬浮颗粒物（TSP）和化学需氧量（COD）等主要污染物排放强度（吨/亿吨公里）下降率（%，基年：2010）	20	
安全应急	营运车辆万车公里事故数和死亡人数下降率（年均%）	3	
	城市客运百万车公里事故数和死亡人数下降率（年均%）	1	
	水上人命救助有效率（%）	>93	>93
	一般灾害情况下公路应急救援到达时间（小时）	≤8	≤2
	干线航道监管救助船舶应急到达时间（分钟）	≤45	≤45

附表2：云南省“十二五”高速公路建设项目表

序号	项目名称	建设	规模标准（公里）			总投资
		性质	高速	一级	二级	亿元
	一、“十一五”续建项目	合计	776	59	56	619.96
1	武定至昆明	新建	64	—	2	51.42
2	石林至锁龙寺	新建	107	4	4	49.82
3	锁龙寺至蒙自	新建	79	1	—	41.70
4	大理至丽江	新建	192	24	43	188.00
5	昆明西北绕城	新建	57	6	—	70.57
6	磨黑至思茅	新建	64	—	5	37.14
7	宣威至普立	新建	85	5	—	71.20
8	石屏至红龙厂	新建	55	—	—	34.68
9	保山至腾冲	新建	64	—	—	63.72
10	丽江机场高速	新建	9	19	2	11.72
	二、“十二五”新开工项目	合计	1 870	15	50	1 710.53
1	昆明至嵩明	新建	55	4	—	46.60
2	龙陵至瑞丽	新建	135	—	50	99.00
3	昆明东南绕城	新建	130	—	—	104.00
4	宣威至曲靖	新建	94	—	—	93.47
5	麻柳湾至昭通	新建	107	11	—	127.72
6	嵩明（功山）至会泽（待补）	新建	67	—	—	67.00
7	昭通至会泽	新建	112	—	—	67.00
8	小勐养至磨憨	改扩建	156	—	—	97.76
9	丽江至香格里拉	新建	150	—	—	120.00
10	富宁至那坡	新建	23	—	—	22.99
11	新平至临沧	新建	310	—	—	406.00
12	蒙自至文山至砚山	新建	152	—	—	121.60
13	呈贡至澄江	新建	31	—	—	25.00
14	保山至泸水	新建	99	—	—	79.20
15	丽江至攀枝花	新建	173	—	—	187.00
16	腾冲至猴桥	新建	66	—	—	46.20

附表3：公路工程现行标准、规范、规程、指南一览表

序号	类别		编号	名称
1	基础		JTJ 002—87	公路工程名词术语
2			JTJ 003—86	公路自然区划标准
3			JTJ/T 0901—98	1:1 000 000 数字交通图分类与图示规范
4			JTG B01—2003	公路工程技术标准
5			JTJ 004—89	公路工程抗震设计规范
6			JTG/T B02 - 01—2008	公路桥梁抗震设计细则
7			JTG B03—2006	公路建设项目环境影响评价规范
8			JTJ/T 006—98	公路环境保护设计规范
9			JTG/T B05—2004	公路项目安全性评价指南
10			JTG B06—2007	公路工程基本建设项目概算预算编制办法
11			JTG/T B06 - 01—2007	公路工程概算定额
12			JTG/T B06 - 02—2007	公路工程预算定额
13			JTG/T B06 - 03—2007	公路工程机械台班费用定额
14			JTG/T B07 - 1—2006	公路工程混凝土结构防腐蚀技术规范
15			交通部 2007 年第 30 号	国家高速公路网相关标志更换工作实施技术指南
16			交通部 2007 年第 35 号	收费公路联网收费技术要求
17	勘测		JTG C10—2007	公路勘测规范
18			JTG/T C10—2007	公路勘测细则
19			JTJ 064—98	公路工程地质勘察规范
20			JTG/T C21 - 01—2005	公路工程地质遥感勘察规范
21			JTG C30—2003	公路工程水文勘测设计规范
22	设计	公路	JTG D20—2006	公路路线设计规范
23			JTG D30—2004	公路路基设计规范
24			JTJ/T 018—97	公路排水设计规范
25			JTJ/T 019—98	公路土工合成材料应用技术规范
26			JTJ/T D31—2008	沙漠地区公路设计与施工指南
27			JTG D40—2002	公路水泥混凝土路面设计规范
28			JTG D50—2006	公路沥青路面设计规范

续　表

序号	类别		编号	名称
29	设计	桥隧	JTG D60—2004	公路桥涵设计通用规范
30			JTG/T D60－01—2004	公路桥梁抗风设计规范
31			JTG D61—2005	公路圬工桥涵设计规范
32			JTG D62—2004	公路钢筋混凝土及预应力混凝土桥涵设计规范
33			JTG D63—2007	公路桥涵地基与基础设计规范
34			JTG/T D65－1—2007	公路斜拉桥设计规范
35			JTG/T D65－04—2007	公路涵洞设计细则
36			JTJ 025—86	公路桥涵钢结构及木结构设计规范
37			JTJ 026. 1—1999	公路隧道通风照明设计规范
38			JTG D70—2004	公路隧道设计规范
39			JTG/T D71—2004	公路隧道交通工程设计规范
40		交通	JTG D80—2006	高速公路交通工程及沿线设施设计通用规范
41			JTG D81—2006	公路交通安全设施设计规范
42			JTG/T D81—2006	公路交通安全设施设计细则
43		综合	交公路发〔2007〕358 号	公路工程基本建设项目设计文件编制办法
44			交公路发〔2007〕358 号	公路工程基本建设项目设计文件图表示例
45	检测		JTJ E40—2007	公路土工试验规程
46			JTJ 052—2000	公路工程沥青及沥青混合料试验规程
47			JTG E30—2005	公路工程水泥及水泥混凝土试验规程
48			JTG E41—2005	公路工程岩石试验规程
49			JTJ 056—84	公路工程水质分析操作规程
50			JTJ 057—94	公路工程无机结合料稳定材料试验规程
51			JTG E42—2005	公路工程集料试验规程
52			JTG E50—2006	公路土工合成材料试验规程
53			JTG E60—2008	公路路基路面现场测试规程
54	施工	公路	JTG F10—2006	公路路基施工技术规范
55			JTJ 034—2000	公路路面基层施工技术规范
56			JTG F30—2003	公路水泥混凝土路面施工技术规范
57			JTJ 037. 1—2000	公路水泥混凝土路面滑模施工技术规程
58			JTG F40—2004	公路沥青路面施工技术规范
59			JTG F41—2008	公路沥青路面再生技术规范

续　表

序号	类别		编号	名称
60	施工	桥隧	JTJ 041—2000	公路桥涵施工技术规范
61			JTJ 042—94	公路隧道施工技术规范
62			JTG/T F81－01—2004	公路工程基桩动测技术规程
63		交通	JTG/T F83－01—2004	高速公路护栏安全性能评价标准
64			JTG F71—2006	公路交通安全设施施工技术规范
65	质检安全		JTG G10—2006	公路工程施工监理规范
66			JTG F80/1—2004	公路工程质量检验评定标准第一册（土建工程）
67			JTG F80/2—2004	公路工程质量检验评定标准第二册（机电工程）
68			JTJ 076—95	公路工程施工安全技术规程
69	养护管理		JTJ 073—96	公路养护技术规范
70			JTJ 073. 1—2001	公路水泥路面养护技术规范
71			JTJ 073. 2—2001	公路沥青混凝土路面养护技术规范
72			JTG H11—2004	公路桥涵养护规范
73			JTG H12—2003	公路隧道养护技术规范
74			JTG H20—2007	公路技术状况评定标准
75			JTG H30—2004	公路养护安全作业规程
76			JTG H40—2002	公路养护工程预算编制导则
77	加固设计与施工		JTG/T J22—2008	公路桥梁加固设计规范
78			JTG/T J23—2008	公路桥梁加固施工技术规范
79	技术指南		中建标公路〔2002〕1 号	公路沥青玛蹄脂碎石路面技术指南
80			交公便字〔2005〕330 号	公路机电系统维护技术指南
81			交公便字〔2006〕02 号	公路工程水泥混凝土外加剂与掺合料应用技术指南
82			交公便字〔2005〕329 号	微表处和稀浆封层技术指南
83			交公便字〔2005〕329 号	公路冲击碾压应用技术指南
84			交公便字〔2006〕02 号	公路工程抗冻设计与施工技术指南
85			交公便字〔2006〕02 号	公路土钉支护技术指南
86			交公便字〔2006〕274 号	公路钢箱梁桥面铺装设计与施工技术指南
87			交公便字〔2006〕243 号	盐渍土地区公路设计与施工指南
88			厅公路字〔2006〕418 号	公路安全保障工程实施技术指南
89			2008 年第 25 号公告	汶川地震灾后公路恢复重建技术指南

附表4：在编公路工程标准规范项目一览表

序号	项目名称	序号	项目名称
1	公路建设项目用地指标修订	27	采空区公路设计指南
2	公路工程估算编制规则	28	多年冻土区公路设计施工技术指南
3	公路工程抗震规范修订	29	道路交通标志和标线修订
4	公路工程风险评估技术指南	30	高速公路监控通信技术标准
5	双车道公路安全性评价标准	31	公路护栏安全性能评价标准
6	公路工程地质勘察规范修订	32	公路工程施工招标标准文件
7	公路排水设计规范修订	33	公路沥青路面施工技术规范修订
8	高速公路改扩建设计技术指南	34	公路路面基层施工技术规范修订
9	公路路线设计细则	35	公路水泥混凝土路面施工技术规范修订
10	公路立体交叉设计指南	36	公路桥涵施工技术规范修订
11	公路路基优化设计技术指南	37	公路隧道施工技术规范修订
12	公路水泥混凝土路面设计规范修订	38	公路隧道施工检测技术规范
13	大跨径桥梁设计文件编制规范	39	公路隧道交通工程施工技术规范
14	公路桥涵设计通用规范修订	40	公路土工合成材料应用技术规范修订
15	公路桥梁荷载标准	41	高速公路限速标志设置标准
16	公路桥梁疲劳设计标准研究	42	公路交通标志和标线设置规范
17	公路桥梁抗撞防撞设计指南	43	公路工程质量检验评定标准修订
18	公路钢结构桥梁设计规范修订	44	公路养护工程质量检验评定标准
19	钢管混凝土拱桥设计规范	45	公路桥梁技术状况评定标准
20	公路悬索桥设计细则	46	公路隧道加固技术指南
21	钢－混凝土组合桥梁设计施工细则	47	公路隧道病害检测评价与处治指南
22	大跨径预应力混凝土桥梁设计施工技术指南	48	路面使用性能快速检测规程
23	公路隧道设计细则	49	公路风吹雪害防治技术指南
24	公路隧道通风照明设计细则	50	公路统计指标体系及采集规范
25	通村公路设计施工技术指南	51	公路工程沥青及沥青混合料试验规程修订
26	特殊条件下公路设计指南	52	高速公路运营管理服务评价标准

附表5：公路建设风险控制操作指南

阶段	风险事件	风险因素	风险对策
规划设计阶段	项目不能立项	可行性研究、计划任务书得不到批准	风险避免（终止法和改变法）、风险预防、风险自留
		对不同投融资模式面临的风险认识和分析不足，投融资模式决策不当	风险预防
	投资估算有偏差	行政命令（长官意志）	风险避免（避免行政命令）、风险预防（提前规划和预判形势）、风险抑制
		沿线经济、社会、环境、人口条件现状分析及预测偏差	风险预防［参照《公路工程技术标准》（JTG B01—2003）、《公路建设项目环境影响评价规范》（JTG B03—2006）等系列规范］、风险自留
		勘测不准，所观测的交通量数据不准，原始数据处理方法不当	风险预防［按照《公路勘测规范》（JTG C10—2007）、《公路勘测细则》（JTG/T C10—2007）等要求进行勘测］、风险抑制
		路线选择、道路等级、技术标准、主要控制点不合理	风险避免［严格执行《公路工程技术标准》（JTG B01—2003）］、风险抑制
		对施工条件和技术评估不充分，征地拆迁量、桥隧数量和物价等确定不准确，投资估算有偏差	风险预防［按照《公路工程基本建设项目概算预算编制办法》（JTG B06—2007）、《公路工程概算定额》（JTG/T B06－01—2007）等要求编制预算；出台“概算编制办法”］
招投标阶段	中标单位不是最合适的项目承包人或流标	假招标、投标人串通、违标、违法分包和转包等	风险预防（严格审核投标材料审查公司情况，通过多方材料审核预防风险发生）、风险抑制（建立惩罚机制）

续 表

阶段	风险事件	风险因素	风险对策
招投标阶段	合同中遗漏公路建设中面临的重大风险	招标文件有错误或遗漏，投标报价错误	风险预防
		中标人前期对项目建设把握不足、概预算失误，过低估计建设造价	风险预防、风险自留
设计阶段	设计方案并非最优设计方案，工程造价不合理	施工设计图有遗漏，如施工图水文地质资料不全、取土场或取石场选定不适合、结构物设置不合理	风险预防、风险抑制（设计合同中订立技术更新补贴条款和惩罚条款等）
		设计人员经验不足，设计公司管理能力不强，设计公司实际能力与其资质不符等	风险预防（定期培训、实践实习、再教育等）、风险抑制（分包、惩罚措施）
	施工阶段修改设计	地质勘查失误、地质勘探粗糙等	风险预防（政府、项目公司和地质勘探部门等相关方形成监督机制）、风险抑制（建立惩罚机制）
施工阶段	路线变更，设计变更，造价变更	沿线政府和居民变更征地条件	风险预防、风险抑制、风险自留
		关键施工技术选择有偏差，设计变更	风险避免（加强对设计变更的预见性，提前考虑工程设计变更和技术选择问题，在施工前确定设计和技术）、风险抑制（合同约定设计方负责相应开支并承担相应工程赔偿等）
		破坏沿线生态环境，增加恢复成本和边际成本	风险预防（生态环境保护的教育和现场指导等；参照退耕还林政策，对公路沿线实施退耕还林）、风险自留
		投融资政策变化，利率、汇率变动，影响造价和工期	风险避免（固定利率贷款，利率与汇率锁定机制）、风险转移（通过保险、期权等转移风险）、风险自留
		市场风险，如建筑材料、人工、工程、设备和其他费用大幅涨价	风险预防、风险抑制（与承建商、供应商签订固定价格协议等）、风险自留（建立市场风险基金）

续　表

阶段	风险事件	风险因素	风险对策
施工阶段	建设资金不到位，出现财务风险	建设资金不到位	风险避免（提前考虑、实现准备材料，保证资金准时到账）
		分包商财务风险	风险预防、风险抑制
	发生安全事故，工程延期，质量问题	项目参与单位管理不善、缺乏高速公路项目管理经验，影响工期和质量	风险预防［按照《公路土工试验规程》（JTJ E40—2007）、《公路工程水泥及水泥混凝土试验规程》（JTG E30—2005）等一系列试验和操作规程进行检测］、风险转移（设置履约保证金和误期损害赔偿费等合同条款向承包商转移部分风险）
		发包模式、总包设计单位、分包设计单位存在问题，合同条款不明确或有违三公原则	风险避免、风险转移（通过保险、分包等转移风险）、风险抑制（形成政府和项目公司等对项目设计和施工的分包监督管理机制）
		没有按照规定完成水土保持方案、环保评估、地震评估、文物勘探	风险预防［严格按照《公路建设项目环境影响评价规范》（JTG B03—2006）等规定完成施工前的勘探工作］
		劳务争端、罢工、安全事故	风险预防、风险转移（通过保险转移风险）
		项目边界发生较大变更，工程变更导致索赔	风险抑制（做好工程索赔记录，重视工程索赔）
		施工方案不合理，施工工艺落后，施工技术不合理	风险预防［各类施工技术按照《公路沥青玛蹄脂碎石路面技术指南》（中建标公路〔2002〕1号）、《公路冲击碾压应用技术指南》（交公便字〔2005〕329号）和《微表处和稀浆封层技术指南》（交公便字〔2005〕329号）等一系列技术指南执行］、风险转移（订立技术风险补贴条款和惩罚条款等）

续 表

阶段	风险事件	风险因素	风险对策
施工阶段	发生安全事故，工程延期，质量问题	工程质量评定结论不准确	风险预防、风险转移
		工程竣工文件不齐全，竣工决算不严格，多头审计等	风险预防（竣工验收应当按照《公路工程竣（交）工验收办法》和《公路工程竣（交）工验收办法实施细则》等进行，设置一个审计主管部门，克服多头审计问题）
		质量监督机构工作不负责	风险预防［监理单位应按照《公路工程施工监理规范》（JTG G10—2006）等对施工进行监督。实行总监负责制］、风险转移（监理激励约束机制）
		不可抗力风险，如战争、内乱、社会动荡、自然灾害（地震、暴雨、泥石流等），影响工期、造价和工程质量	风险抑制、风险转移、风险自留
运营阶段	收费标准和收费年限变动	车流量达不到设计要求，收入较少	风险转移（政府和项目运营公司签约共同分担风险，提高费率等）、风险自留
		收费政策变化，收入减少	风险预防（建立非收费公路发展的新体制、新机制）、风险抑制（调整车辆通行费率，或者加大财政补贴等）、风险自留
		区域交通环境变化，车流量减少，收入减少	风险抑制（政府提供资助、担保或者补贴等）、风险自留
		高速公路经营权国有化，不能持续经营	风险自留
		社会动荡、战争，不能持续经营	风险自留
	道路严重损坏，养护不足	工程质量不高，日常维护和大修费用增加，收入减少	风险预防、风险自留

续　表

阶段	风险事件	风险因素	风险对策
运营阶段	道路严重损坏，养护不足	破坏沿线生态环境，增加边际成本	风险预防、风险自留
		人力资源管理不善，项目运行效率低	风险预防
		项目运营组织结构、管理体制存在问题，运行效率低	风险预防
	运营成本增加	维护管理不善，运营成本增加	风险预防（推进道路日常监控网络建设；定期检查和清洁保养；加强路况监控；大修工作安排在车流量淡季进行；加强质量管理和成本管理，提高服务质量；克服“重建轻养”，代之以“以养代建”）、风险转移
		财务管理不善，资金成本增加	风险预防（加强高速公路联网管理，形成统一规范的管理格局；加快覆盖全省的电子不停车收费系统建设，大力发展 ETC 用户；加强收费稽查，严厉打击抗、逃费行为）
		利率、汇率、金融政策变化，财务费用增加	风险避免（固定利率贷款，利率与汇率锁定机制。政府与运营公司签订远期兑换合同）、风险转移（利率与汇率风险分担机制。在项目合同中规定收费价格调整条款）、风险自留
		所得税、营业税等税收政策变化，增加成本	风险抑制（建立预防基金等）、风险自留
		通货膨胀导致原材料、新增设备、工程、人工成本增加，维修费用增加	风险预防（与原料供应商签订长期固定价格合同，或者储备一定材料、设备）、风险转移（提高通行费）、风险自留

续 表

阶段	风险事件	风险因素	风险对策
运营阶段	运营成本增加	自然灾害频发	风险预防（加强高速公路气象预报，加强沿线气象条件监测系统建设，实时监控等。建立应急反应机制）、风险转移（保险等）、风险自留
移交阶段	移交时公路状况差	公路施工质量不高，养护不足	风险预防（要求项目经营者出具履约担保和质量性能担保）
		政府监管不足	风险预防［按照《公路工程质量检验评定标准》（JTG F801—2004）、《基本建设项目档案管理暂行规定》等相关标准和规定进行检测和评定］
	资料缺失，技术过时，财务纠纷等	项目公司组织结构不完善，管理能力不高	风险预防、风险自留

附表6：公路建设风险控制操作指南

1. 公路工程造价管理主体及职责

阶段	造价管理主体	主要造价管理职责
投资决策及可行性研究	造价咨询机构	投资估算、可行性经济评价、财务评价
	政府部门	规划、审批、提出投融资方案
	民间投资方	提出投融资方案、提供经济数据、
设计阶段	设计机构	设计方案比选、优化设计、限额设计、初步设计、技术设计、施工图设计
	造价咨询机构	工程设计概算、施工图预算的编制
	政府部门	提出设计限额、评价、监督、审核
	项目公司	提出设计限额、评价、审核
工程招投标	政府部门	监督、审核、评标、签订合同
	项目公司	评标、签订合同
	造价咨询机构	招、投标文件和标底编制、合同拟定
	施工单位	投标报价、签订合同
工程施工	政府部门	履行合同提供工程建设资金、监督审查
	项目公司	履行合同提供工程建设资金
	施工单位	履行合同进行工程施工、竣工结算
	监理机构	工程监理、造价控制
	造价咨询机构	工程变更与合同调整、工程索赔、工程结算、造价控制
竣工验收	政府部门	组织竣工验收、交付使用、监督审查
	项目公司	组织竣工验收、交付使用
	施工单位	竣工决算、交付竣工资料
	监理机构	竣工决算
	造价咨询机构	竣工决算

2. 公路工程造价管理中的问题及表现

公路造价的主要问题	具体表现
定额标准修订不及时	现行定额标准是2007年10月29日颁布的《公路工程基本建设项目概预算编制办法》（JTG B06—2007）及《公路工程概算定额》（JTG/T B06－01—2007）、《公路工程概算定额》（JTG/T B06－02—2007），《公路工程机械台班费用定额》（JTG/T B06－03－2007），距今7年多，不能满足实际需求
定额标准难以满足生产需要	《公路工程估算指标》《公路工程概算定额》和《公路工程预算定额》，是满足建设施工前的不同阶段和业主单方面确定投资需要的。施工合同实施阶段的主要工作是计量和支付，其主要依据是报价和合同，仍采用《预算定额》显得不合理了
定额管理模式不合理	现行管理模式属于政府职能，管理的主体是交通运输部公路工程定额站及各省（自治区、直辖市）公路工程定额（造价）管理站，一些地市设有分站。难以调动（定额测定对象和使用者）承包商的积极性，无法从制度上保证定额测算的真实有效性
管理体制不严密	在勘察设计阶段，重工程轻经济，缺乏前期控制；在决策阶段，重行政轻经济，可行性研究不真实，造价管理缺乏科学论证
计价模式落后	名义上是采用工程量清单计价的模式，实际以定额为标准进行计算，以国家颁布定额和价格信息为依据形成的工程造价带有明显的统一性和计划性，行政色彩过浓

3. 主要公路工程造价管理措施

步骤	具体措施
公路工程造价信息化建设	将信息化系统建设的职能赋予专业造价咨询机构，政府对其进行行政监督。以造价信息为基础进行项目全过程的工程造价控制： （1）建立健全造价数据库； （2）研制开发应用软件； （3）构建“虚拟工程”

续　表

步骤	具体措施
完善定额管理	促使“量价分离”中的“价”逐步走向市场价格。由于各地没有具备市场定“量”的造价管理环境，仍须以定额为主，在工程的实际运用中及时补充完善，以便再汇编、再运用，形成一个定额“更新—运用”循环系统
项目前期的造价控制	工程决策阶段的管理：专业咨询单位进行决策咨询，以保证决策的科学化；工程设计阶段的管理：监理机构全面介入，重视多方案经济比较，改变设计费用的计取方法（把造价控制与设计单位的经济效益挂钩，并设立奖惩制度），实行优质优价的计费方法
建立造价指标体系	(1) 立项阶段（对已完工类似工程造价指标的对比分析，拟定建设项目的投资估算）； (2) 可行性研究阶段（评估投资回收期和投资收益率，作为投资决策的主要依据）； (3) 设计阶段（限额设计向定额循环过渡，建立造价指标）； (4) 投招标、施工阶段（投招标合同、文件、报价等方面构建可比指标）； (5) 工程完工后（测定公路工程价格调整系数，提供价格指标）

附表7：云南省公路建设风险评价指标体系

目标层（A）	准则层（B_i）	指标层（B_{ij}）
云南省公路建设风险	技术风险 B_1	设计技术风险 B_{11}
		施工技术风险 B_{12}
		维护技术风险 B_{13}
	市场风险 B_2	汇率风险 B_{21}
		利率风险 B_{22}
		通胀风险 B_{23}
		成本上涨风险 B_{24}
		替代竞争风险 B_{25}
		车流量风险 B_{26}
	政策风险 B_3	收费政策风险 B_{31}
		宏观规划风险 B_{32}
		行业管制风险 B_{33}
		行政管制风险 B_{34}
	管理风险 B_4	招投标管理风险 B_{41}
		设计管理风险 B_{42}
		拆迁征地风险 B_{43}
		施工管理风险 B_{44}
		监督管理风险 B_{45}
		运营管理风险 B_{46}
	环境风险 B_5	地理环境风险 B_{51}
		自然灾害风险 B_{52}
		社会事件风险 B_{53}

附表 8：比例标度表

两个因素互相比较	量化值
同等重要	1
稍微重要	3
较强重要	5
强烈重要	7
极端重要	9
两相邻判断的中间值	2，4，6，8

注：下页表中数据两两比较，结果如果是反向，则数值为正向的倒数。例如，技术风险与市场风险相比较，市场风险相对技术风险稍微重要，则取值 3，填写在第一列第二行的空格中，那么第二列第一行的空格中，则表示技术风险相对市场风险赋值为 1/3。

附表9：准则层相对重要度Y

公路风险 B_i	**技术风险** B_1	**市场风险** B_2	**政策风险** B_3	**管理风险** B_4	**环境风险** B_5
技术风险 B_1	1				
市场风险 B_2		1			
政策风险 B_3			1		
管理风险 B_4				1	
环境风险 B_5					1

附表 10：指标层相对重要度 Y_1

技术风险 B_1	**设计技术风险** B_{11}	**施工技术风险** B_{12}	**维护技术风险** B_{13}
设计技术风险 B_{11}	1		
施工技术风险 B_{12}		1	
维护技术风险 B_{13}			1

附表 11：指标层相对重要度 Y_2

市场风险 B_2	汇率风险 B_{21}	利率风险 B_{22}	通胀风险 B_{23}	成本上涨 B_{24}	替代竞争 B_{25}	车流量 B_{26}
汇率风险 B_{21}	1					
利率风险 B_{22}		1				
通胀风险 B_{23}			1			
成本上涨 B_{24}				1		
替代竞争 B_{25}					1	
车流量 B_{26}						1

附表 12：指标层相对重要度 Y_3

政策风险 B_3	收费政策风险 B_{31}	宏观规划风险 B_{32}	行业管制风险 B_{33}	行政管制风险 B_{34}
收费政策风险 B_{31}	1			
宏观规划风险 B_{32}		1		
行业管制风险 B_{33}			1	
行政管制风险 B_{34}				1

附表 13：指标层相对重要度 Y_4

管理风险 B_4	招投标管理 B_{41}	设计管理 B_{42}	拆迁风险 B_{43}	施工风险 B_{44}	监督管理风险 B_{45}	运营管理 B_{46}
招投标管理 B_{41}	1					
设计管理 B_{42}		1				
拆迁风险 B_{43}			1			
施工风险 B_{44}				1		
监督管理风险 B_{45}					1	
运营管理 B_{46}						1

附表 14：指标层相对重要度 Y_5

环境风险 B_5	地理环境 B_{51}	自然灾害 B_{52}	社会事件 B_{53}
地理环境 B_{51}	1		
自然灾害 B_{52}		1	
社会事件 B_{53}			1

不同投融资模式下云南省公路建设风险评价专家问卷

各位专家好！此调查问卷是云南省交通运输厅科技项目“不同投融资模式下的公路建设造价管理及风险控制研究”的一个重要部分，旨在研究云南省公路建设造价和风险控制问题。请您协助我们完成这份调查问卷，您对云南省公路建设的风险评价将直接影响研究结果，谢谢！

1. 设计技术风险，如设计技术上的不足、落后或者技术方案的缺陷等，您认为：

A. 风险很大　B. 风险较大　C. 风险一般　D. 风险较小

E. 风险很小

2. 施工技术风险，如：施工技术上的不足、落后，新技术的使用，或者技术方案的缺陷等，您认为：

A. 风险很大　B. 风险较大　C. 风险一般　D. 风险较小

E. 风险很小

3. 维护技术风险，如维护技术的不足或者缺陷等，您认为：

A. 风险很大　B. 风险较大　C. 风险一般　D. 风险较小

E. 风险很小

4. 汇率风险，如汇率变动造成成本变动等，您认为：

A. 风险很大　B. 风险较大　C. 风险一般　D. 风险较小

E. 风险很小

5. 利率风险，如利率变动造成成本变动等，您认为：

A. 风险很大　B. 风险较大　C. 风险一般　D. 风险较小

E. 风险很小

6. 通货膨胀风险，如通货膨胀造成成本增加等，您认为：

A. 风险很大　B. 风险较大　C. 风险一般　D. 风险较小

E. 风险很小

7. 成本上涨风险，如机器价格、原材料成本上涨等，您认为：

A. 风险很大　B. 风险较大　C. 风险一般　D. 风险较小

E. 风险很小

8. 替代竞争风险，如铁路、水路、航空等的竞争，您认为：

A. 风险很大　　B. 风险较大　　C. 风险一般　　D. 风险较小

E. 风险很小

9. 车流量风险，如车流量达不到预定水平等，您认为：

A. 风险很大　　B. 风险较大　　C. 风险一般　　D. 风险较小

E. 风险很小

10. 收费政策风险，如通行费等政策变动等，您认为：

A. 风险很大　　B. 风险较大　　C. 风险一般　　D. 风险较小

E. 风险很小

11. 宏观规划风险，如中央政策变化使原计划建设的公路，不再进行补助等，您认为：

A. 风险很大　　B. 风险较大　　C. 风险一般　　D. 风险较小

E. 风险很小

12. 行业管制风险，如行业政策、征用等，您认为：

A. 风险很大　　B. 风险较大　　C. 风险一般　　D. 风险较小

E. 风险很小

13. 行政管制风险，如多部门对建设公路进行审批或干预等，您认为：

A. 风险很大　　B. 风险较大　　C. 风险一般　　D. 风险较小

E. 风险很小

14. 招投标管理风险，如投标单位资格审查、招标程序和执行等问题，您认为：

A. 风险很大　　B. 风险较大　　C. 风险一般　　D. 风险较小

E. 风险很小

15. 设计管理风险，如设计单位自身管理问题等，您认为：

A. 风险很大　　B. 风险较大　　C. 风险一般　　D. 风险较小

E. 风险很小

16. 拆迁征地风险，如拆迁不顺畅等，您认为：

A. 风险很大　　B. 风险较大　　C. 风险一般　　D. 风险较小

E. 风险很小

17. 施工管理风险，如施工管理不严等，您认为：

A. 风险很大　　B. 风险较大　　C. 风险一般　　D. 风险较小

E. 风险很小

18. 监督管理风险，如监理单位对工作人员的要求等，您认为：

A. 风险很大　　B. 风险较大　　C. 风险一般　　D. 风险较小

E. 风险很小

19. 运营管理风险，如运营日常管理等，您认为：

A. 风险很大　　B. 风险较大　　C. 风险一般　　D. 风险较小

E. 风险很小

20. 地理环境风险，如开山挖洞等，您认为：

A. 风险很大　　B. 风险较大　　C. 风险一般　　D. 风险较小

E. 风险很小

21. 自然灾害风险，如泥石流等，您认为：

A. 风险很大　　B. 风险较大　　C. 风险一般　　D. 风险较小

E. 风险很小

20. 地理环境风险，如开山挖洞等，您认为：

A. 风险很大　　B. 风险较大　　C. 风险一般　　D. 风险较小

E. 风险很小

20. 社会事件风险，如百姓阻工等，您认为：

A. 风险很大　　B. 风险较大　　C. 风险一般　　D. 风险较小

E. 风险很小

参考文献

[1] Donald Lien. Optimal bidding and hedging in international markets [J]. Journal of International Money and Finance, 2004, 23 (5).

[2] Claudian Kwok. An aggregate model of firm specific capital with and without commitment [J]. Journal of Monetary Economics, 2001, 48 (1).

[3] Matsumoto. G. T. Financing power projects in emerging markets [J]. Fuel and Energy Abstracts, 1996, 37 (4).

[4] Demange, G., and G. Laroque. Private Information and the Design of Securities Journal of Economic Theory, 1995 (65).

[5] Myers, s.. The Capital Structure Puzzle. Journal of Finance, 1984 (39).

[6] 中国项目管理研究委员会. 中国项目管理知识体系与国际项目管理专业资质认证标准 [S]. 北京：机械工业出版社，2002.

[7] 柯洪，周付彦. 公路工程造价管理绩效评价指标体系研究 [J]. 公路交通科技，2012 (12).

[8] 佚名. 工程造价与工程造价管理界定 [J]. 铁路工程造价管理，2002 (6).

[9] 刘英姿. 公路工程造价管理绩效评价研究 [D]. 长沙：长沙理工大学，2013.

[10] 王珲. 公路工程造价管理绩效评价研究 [J]. 物流科技，2012 (10).

[11] 柯洪. 公路工程造价管理绩效评价指标体系研究 [J]. 公路交通科技，2012 (12).

[12] 柯洪. 建设项目设计阶段投资控制系统的建立与分析 [J]. 武汉理工大学学报：信息与管理工程版，2012 (1).

[13] 曹琳. 建设项目投资决策阶段的工程造价管理 [J]. 建设监理，2010 (3).

[14] 莫钧. 我国公路工程造价管理存在的问题、原因及对策分析 [J]. 广东交通职业技术学院学报，2012 (3).

[15] 张海霞. 我国公路工程造价管理中存在的主要问题及对策分析 [J]. 黑龙江科技信息，2007 (5).

[16] 吴海．造价管理对质量管理的促进作用及不同阶段造价管理的要点［J］．江西建材，2013（5）．

[17] 王效华．公路工程造价全过程管理的重要性及其应用［C］//中国公路学会2005年学术年会论文集（上）．2005.

[18] 袁宏川．建设工程合同管理绩效评价与分析：以三峡工程为例［D］．西安：西安建筑科技大学，2011.

[19] 孙利．论工程造价的全过程管理［J］．经营管理者，2014（4）．

[20] 吴梅廷．浅谈工程造价的全过程管理［J］．科技资讯，2012（4）．

[21] 邱南．试谈工程造价咨询单位如何参与全面造价管理［J］．中国工程咨询，2004（6）．

[22] 刘志坚．建设项目全过程造价管理和人才培养研究［J］．学术论坛，2006（8）．

[23] 交通运输部职业资格中心．公路工程造价基础理论及相关法规［M］，北京：人民交通出版社，2011.

[24] 交通运输部职业资格中心，公路工程造价的计价与控制［M］，北京：人民交通出版社，2011.

[25] 袁剑波，孟巍．全寿命期成本控制理论与公路造价及质量控制［J］．公路与汽运，2006（3）．

[26] 孟建英．工程建设投资项目后评价理论方法与应用研究［D］．天津：天津大学，2004.

[27] 杜栋，等．现代综合评价方法与案例精选［M］．北京：清华大学出版社，2008.

[28] 刘浪．影响高等级公路造价的因素研究［J］．重庆交通学院学报，2006（1）．

[29] 郭婧娟．工程造价管理［M］．北京：清华大学出版社，2005.

[30] 王丽莉．浅谈建设工程造价控制中存在的问题及改进意见［J］．石油化工技术经济，2004（3）．

[31] 叶春娲，胡皓．公路工程设计阶段的造价控制及其管理［J］，城市建筑，2014（4）．

[32] 罗旦．浅谈高速公路养护工程造价管理控制细则［J］．城市建筑，2014（8）．

[33] 于海鹏．基于PPP项目建造阶段的全面造价管理研究［J］．科技创新导报，

2010（17）.

［34］刘建军，等．高速公路项目运营风险控制机制设计［J］．求索，2010（5）.

［35］孙文娟．公路多元化投资风险防范系统研究［D］．西安：长安大学，2010.

［36］朱智钊．公路工程项目投资风险管理研究［D］．太原：中北大学，2006.

［37］巴曙松．地方政府投融资平台的风险评估［J］．经济，2009（9）.

［38］曹助旭，吴兰英，等．高速公路 BOT 项目财务风险控制［J］．交通财会，2008（10）.

［39］曾伟．高速公路建设项目投资风险分析研究［J］．公路与汽车，2010（4）.

［40］朱凌静．高速公路建设项目财务监管和风险控制初探［J］．中国内部审计，2011（6）.

［41］韩红云．高速公路特许经营投资风险管理研究［D］．武汉：武汉理工大学，2008.

［42］王作功．基于生态理论的高速公路投资风险管理研究［D］．北京：北京交通大学，2009.

［43］祝宝靖．采用 BT 模式的公路工程项目的风险控制研究［D］．重庆：重庆交通大学，2012.

［44］王治强．层次分析法在高速公路工程承包风险管理中的应用［D］．郑州：郑州大学，2005.

［45］杨笑．高速公路 BOT 项目的风险管理研究［D］．合肥：合肥工业大学，2009.

［46］吕俊博．公路项目融资风险管理研究［D］．天津：天津大学，2008.

［47］张莹．公路经营权转让风险管理理论研究框架的构建［J］．武汉理工大学学报：社会科学版，2011，24（2）.

［48］贾磊．云南公路建设亟待破局［N］．云南政协报，2011（11）.

［49］徐宪平．统筹协调优化配置着力推进综合交通运输体系建设［J］．综合运输，2011（1）.

［50］赵庆国．推动综合交通运输体系建设［J］．理论探索，2013（3）.

［51］千里边疆万里路——云南公路 60 年建设巡礼［N］．云南日报，2010（3）.

[52] 云南省十二五规划纲要 [N]. 云南日报，2011 (7) .
[53] 云南省交通厅. 云南省公路网规划 (2005—2020 年) [R], 2005.
[54] 中华人民共和国交通部. 公路工程技术标准 [Z]. 2004 - 01 - 29.
[55] 涂万堂，卢耀军. BOT + EPC 公路投资新模式：以贵阳至都匀高速公路投资评估为例 [J]. 中国公路，2012 (1) .
[56] 周超. 高速公路建设私募债券融资方式可行性分析 [J]. 商情，2013 (16) .
[57] 于文卓. 中国高速公路投融资模式研究 [D]. 长春：吉林大学，2013.
[58] 王玉满. 浅议资产证券化在高速公路融资上的应用 [J]. 中国证券期货，2013 (7) .
[59] 汪彦初. 我国基础设施产业投资基金研究 [J]. 现代商业，2013 (10) .